高等学校“十一五”规划教材

机械设计制造及其自动化系列

FUNDAMENTALS OF ENGINEERING MACHINERY DESIGN

工程机械设计基础

孟晓平　曲秀全　编著

哈爾濱工業大學出版社

内 容 简 介

本书介绍工程机械设计的基本理论和基本过程，内容包括工程需求与工程机械开发设计、工程机械的功能原理设计与创新、工程机械量化设计要素、工程机械常用件的选配与设计、工作机构设计、驱动方案设计、底盘方案设计要点、总体方案设计。

本书为高等学校机械设计制造及其自动化专业高年级本科生教材，也可供从事工程机械或其他专用机械设备设计开发工作的科技人员参考。

Abstract

This book introduces the basic theory and process of engineering machinery design, which include requirements from construction, development and design of engineering machines, function principles design and innovation, quantitative design elements, choice and design of common-used parts, working mechanism design, driving scheme design, chassis scheme design points, overall scheme design.

The book is a senior textbook for the university undergraduates who major in design, manufacturing and automation of machines. It is also available for the people who engage in construction machinery, or the technical staff who work on design and development of other special mechanical equipments.

图书在版编目(CIP)数据

工程机械设计基础/孟晓平，曲秀全编著.—哈尔滨：哈尔滨工业大学出版社，2007.9

ISBN 978-7-5603-2277-3

Ⅰ.工…　Ⅱ.①孟…　②曲…　Ⅲ.工程机械-机械设计　Ⅳ.TU602

中国版本图书馆 CIP 数据核字(2007)第 086126 号

责任编辑　杜　燕
封面设计　卞秉利
出版发行　哈尔滨工业大学出版社
社　　址　哈尔滨市南岗区复华四道街 10 号　邮编 150006
传　　真　0451-86414749
网　　址　http://hitpress.hit.edu.cn
印　　刷　肇东粮食印刷厂
开　　本　787mm×1092mm　1/16　印张 17.5　字数 420 千字
版　　次　2007 年 9 月第 1 版　2007 年 9 月第 1 次印刷
书　　号　ISBN 978-7-5603-2277-3
印　　数　1~4 000 册
定　　价　28.00 元

高等学校“十一五”规划教材

机械设计制造及其自动化系列

总　序

自1999年教育部对普通高校本科专业设置目录调整以来,各高校都对机械设计制造及其自动化专业进行了较大规模的调整和整合,制定了新的培养方案和课程体系。目前,专业合并后的培养方案、教学计划和教材已经执行和使用了几个循环,收到了一定的效果,但也暴露出一些问题。由于合并的专业多,而合并前的各专业又有各自的优势和特色,在课程体系、教学内容安排上存在比较明显的"拼盘"现象;在教学计划、办学特色和课程体系等方面存在一些不太完善的地方;在具体课程的教学大纲和课程内容设置上,还存在比较多的问题,如课程内容衔接不当、部分核心知识点遗漏、不少教学内容或知识点多次重复、知识点的设计难易程度还存在不当之处、学时分配不尽合理、实验安排还有不适当的地方等。这些问题都集中反映在教材上,专业调整后的教材建设尚缺乏全面系统的规划和设计。

针对上述问题,哈尔滨工业大学机电工程学院从"机械设计制造及其自动化"专业学生应具备的基本知识结构、素质和能力等方面入手,在校内反复研讨该专业的培养方案、教学计划、培养大纲、各系列课程应包含的主要知识点和系列教材建设等问题,并在此基础上,组织召开了由哈尔滨工业大学、吉林大学、东北大学等9所学校参加的机械设计制造及其自动化专业系列教材建设工作会议,联合建设专业教材,这是建设高水平专业教材的良好举措。因为通过共同研讨和合作,可以取长补短、发挥各自的优势和特色,促进教学水平的提高。

会议通过研讨该专业的办学定位、培养要求、教学内容的体系设置、关键知识点、知识内容的衔接等问题,进一步明确了设计、制造、自动化三大主线课程教学内容的设置,通过合并一些课程,可避免主要知识点的重复和遗漏,有利于加强课程设置上的系统性、明确自动化在本专业中的地位、深化自动化系列课程内涵,有利于完善学生的知识结构、加强学生的能力培养,为该系列教材的编写奠定了良好的基础。

本着“总结已有、通向未来、打造品牌、力争走向世界”的工作思路，在汇聚多所学校优势和特色、认真总结经验、仔细研讨的基础上形成了这套教材。参加编写的主编、副主编都是这几所学校在本领域的知名教授，他们除了承担本科生教学外，还承担研究生教学和大量的科研工作，同时有编写教材的经验；参编人员也都是各学校近年来在教学第一线工作的骨干教师。这是一支高水平的教材编写队伍。

这套教材有机整合了该专业教学内容和知识点的安排，并应用近年来该专业领域的科研成果来改造和更新教学内容、提高教材和教学水平，具有系列化、模块化、现代化的特点，反映了机械工程领域国内外的新发展和新成果，内容新颖、信息量大、系统性强。我深信：这套教材的出版，对于推动机械工程领域的教学改革、提高人才培养质量必将起到重要推动作用。

蔡鹤皋

哈尔滨工业大学教授

中国工程院院士

2005年8月10日

前　言

随着社会的发展,工程建设的种类、数量和规模越来越大,各式各样的工程机械产品也越来越多,随之而来的是各种各样的工程机械教材相继问世。工程机械的每个品种都有自己的特色和独特的设计计算理论与设计方法,因此工程机械设计方面的传统教材总是面向某一特定机种,如工程起重机、土方机械、单斗挖掘机等,或者是针对某些常用的系统和装置,如工程机械底盘、工程机械配套装置、工程机械液压系统等。近年来出版的工程机械教材基本上还是延续了过去的传统习惯。然而,学习工程机械设计的人不可能等到掌握了每一种产品的设计方法之后再去从事设计工作。作者编写这本教材的初衷就是要让学习者能够在有限的学时内对工程机械设计有比较全面的了解,并掌握工程机械设计的基本方法。

信息爆炸时代的有效对策是知识结构的优化。设计工作的经验表明,在不同产品的设计过程中,经常会遇到许多带有共性的问题,本书题目中的"基础"就是指在设计每一种工程机械产品的过程中都需要使用的基本理论与方法。虽然限定为带有通用性的基础性课题,但涉及面也还是相当广泛。本书在内容的安排上没有追求面面俱到,在筛选后的内容中也不是一视同仁,而是有所侧重。

现代教学理念认为,对于学生来说"猎枪"比"猎物"更有意义。因此,在设计本书的知识结构和进行内容整合时,首要考虑的是设计方法这根主线。与设计对象相比,对设计过程本身的研究对于学习设计的人来说更为重要。为此,本书的许多章节在设计过程方面进行了探讨。

此外,创新能力的培养已经开始引起普遍关注,设计工作本身就是一项带有创造性的活动,作为一本研讨设计问题的教材,创新问题不能回避。本书在一些适当的环节加入了有关创新方面的讨论,并且在第 2 章对创新问题进行了集中论述。

全书分为八章:第 1 章绪论,阐述工程、工程机械和工程机械设计的基本概念、基础知识,探讨从需求到设计开发的演进、工程机械设计工作特点和基础性问题;第 2 章功能原理设计,探讨工程机械功能原理设计与创新的基本理论和通用方法;第 3 章工程机械量化设计,讨论设计参数、设计载荷和设计验算等与工程机械量化设计有关的基本概念和基础知识;第 4 章工程机械常用基本机构与装置,介绍工程机械常用的基本机构、部件、元件和装置的配套选型与设计计算;第 5 章工作机构设计,探讨工程机械工作机构设计要点与基本过程;第 6 章工程机械驱动,介绍工程机械动力源选型以及驱动系统基本方案;第 7 章工程机械底盘,讨论工程机械底盘设计基本要点和设计难点;第 8 章工程机械总体设计,探讨工程机械总体方案设计的基本内容和一般过程。

本书的大部分内容已经过三个周期的教学检验,教学效果基本达到了预期的目标。

参加本书编写工作的有:孟晓平(第1,2,8章),曲秀全(第3,4章),刘明思(第6,7章),薛渊(第5章),由孟晓平,曲秀全担任主编。

本书在整体构思,内容编排,基本观点和论述等许多方面都与传统教材有所不同,为此恳请业内人士和本书读者批评指正。

编 者

2007.3.28

目　录

第 3 章　工程机械量化设计

第 4 章　工程机械常用基本机构与装置

第1章 绪 论

1.1 引言

1.1.1 土木工程

现在,"工程"一词已经广泛应用于多种领域,工程机械中的"工程"特指"土木工程"。

1.1.1.1 土木工程概念

(1)土木工程的内涵

"土木"一词由来已久。古代哲学将万物划分为"金、木、水、火、土",早期建筑取材主要是泥土、砂石、砖瓦、竹木、藤草等,即非"土"即"木"的物料,所以土木工程可以理解为采用"土木"材料建造的各种工程设施。

当代许多建筑材料如钢材、钢筋混凝土、塑料等,已经超出了"土木"范围。国务院学位委员会认为[1]:"土木工程是建造各类工程设施的科学技术的总称,它既指工程建设的对象,即建在地上、地下、水中的各种工程设施,也指所应用的材料、设备和所进行的勘测设计、施工、保养、维修等技术。"

本课程中的"土木工程"一词主要指工程建设的对象,及其建设过程。

(2)土木工程的外延

土木工程的范围非常广泛,涵盖了所有的建筑物(构筑物)[2],粗略分类如下。

1)生产与生活基本建筑

属于这一类的建(构)筑物主要包括住宅、商店、学校、医院、写字楼、图书馆、影剧院、展览馆、体育馆、广场、会堂、饭店、宾馆等,以及各种工业厂房和构筑物等,图1.1所示为其中的典例。

(a)高楼大厦

(b)表演场所

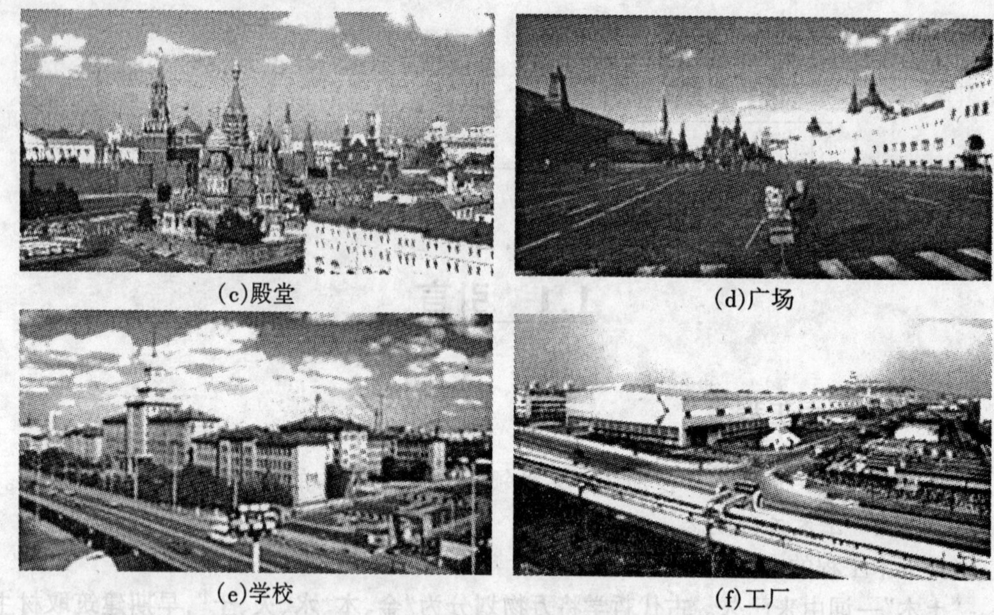

(c)殿堂 (d)广场

(e)学校 (f)工厂

图 1.1 生产与生活基本建筑典例

2)交通与交流设施

此类建筑多为公共设施,主要包括街道、公路、铁路、航道、桥梁、隧道、码头、港口、车站、机场、货场、电台、电视台、电视塔、邮电局等,其典型风貌略见图 1.2 中的实例。

(a)路桥 (b)机场

(c)码头 (d)电视塔

图 1.2 交通与交流设施典貌

3)水利与水电设施

这一类建筑设施是指那些为了治河防洪、水力发电、水源调配、水力运输、农田水利、水产养殖等目的而修建的各种渠洞、堰坝、库闸、水利枢纽、水电厂房枢纽等,见图 1.3 的实例。

(a)葛洲坝 (b)水电站

图 1.3 水利与水电设施实例

4)市政与环境设施

此类公共设施主要包括城镇交通设施、城镇给排水设施、城镇供热设施、城镇燃气供应设施、城镇垃圾处理设施、城镇园林与景观设施等,见图 1.4 典例。

(a)给排水 (b)送变电

(c)环卫设施 (d)城镇园林

图 1.4 市政与环境设施典例

5)特殊建筑

这一类建筑设施是指军事基地、国防工事、发射中心、航天中心、实验场所、海洋平台、考察站、避难场所等用于特殊目的的建筑物,见图 1.5 的实例。

(a)海洋平台

(b)发射中心

图 1.5 特殊建筑例图

1.1.1.2 土木工程产品的特点

(1)土木工程产品的单一性

人类需求的多样性和可变性,促成建筑设施服务功能的千差万别,导致土木工程产品种类繁多。服务功能相同的建筑设施其服务地区和服务对象不尽相同,同样是住宅建筑,由于人文、地理、地质、水文、气候、资源等背景条件的差异,其外貌、结构、内部设施等会有许多不同之处。即使是按照同一套图纸建造的房屋,由于施工的设备、工艺、流程、管理、操作、原材料供应等方面的差别,最终的建筑物不会完全相同。

人们很难找到完全相同的两处建筑物,我们称土木工程产品的这一特性为“单一性”。

(2)土木工程产品的庞大性

土木工程产品总是与“庞大”这一特性联系在一起。几乎所有的土木工程都是人类居住或进行社会活动的场所,相对于人体尺寸,土木工程产品多为庞然大物。随着人类活动范围和空间的不断扩展,土木工程的规模越来越大,古代的金字塔、万里长城,现代的摩天大楼、跨海大桥、水利枢纽等,其建筑规模要用宏伟来形容。

(3)土木工程产品的整体性

机械类产品通常可以拆分成零部件,便于包装运输与维修保养。土木工程产品的基本构件(各种柱、板、梁、拱等)之间的连接关系多为固定式的和永久性的。因此,土木工程产品的拆卸通常都是破坏性的。我们称土木工程产品的这种特性为“整体性”。

(4)土木工程产品的固定性

土木工程产品的“庞大性”和“整体性”给其搬迁工作造成了很大的困难。通常,土工产品都是构筑在特定的地点提供长时期的特定服务,其“单一性”使得土木建筑的搬迁需求很少发生。如果不是遇到天灾人祸,这些建筑物会长期保留,缓慢蜕变,最终成为人类文明发展的见证。

土木工程产品定点长期服务,以及不便搬迁的基本特性称之为“固定性”。

1.1.2 土木工程施工

土木工程产品本身相当复杂,在施工过程中会涉及诸多要素,如原材料、人员、工具、机械设备、文件、场地、工期、环境等,因此土木工程施工是一种较为特殊的生产活动,有其自身的特点和规律,研究认识这种特殊性是合理开发工程机械产品的前提。

1.1.2.1 土木工程产品的生产特点

(1)流动性大

普通工业产品的生产通常在工厂环境下进行,生产人员和机械设备相对固定,产成品要从生产地点流动到服务地区。由于土工产品的“固定性”、“庞大性”和“整体性”,在土木工程施工时,发生流动的是生产人员和机械设备,不是产品本身。

(2)单件生产

土工产品的“单一性”和“固定性”,使其很难实现批量生产。产品特点的差异影响到施工的方法、工种、技术、材料、设备、进度、场地布置、计划、组织等各种要素的变化,因此每个工程的施工都各具特点,很难找到完全相同的施工过程,很难用完全相同的施工过程批量生产形形色色的土工产品。即使土工产品被批量生产出来,由于其“庞大性”和“整体性”,它们也很难到达需要其提供特殊服务的地点。

(3)作业条件特殊

普通工业产品的生产环境相对稳定,作业条件简单、适宜,不易受气候条件的影响。由于土工产品的“庞大性”,地面上的施工基本上都是露天作业,气象变化对施工过程影响很大。

在土木工程的施工中,存在着大量的高空作业,地下和水下作业也是常有的。

此外,即使在同一工程中,不同工位、不同工序的作业条件可能各不相同。

(4)生产周期长

土工产品“庞大性”的背后是庞大的工作量和工作时间,其生产的单件性意味着每项工程面临的都是一个全新的生产过程,流动性大的特点使大量的时间消耗在开工前和完工后的辅助工作中,再加上特殊的作业条件,使得土木工程产品的诞生往往需要经历一个漫长的生产周期。

1.1.2.2 土木工程施工程序

每项工程的具体施工过程千差万别,但大体上都能区分出开头、中间和结尾三个不同的阶段,即准备阶段、现场施工阶段和验收阶段。

(1)准备阶段

正式开始按图施工之前,通常要做好技术、物资、劳动组织、施工现场等各个方面的准备工作,其中包括图纸审阅,计划编制,施工预算,技术、材料试验,材料、制品准备,机具、设备准备,现场探测,路、水、电联通,平整场地,搭建临时设施,物资进场,组织人力,建立、健全规章制度和组织机构等。

(2)现场施工阶段

现场施工阶段是土木工程施工的主要环节,绝大部分的工作量和工作时间都集中在这一阶段。经过这个阶段的工作,各种原材料、制品与设备完成了状态的转化,成为建筑物实体的一部分,工程蓝图逐步变成现实的建筑物。虽然各项工程在现场施工阶段所用的图纸,执行的计划,应用的工艺技术,选用的原材料、制品、机具设备等具体事项各不相同,但是现场施工阶段还是可以划分成基础施工、主体施工(包括设备安装)、装饰施工和收尾施工(包括试运转)四个更小的工作阶段。

(3)验收阶段

土木工程施工的最后环节是竣工验收。构筑完成的建筑物的各个项目如建筑结构、建筑设施与设备、建筑装饰、建筑环境等,都要按照国家和行业的有关标准,以及合同的相关规定进行验收。一项工程的全部结束是以验收合格为标志的。

1.1.2.3 土木工程施工作业工作分解

一项工程从开始到结束要做许许多多的工作,其中的大量工作是与物打交道的,其工作的结果或者是物的形态发生变化,或者是物的空间位置发生变动,这种改变物态或物位的工作,我们称其为“施工作业”。

在整体层面上进行比较,每项工程的施工作业都有其特殊性。同一项工程的各个阶段所面临的施工作业任务也各不相同。同一阶段的同一项任务在完成过程中,前前后后所做的具体工作也不一样。然而,将土木工程的施工作业工作进行适当分解之后,从不同的工程项目、不同的施工阶段，甚至每一天不同的施工任务中，却能够找到相同的一类作业工作。这种横跨工程项目、施工阶段和施工任务的作业种类有很多，这里仅就其中应用范围较广的列举如下。

(1)起重运输作业

起重运输是建筑工地上最常见的作业方式。起重运输作业的基本工作是完成重物的位置转移，在施工现场，运输车辆的装卸，物料的转移与递送，建筑制品与设备的吊装等工作均属于起重运输作业的范围。许多工程项目的现场施工阶段，从开始到结束都能够看到起重运输作业的施工场景。

(2)土方作业

土方作业通常是工程施工开始时首先要做的工作。土方作业的基本工作是改变土壤的状态或位置，例如，土壤的挖掘、运输、填筑、平整、压实等。常见的工作类型有，场地的平整、基坑(槽)及管沟的开挖、地坪填土、路基填筑、隧道开通及基坑回填等。土方作业施工面广、工作量大、劳动繁重、施工条件复杂。

(3)混凝土作业

混凝土是土木工程中普遍使用的一种主要材料，用途广，用量大。混凝土作业的基本工作是改变混凝土的状态或位置，例如，通过作业使混凝土从分离到拌和，从松散状态到流塑状态，从产出点到构筑位置等。混凝土作业的主要工作种类有，制备、运输、浇筑、振捣、养护等。

(4)桩工作业

所有的建筑物都是构筑在基础之上的，桩基础是最常用的基础形式，桩基础的构筑是桩工作业的基本工作。桩工作业可划分为沉桩和灌桩两种类型。预制桩的沉桩方法主要有锤击沉桩、压入沉桩、振动沉桩、水冲沉桩和成孔沉桩等。灌桩作业包括成孔和灌注两个阶段。

其他常见的通用作业形式还有砌筑作业、脚手架作业、钢筋作业、模板作业、喷涂作业、防水作业、爆破作业等。

1.1.3 施工机械化

在相当长的一段时间内，土木工程的施工总是与繁重的体力劳动、艰苦的作业条件、漫长的施工周期等联系在一起。工程建设的实践表明，采用机械化的作业方式是摆脱困境的有效途径。施工机械化带来的好处主要表现在以下几个方面：

(1)摆脱了繁重的体力劳动；

(2)提高了劳动生产率(元/人)；

(3)缩短了施工周期；

(4)提高了工程质量；

(5)拓展了施工范围。

施工作业的多样化，决定了施工使用的机械设备种类繁多，工程机械具有广阔的发展空间。

1.2 工程机械

工程机械是指那些主要用于土木工程建设的机械设备,不包括那些偶然出现在施工现场的代用车辆及其他代用设备。

由于土木工程产品,以及土木工程施工过程的复杂性,在现有的发展水平上,不可能造出一种或几种机械设备去完成所有的工程建设任务。一机多用的设计思想由来已久,然而,一台多用设备能够完成施工作业任务的种类相当有限。因此,工程机械的类别目录与工程建设任务的分解目录之间存在着某种对应关系。施工作业的多样化,决定了施工使用的机械设备种类繁多,工程机械具有广阔的发展空间。

工程机械包括哪些种类?业内专家学者给出的答案不完全一致[5]。下面的分类方案除了考虑与工程建设任务分解方案之间的对应关系之外,主要是考虑教学的便利。

1.2.1 通用工程机械

1.2.1.1 起重运输机械

据统计,当今世界上每人每年消耗建筑材料的平均数量达6 t以上。这些材料在建筑工地上的搬运主要由起重机械和运输机械来完成。

(1)工程起重机

起重机械通过吊钩、载物台或其他取物装置的升降、平移,或空间运动来改变重物的位置。并非所有的起重机械都属于工程机械。工程起重机(见图1.6)是指工程施工中经常使用的起重机械,其中包括轮式起重机(汽车起重机和轮胎起重机)、塔式起重机、桅杆式起重机、履带式起重机、缆索式起重机,以及施工升降机等。这些起重机械中专门负责使取物装置升降的工作机构称为起升机构。"卷筒-钢丝绳-滑轮"系统是起升机构的典型特色,其中钢丝绳的一端通过滑轮组,或直接与取物装置连接,另一端绕过固定在支承结构上的导向滑轮之后,固定连接在卷筒上;导向滑轮(和定滑轮)提供的支承使取物装置可以自由悬挂在空中;卷筒的旋转造成钢丝绳在卷筒上的绕入或绕出,结果导致取物装置的升降。

施工升降机(见图1.6(f))的工作机构只有起升机构,其载物升降台的运动轨迹由导向轨道限定,通常为垂直升降。在其他的工程起重机中,取物装置是沿着其本身所在的垂直线作升降运动,我们不妨把这条垂线称为"升降垂线"。

缆索式起重机(见图1.6(g))起升机构的导向滑轮(和定滑轮)安装在能够沿着水平承载索道往返移动的起重小车上,其取物装置的理论运动轨迹是以升降垂线为母线所生成的一个"起重垂面"。由于最大起升高度没有变化,因此,该起重垂面呈矩形。

除了缆索式起重机和施工升降机之外,其他的工程起重机都是臂架式起重机,并且都装有回转机构。支承臂架的平台可以作水平回转运动。回转时,水平线速度为零的那条垂线(即回转轴线)称为"回转中心线"。在这类起重机中,升降垂线到回转中心线的距离称为"幅度",而幅度的改变则称为"变幅"。

(a)汽车起重机
(b)轮胎起重机
(c)塔式起重机
(d)桅杆式起重机
(e)履带式起重机
(f)施工升降机
(g)缆索式起重机

图 1.6 工程起重机典例

作为臂架式起重机的一个特殊例子,臂架水平放置,采用小车变幅的塔式起重机(见图 1.6(c))在不回转的时候,也具有类似缆索式起重机的矩形起重垂面。这里的起重小车(通常称为变幅小车)是沿着臂架水平行走的。因为臂架参加了回转运动,所以这种起重机的取物装置的理论轨迹大致是以矩形起重垂面为"母面"所生成的圆柱形起重作业空间。

大多数臂架式起重机起升机构的导向滑轮(和定滑轮)安装在臂架头部,升降垂线到回转中心线的距离(即幅度)随着臂架的上下摆动而变化,与此同时,最大起升高度也随之改变,所以当臂架不作回转运动时,这类起重机取物装置的理论轨迹大致是"三角形起重垂面"。当臂架参加回转运动时,取物装置的理论轨迹大致上是上部去掉了一个圆锥体的不完全圆柱形起重作业空间。

许多工程起重机,例如,轮胎式起重机(见图 1.6(a)、(b))、履带式起重机(见图 1.6(e))、轨道式塔式起重机等,能够借助自身的行走机构或底盘,来实现自身位置的转移,有些起重机可以吊着重物行走,完成短距离的运输。

还有一些工程起重机(如履带式起重机)通过更换取物装置或其他设备的方法,可以从事土方作业或桩工作业。

(2)施工运输机械

工程起重机本身就是一种间歇式物料搬运机械,主要用于处理成件物品,在更换适当的取物装置后,也可用来处理散状物料。但是,对于需要长时间搬运的大宗散料,即使是在起重机的作业空间内,通常也是由专门的运输机械来处理。

工程施工中常见的运输机械(见图 1.7)有带式输送机、翻斗车、单斗装载机等。在带式输送机中,驱动滚筒(也可称做摩擦卷筒)的转动通过摩擦力带动输送带的上段作直线运动,该装置适合连续定点输送物料。

(a)带式输送机

(b)翻斗车

(c)单斗装载机

图 1.7 施工运输机械典例

翻斗车由料斗和行走机构组成。料斗通常装在轮胎行走底架的前部,其卸料方式有多种,现在的产品基本倾向是采用液压缸推动的三角形机构来解决料斗卸料问题。翻斗车常用来解决工地上任意两点之间的物料搬运问题,只是其卸料高度有限。

无论是翻斗车还是带式输送机都不适合直接用来进行地点不固定的装车作业。单斗装载机常被用来填补这个空白。单斗装载机在行进中利用装在动臂前端的铲斗铲取松散物料,动臂三角形机构在液压缸作用下使动臂上下摆动,用以调整铲斗的卸料高度。带动铲斗上下翻转的是由四连杆机构和转斗三角形机构合成的联动机构。其中,转斗三角形机构的伸缩边或主动边为转斗液压缸,被动边是转斗四连杆机构的主动摇杆。该四连杆机构的被动摇杆就是铲斗本身。铲斗的上翻转可以完成铲掘和装料。铲斗的下翻转就是装车或卸料时的动作。

1.2.1.2 土方机械

在工程建设中专门用于土方作业的机械主要有铲土运输机械、挖掘机械、平整机械和压实机械,见图 1.8。

(1)铲土运输机械

推土机(图 1.8(a))是典型的铲土运输机械。推土铲刀对于土壤的切削,以及对松散土的推运要靠整机的行进来实现,通常采用三角形机构来调整推土铲的高度,用以控制推土阻力、土层厚度、卸土量等。被推运的土可以随时留在或送到指定地点。

铲土运输机械的另一个典型是铲运机(图 1.8(c))。在这里,代替推土铲的是铲斗,松散的土壤靠惯性挤入斗内,并在指定地点卸出。整机的行进或由其他机械牵引,或靠其自身底盘驱动。通常设有专门负责卸料及调节斗口高度的机构。

(2)挖掘机械

挖掘机械的工作头也是铲斗,但是铲斗运动轨迹的实现要依靠专门的机构来完成。在常见的单斗液压挖掘机(图 1.8(b))上,铲斗与斗柄的连接、斗柄与动臂的连接,以及动臂与回转平台的连接都是铰接。动臂在回转平台上的上下摆动,以及斗柄在动臂上的摆动都是依靠各自的三角形机构来完成。铲斗在斗柄上的翻转则是由四连杆机构和三角形机构合成的联动机构来带动。其中,铲斗三角形机构的主动边是铲斗液压缸,被动边是铲斗四连杆机构的主动摇杆。铲斗四连杆机构的被动摇杆是铲斗本身。

(3)平整机械

平整机械主要是指平地机(图 1.8(d)),其工作头是一个刮土用的铲刀。现代平地机可以方便地对刮土铲刀进行五自由度调位,即水平面上的偏转、横向垂面上的偏转、纵向垂面上的偏转、上下平移和左右平移。刮土铲刀与整机一起作前后运动,在行进中完成刮平松散土面,修整基面,甚至切削原土等任务。

(4)压实机械

常用的压实机械有夯实机(图 1.8(f))和压路机(图 1.8(e))。通常,夯实机为手扶式,其夯头在激振器作用下对填筑层或地面产生冲击或冲击振动作用,从而使土壤密实。

压路机可分为静载压路机和振动压路机。前者是靠自重和压载物的重量,通过碾压轮将土壤压实;后者的碾压轮一方面碾压土壤,另一方面将激振器激发的振动载荷传给受压土层,从而加强压实效果,节省作业时间。

(a)推土机

(b)单斗液压挖掘机

(c)铲运机

(d)平地机

(e)压路机

(f)夯实机

图1.8 土方机械典例

另外,在施工中常常需要远距离或大量地运送料土或残土,此时的首选运输工具应当是运输机械或运输车辆。而承担装载任务的机械除了单斗挖掘机之外,较常见的当属单斗装载机。此外,单斗装载机也常常被当做铲运机械来使用,故单斗装载机除了归入运输机械之外,也被列入土方机械之中。

1.2.1.3 混凝土机械

塔式起重机和翻斗车经常被用来输送混凝土拌和料,但是它们不属于混凝土机械。专门用于混凝土作业的机械主要有混凝土搅拌机,混凝土搅拌站(楼),混凝土搅拌输送车,混凝土输送泵,混凝土振捣器,混凝土喷射机和混凝土摊铺机等,见图1.9。

(1)混凝土搅拌机(图1.9(a))

混凝土通常是由水泥和骨料(砂、石等)加水搅拌制成。各式各样的混凝土搅拌机按拌和方式可划分为自落式和强制式两种类型。

自落式搅拌机的拌料叶片都是固定安装在水平放置的滚筒内部(有的滚筒在卸料时可以翻转立起);该滚筒转动时,叶片将搅拌物料带到高处;当叶片到达适当位置时,在重力作用下,搅拌物料自由下落,从而实现物料的拌和。

强制式搅拌机的搅拌筒或垂直或水平放置,但是固定不动;搅拌叶片(拌和铲)在动力驱动下作圆周运动,对物料进行强制式搅拌。

(2)混凝土搅拌站(楼)(图1.9(b))

以混凝土搅拌机为工作主机,配置适当的供料、储料、配料、出料等设备,再加上可靠的控制系统就组成了混凝土搅拌站(楼)。这样的成套装置适用于大批量供应混凝土的集中搅拌。

(3)混凝土搅拌输送车(图1.9(c))

在混凝土集中搅拌供应的情况下,特别是发展商品混凝土的今天,混凝土的搅拌点与混凝土的使用地相距甚远。此时使用起重机、翻斗车、载重汽车等普通运输设备运送混凝土,不仅供应量受到限制,而且质量难以保证。应运而生的混凝土搅拌输送车较好地解决了这种问题。装在自行式底盘上的搅拌筒在运送混凝土的路途中,以适当的速度不停地旋转,对筒中的混凝土拌和料进行不停地搅动,防止初凝或离析等现象的产生,从而保证了混凝土的供应质量。

(4)混凝土输送泵(图1.9(d))

运到施工现场或现场搅拌的混凝土可用起重或运输机械进行短距离输送,最终到达浇注点。在混凝土用量大、需要连续浇注、工地狭窄、有障碍等特定情况下,作为专用输送工具的混凝土输送泵通常成为最佳选择。

各种活塞式混凝土泵的工作原理大同小异,它们都是利用活塞在混凝土缸中的前后移动,或者将混凝土从料斗吸入混凝土缸内,或者将吸入混凝土缸内的混凝土推进混凝土输送管道,输送管道中的混凝土在压力作用下到达浇注点。混凝土缸与料斗之间,或与输送管道之间何时联通,何时阻断是由各式各样的换路阀门来控制。当混凝土缸与料斗联通时,其与输送管道的接口被封闭,此时输送管道中的混凝土暂时停止不动。因此,混凝土在输送管道中的运动是脉动式的。增加混凝土缸的数量可以改善混凝土输送的连续性。常见产品多为双缸式混凝土泵。

(a)混凝土搅拌机　(b)混凝土搅拌站

(c)混凝土搅拌输送车　(d)混凝土输送泵

(e)混凝土振捣器　(f)混凝土喷射机

图1.9　混凝土机械典例

(5)混凝土振捣器(图1.9(e))

现场浇注后的混凝土拌和料通常需要及时进行振捣处理,使之形成密实填充。混凝土振捣器依据放置位置的不同,通常可分为插入式、表面式和附着式等三种类型,其激振器的常见形式为偏心转轴式。插入式振捣器也使用行星式激振器。

(6)混凝土喷射机(图1.9(f))

除了浇注作业之外,在衬砌施工中还可以将混凝土拌和料喷射到岩石、建筑物、模板等物体的表面,即所谓的喷射支护作业。用于此类作业的混凝土喷射机实质上是一种气力输送装置。动力来自不断释放的压缩空气,在气流吹带下,混凝土拌和料可高速到达作业表面,形成支护衬层。

其他的混凝土施工机械还有移动混凝土施工模板时使用的混凝土模板施工机械,旧建筑物拆除时使用的混凝土破碎设备等。此外,在水泥混凝土路面施工中要对混凝土进行摊铺作业。专门用于此类工程的混凝土摊铺设备通常归属路面机械。

1.2.1.4　桩工机械

当采用天然地基上的浅基础不能满足设计承载力和变形要求时,可以采用桩基础将荷载传至深部较坚硬的土层或岩石上。基桩是桩基础的主要承载、传力构件。在构筑基桩时，可以将各种材料制成的预制桩直接打入土中，完成这项工作的机械通称打桩机，见图 1.10(a)。构筑基桩的另一种方法是，先在基础土层中做成基桩孔，并在孔中设置钢筋，然后灌注混凝土制成基桩，使用的机械设备称为成孔机，见图 1.10(b)。

(a)打桩机

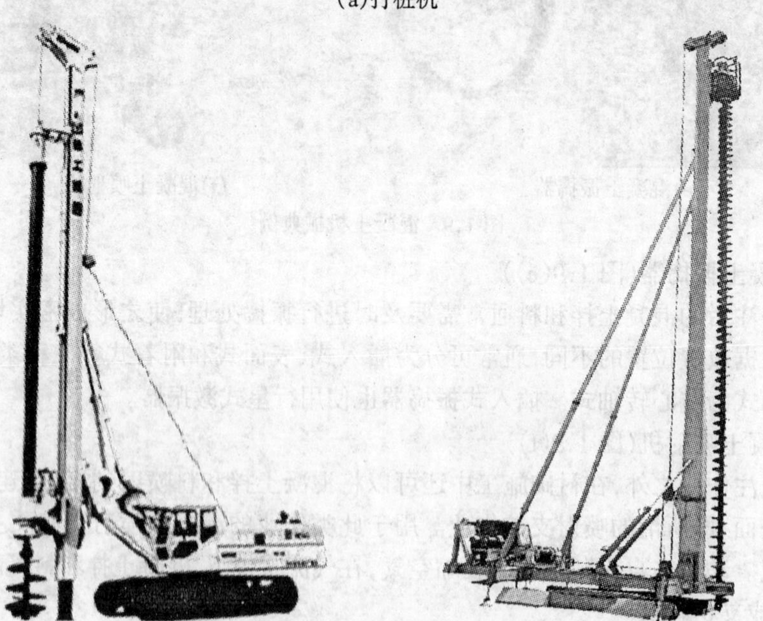

(b)成孔机

图 1.10　桩工机械典例

(1)打桩机

打桩机一般由桩锤和桩架组成。桩锤的冲击力使预制桩克服土壤阻力下沉，桩锤的支承和导向由桩架来完成。

现在常用的振动沉拔桩机是打桩机的一种发展，这里采用的是桩架与振动桩锤的组合，激振器激发的振动冲击通过预制桩传给土壤，使桩体表面处土壤的阻力大大减小，加上适当的外力，容易实现桩体的下沉或上拔。

(2)成孔机

典型的成孔机械通常是由钻具和桩架组成的螺旋钻孔机。桩架对于钻具来说具有支承、定位、导向和提放等功能。钻具包括驱动装置、钻头和钻杆。钻头随钻杆一起转动时，钻头上的刀板切削原土，钻杆上的螺旋叶片则利用斜面、惯性挤压和离心力等作用原理使切下的土粒上升到卸土处。

在孔径和深度都不大的情况下，有时会采用冲抓斗成孔机。操纵冲抓斗起落的是“卷筒－钢丝绳－滑轮”系统。冲抓斗下落时，抓斗下部的若干抓片呈花瓣状打开，并在落地时插入原土中。当钢丝绳将冲抓斗提起时，抓片合拢并将其中的土带走，直到卸土处抓片才再次打开。如此反复直到孔成。

前面提到的振动沉拔桩机也常用于灌注桩作业，不过这里沉拔的不是预制桩，而是头部可以像花瓣状张开闭合的特制钢管。当此钢管沉到预定深度时，在其中设置钢筋，灌注混凝土，然后将钢管拔出移到下一个桩位。

1.2.1.5 装修机械

通常，每项工程完工前都要进行装饰作业。与此相应的机械设备主要包括灰浆制备及喷涂设备、涂料喷刷设备、地面修整设备、屋面装修设备等。这些设备中的大部分为手持或手扶机具，图1.11为装修机械的一些实例。

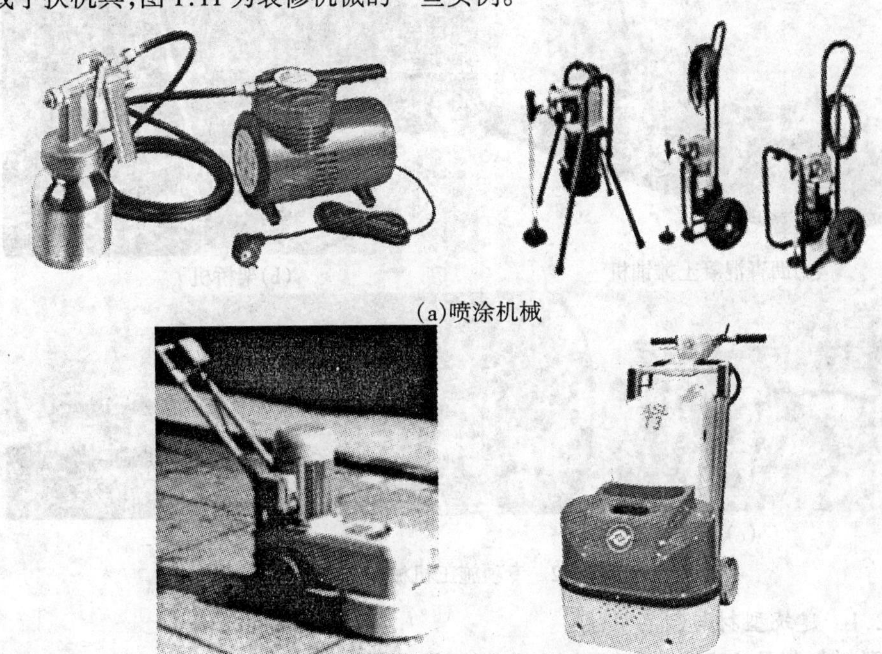

(a)喷涂机械

(b)地面修整机械

(c)装修升降平台

图 1.11 装修机械实例

1.2.2 专项施工机械

专项施工机械主要包括路面机械、桥梁机械、隧道机械、线路机械等,如图 1.12 所示的沥青混凝土摊铺机、架桥机、盾构、铺轨机。土木工程种类繁多,专项施工机械通常仅用于其中某一类产品的构筑。

(a)沥青混凝土摊铺机　(b)架桥机

(c)盾构　(d)铺轨机

图 1.12 专项施工机械实例

1.2.2.1 建筑型材与制品机械

建筑型材与制品主要包括预应力混凝土构件、混凝土空心楼板、混凝土小型砌块等混凝土制品,以及砖瓦及耐火制品、木制品、纤维板制品、建筑塑料制品、石棉水泥制品、石材制品、玻璃制品等。一些专家、学者认为混凝土制品机械设备也是混凝土机械。还有人认为建筑型材与制品机械不属于工程机械。

1.2.2.2 市政、环卫、园林机械

近年来,市政、环卫、园林等工程建设显得越来越重要,其机械化程度也越来越高,有关专家、学者已经把与此相关的机械设备作为独立的机种归入工程机械家族之中[5]。其中许多机械设备,如城镇路桥的建设和维护,管道铺设、疏通和排污,残土、弃料的装载和清运,园林松土,药剂喷洒,植树挖坑等工作所使用的机械和设备在原理和构造方面基本上与前面介绍的一些工程机械相同或相近。例如,铺管机就是一种专门用于将管道吊起并放入沟槽中的起重设备;小口径管道水平钻机则是一种水平作业的螺旋钻孔机;许多管道疏通和排污设备是利用气力输送系统进行工作的。

1.3 工程机械设计

1.3.1 设计与需求

设计工作孕育产品的诞生,形形色色的工程机械的出现是从设计工作开始的。

设计工程机械产品的初衷是为了满足土木工程施工机械化方面的种种需求。起重运输作业和土方作业的繁重体力劳动最终导致起重运输机械和土方机械的问世,在混凝土建筑材料出现之前是不会看到混凝土机械的。

另一方面,不是所有的需求都能得到满足。人们希望在事故隐患无处不在的建筑工地上只有机械在工作,再不要看到人身伤害事故的发生。要满足这种需求,靠几代设计工作者的努力奋斗也许是不够的。然而,施工机械化方面的多数需求经过设计工作者的努力还是可以满足的。例如,现代建筑越来越高,经过设计,现代的塔式起重机也越来越高。但随之而来的是塔机司机高空作业问题越来越突出,然而,随着遥控技术的发展和普及,以及摄像监视系统的大众化,高空作业问题也有了多种解决方案。

设计工作不是完全被动的。采用新技术解决老问题是设计工作者的天职,科学技术本身的发展也离不开设计工作者的努力。利用新技术开发新产品,从而引发新的需求,这是当代一种全新的设计理念。回顾工程机械的发展历史不难找到这方面的实例。例如,汽车技术用于起重机械后,引发了对汽车起重机的大量需求;当液压技术用于汽车起重机时,人们开始追求液压汽车起重机,致使风行一时的机械式汽车起重机淡出市场;液力变矩器和油气悬架在液压汽车起重机上的应用,则使用户的眼睛盯上了当代高端产品——全陆面起重机。总之,设计离不开需求,但是设计又可以满足、引导,并且促进需求。有一种观点认为,产品竞争归根结蒂是设计能力的竞争。

1.3.2 设计工作的基本过程

设计工作的基本过程是指从需求分析开始到递交设计结果(设计图纸,计算书,说明书等)为止的工作过程。

进行需求分析的目的是为了建立社会需求与机械系统的连接关系,寻找可以满足社会需求的机械系统(简称目标系统)。开始阶段,目标系统处于萌芽状态,主要包括总体目

标功能、总体目标原理和总体组成原理三个要素。其相互关系是:目标系统实现总体目标功能以满足社会需求;能否实现总体目标功能,一方面要看总体目标原理的正确性,另一方面要看目标系统本身能否变成现实;正确的总体组成原理是目标系统从理想变成现实的基本保证。例如,升降机的总体功能是完成重物的升降运动,升降机完成重物的升降运动就满足了起重作业机械化的部分需求;实现升降功能的总体原理是用卷筒卷放钢丝绳,如果这个总体原理不正确,总体目标功能就不能实现;另一方面,如果升降机本身设计不出来,总体目标功能也不能实现,升降机的总体组成原理是,动力模块,加传动模块,加执行模块,加操控模块,加支承模块;如果升降机的总体组成原理不正确,即使制造出来,也不能实现总体目标功能。

目标系统的萌芽状态(或称为总体功能原理状态)完成之后,通常是以技术任务书的形式确定目标系统要求达到的各种量化的和非量化的设计指标,然后开始分体(包括各个工作机构和其他子系统)方案设计。对于升降机来说,分体包括卷扬机、钢丝绳滑轮机构、升降台、导轨架、操控台、电气系统等。分体方案设计完成之后,开始进行总体布置。

以上的设计工作统称为总体方案设计。接下来的工作是要落实选定的总体方案,包括大量的技术论证、设计计算、图面设计、编写文件等具体工作。这个阶段的设计工作可称之为落实设计。

总体方案设计和落实设计完成之后,目标系统就完成了从总体功能原理到设计记录(设计图纸与相关设计文件)的演进过程。

1.3.3 工程机械设计特点

工程机械设计既符合机械系统设计的一般规律,又有自己的特殊性,其主要特点简述如下。

1.服务对象

工程机械设计的服务对象是土木工程建设。由于土工产品的单一性和生产的单件性,一项工程的施工很难做到从头到尾的机械化。在现有的发展水平上设计出来的工程机械产品都是建立在对施工作业工作进行分解的基础之上。例如,几乎每项工程的施工中都能分解出起重运输作业,于是设计出了起重运输机械。这样,在以后的施工过程中再遇到起重运输作业就可以采用机械化作业,但是,如果遇到其他作业任务,可能还要付诸体力劳动。

类似起重运输机械这样带有通用性的工程机械,目前还有土方机械、混凝土机械、桩工机械等少数几种,种类较多的当属专项施工机械。在设计专项施工机械时,应当对相应的专项工程及其施工程序和工艺过程有足够的了解,在此基础上做出合理可行的设计方案。

工程机械设计是土木工程、土木工程施工、施工机械化,以及机械系统设计等多个领域的交汇区域。因此,要求设计者知识面广,眼界开阔,分析与综合能力俱佳。

2.多种系统交叉

复杂工程机械可能由多种系统组成。例如,汽车起重机除了纯机械系统以外,通常还有液压系统、电气系统和气动系统。设计者在分析单个系统的运转状态时,还要分析各个系统的相互作用对整机运转状态的影响。这就要求设计者具备综合运用所学知识解决工程实际问题的能力。

3.工作机构多

复杂工程机械通常有多个工作机构，例如汽车起重机除了设有起升机构之外，通常还有回转机构、变幅机构、臂架伸缩机构和支腿机构。其中每一个工作机构本身就可能是一个复杂的机械系统，如起升机构就是一个比卷扬机还要复杂的系统。此外，这些工作机构的组成要件往往彼此交叉，如臂架既是起升机构滑轮组的支承结构，又是变幅机构的输出构件，还是臂架伸缩机构的构件。这种情况给设计工作增加了难度，对设计者的水平提出了更高的要求。

4.专用底盘

为了适应土木工程施工的流动性，许多工程机械产品都自带行走机构。有的行走机构直接选用汽车工业提供的通用汽车底盘，或改造后的专用汽车底盘，有的则采用自己设计的专用底盘。这就要求设计者对底盘专业的相关知识有足够的了解，为此传统的大学工程机械本科教学计划都设置底盘课程。

5.金属结构

为了适应土木工程产品的庞大性，往往要求工程机械在作业时具有较大的覆盖能力，为此许多工程机械的金属结构相当庞大，从而增加了设备的体积、重量和成本。为了提高工程机械的设计水平和经济性，学习工程机械设计的大学本科生应当具备良好的金属结构设计能力。

6.设计载荷

土木工程施工特有的工作环境，复杂多变的工作对象和漫长的生产周期，以及工程机械本身的庞大，多工作机构和多系统的特点，使得许多工程机械的载荷系统相当复杂。工程机械设计载荷确定是一项专业性相当强的设计工作。

7.专用零部件

工程机械上有许多专用零部件如吊钩、钢丝绳、滑轮、卷筒、回转支承装置、液力变矩器等。正确掌握专用零部件的设计和选型方法，对于缩短设计周期，提高设计工作的成功率具有重要意义。

8.总体设计

综观工程机械设计的上述特点可以知道工程机械总体设计通常面对的是一个错综复杂的机械系统和形形色色的服务对象，以及复杂多变的工作状态和种种特殊的工作环境。设计者既要把握全局，又要处理好局部方案，还要理顺各种接口关系。为此，要求总体设计人员应当具备扎实的理论基础，足够的知识储备，良好的专业素质，很强的设计能力和工作能力，以及丰富的设计工作经验。

1.4 本书的结构及内容

1.4.1 课程背景

早在120多年前的蒸汽机时代，土建工地上就出现了现代意义上的机械设备，早期的工程机械主要用于起重运输和土方作业。直到20多年前，人们熟悉的工程机械，除了起重运输机械和土方机械以外,也只有混凝土机械和桩工机械。社会发展到今天,工程建设的种类越来越多,数量和规模越来越大,各式各样的工程机械产品也越来越多,随之而来的是各种各样的工程机械教材相继问世。

由于土木工程的复杂性,工程机械的每个品种都有自己的特色和独特的设计计算理论与设计方法,因此工程机械设计方面的传统教材总是面向某一特定机种,如《工程起重机》、《土方机械》、《单斗挖掘机》等,或者是针对某些常用的系统和装置,如《工程机械底盘》、《工程机械配套装置》、《工程机械液压系统》等。近年来出版的工程机械方面的教材基本上还是延续了过去的传统习惯。此类教材紧密联系实际,可直接指导相关的具体设计工作,很有参考价值。

然而,学习工程机械设计的人不可能等到掌握了每一种产品的设计方法之后再去从事设计工作。作者编写这本教材的初衷就是希望能够为学习工程机械设计的人创造一个机会,让学习者在有限的学时内,能够比较全面地了解工程机械的设计工作,并且掌握工程机械设计的基本方法。

信息爆炸时代的有效对策是知识结构的优化。设计工作的经验表明,在不同产品的设计过程中,经常会遇到许多带有共性的问题,本书题目“工程机械设计基础”中的“基础”二字的基本含义是指,在设计每一种工程机械产品的过程中都可能用到的基本理论与方法。设计工作中共性问题的存在,为本书的编写提供了客观基础。为工程机械设计开发工作构筑一个新的基础性的平台是本书的一个努力方向。

现代的教学理念认为,对于学生来说“猎枪”是比“猎物”更有意义的东西。为此,在设计本书的知识结构和进行内容整合时,首要考虑的是设计方法这根主线。与设计对象比较,对设计方法和设计工作过程本身的研究,对于学习设计的人来说也许更为重要。为此,本书的许多章节在设计方法和设计工作过程方面进行了探讨。

此外,创新能力的培养已经开始引起普遍关注,设计工作本身就是一项带有创造性的活动,作为一本研讨设计问题的教材,创新问题是不能回避的。因此,本书在一些适当的章节中加入了有关创新方面的讨论,并且在第2章中对创新问题进行了集中论述。

1.4.2 知识结构主线

工程机械的现状实质上是前人设计工作的结果,学习工程机械设计首先应当对工程机械的现状有所了解。其中最基本的知识点是工程机械分类。土木工程建设是工程机械的服务对象,工程机械的分类特点与土木工程、土木工程施工、施工机械化等知识领域息息相关。对行业背景知识的了解可深可浅,希望达到的教学目的主要是认清所学知识的来龙去脉,消除在新课程学习起点的知识衔接处可能发生的连接障碍。

学习工程机械设计是学习机械系统设计的继续。工程机械设计在保留机械系统设计一般规律的同时,还有许多自身的特点。此外,工程机械设计也有其最基本的知识点。对于这方面知识的学习,也有一个了解程度的问题。在这方面,本书的目标是,对工程机械设计工作能够有一个系统化的基本了解,并且能够抓住所学知识的主线。

任何工作的开始总是要先迈出第一步，工程机械设计也不例外。设计工程机械产品的初衷是为了满足土木工程施工机械化方面的种种需求，因此，需求分析通常被认为是设计工作的起点。在起点处，除了对需求产生的源泉要进行必要的分析工作之外，还应当掌握使需求与机械系统连接的基本方法，这样才能完成从需求到目标系统功能原理的转换工作，使工程机械设计工作继续进行下去。为此，本书对需求分析工作进行了探讨。

总体设计是全部设计工作的中心环节，机械产品的技术性能、轮廓形体、内外接口参数，以及经济性指标等重要信息都要通过总体设计给出基本结果。工程机械总体设计通常面对的是一个错综复杂的机械系统，设计工作具有一定难度。了解总体设计的基本内容和一般过程，对于初学者很有必要。

本书所涉及的其他共性问题还有：功能原理设计，量化设计，工作机构设计，动力与驱动等。这些课题不仅工程机械设计中会遇到，在所有机械产品的设计工作中都会遇到。

本书还有一些具有工程机械特色的内容。例如内燃机、底盘，以及工程机械常用的基本机构与装置等。此外，本书还收入了许多代表工程机械本科教学特征的典型实例，如起重机械、土方机械、桩工机械、混凝土机械等，还有起升机构设计，液力变矩器匹配，行星式变速器分析与设计等专业性很强，又具有普遍指导意义的教学素材。

1.4.3 各章内容安排

第1章阐述了土木工程产品的特殊性及其生产特点、工程施工程序与施工机械化、工程机械的分类与现状、设计与需求的关系、设计工作的基本过程以及工程机械设计特点等有关行业背景与知识交叉点的基本概念、基础知识，并介绍了本教材的课程背景和知识结构主线，以及各章的内容安排。

第2章探讨了功能与需求、功能与原理、功能原理与组成原理等有关功能原理设计方面的基本概念和基础知识，介绍了目标功能确定、功能原理匹配、组成原理设计等功能原理设计的基本过程，并且讨论了工程机械创新的类型与基本方法和功能原理创新，以及创新能力与素质等与工程机械创新相关的基本理论和通用方法。

第3章阐述了产品信息与信息演进及量化设计方面的基本概念与基本理论，重点介绍了性能参数，论述了设计载荷基本要求、载荷种类、载荷值确定、载荷组合等设计载荷方面的问题，讨论了工程机械的总体验算、工作机构验算与其他子系统验算，以及金属结构验算方面的工作要点。

第4章介绍了钢丝绳滑轮组机构、钢丝绳卷筒机构、三角形机构、制动器、回转支承装置、液力变矩器、驱动桥等工程机械常用基本机构与装置，内容包括构造特点、接口参数、使用要点、选型设计与尺寸更改设计，以及配套方法等基本概念和基础知识。

第5章探讨了工作机构功能原理设计的基本内容与设计过程，讨论了工作机构功率流分析与载荷确定，介绍了工作机构设计工作路径分析方法，并且探讨了有关选型件设计、非选型件设计、图面设计，以及工作机构优化设计等方面的问题。

第6章对工程机械常用动力源进行了讨论，介绍了柴油机基本原理与输出特性，以及选型要点和动力源配置方面的基本理论,讨论了驱动系统方案设计要点,以及内燃机-机械驱动系统和内燃机-液压驱动系统基本方案典例。

第7章介绍了工程机械底盘的组成要点,以及底盘静力学分析和动力学分析的基本理论,并且对底盘行驶阻力和行驶性能进行了讨论,对于行星变速器的设计方法及其运动分析与功率分析作了重点论述。

第8章工程机械总体设计,探讨工程机械总体方案设计的基本内容和一般过程。

第2章 工程机械功能原理设计

2.1 功能原理设计基本概念

2.1.1 功能与需求

从信息交流的角度出发，认识和了解一个工程机械产品需要借助凝聚在该产品上的各种信息，例如，该产品的形状、大小、材质、重量、色彩、功能、原理、性能等。在这诸多的信息当中，最能够反映该产品本质的核心信息是产品功能。美国工程师迈尔斯（L.D. Miles）曾经指出，顾客要购买的不是产品本身，而是产品的功能[6]。直接满足用户（指直接使用者）需求的是产品的功能，而不是产品的形状、大小、材质、重量等其他特性。例如，用户需要起重机不是因为它的形状特殊，也不是因为它是钢铁制成的，而是因为它能够完成各种起重作业任务。

设计工程机械产品的初衷是为了满足土木工程施工机械化方面的种种需求。对于其中的某项具体需求来说，不是任何机械都可以满足的，只有功能相配的机械才能满足需求。另一方面，只要是功能相配，任何机械都可以满足需求。可见，真正满足需求的是产品的功能。因此，设计者在第一时间所关心的应当是产品的功能。

1.功能

当为了一种需求开始设计一种在世界上还不存在的产品时，在这种未来产品（目标产品）所有的未来信息中，能够在第一时间与该需求建立起连接关系的只能是给这个目标产品指定的功能（目标功能）。目标产品的其他特性，例如，目标形状、目标大小、目标材质、目标重量等，只能在确定目标功能的基础上，在后来的设计工作中逐步确定。

功能一词有多种解释，如果没有专门说明，本章中的功能是指对工程机械产品各种用途的某种概括性的说法[7]。例如，起重机的用途有很多，可以用来装卸车、递送建筑材料、吊装设备、货场搬运、工程抢险等，概括地说就是起重机能够完成起重作业工作。这是对起重机功能的一种高度抽象地描述，是建立在已经知道起重作业内涵的基础上的描述。通常，描述工程机械产品功能的说法不止一个，抽象程度也不一样。例如，描述起重机的功能时还可以说，起重机能将重物搬离原位送到需要之处。也可以说，起重机能使重物在空间移位。或者说，起重机的功能是其吊具能携带重物作空间运动等。

2.工作头功能

工程机械中与工作对象直接接触的部分通常称为工作头。例如，升降机中与重物直接接触的部分是载物台，起重机中与重物直接接触的部分是吊钩，单斗挖掘机中与土壤直接接触的部分是铲斗。因此,载物台、吊钩和铲斗都是其所在机械的工作头,见图 2.1。

图 2.1 单工作头实例

许多工程机械的工作头不止一个。例如,在混凝土输送泵中,搅拌槽叶片和混凝土缸的活塞都是工作头,搅拌槽叶片的运动使混凝土拌和料保持均匀,活塞的运动使混凝土拌和料被吸入混凝土缸,或者被推出混凝土缸,进入布料管道,见图 2.2。图中没有编号的设备,如混凝土搅拌槽的壁板、混凝土缸的缸筒、混凝土输送管、通断阀门等,都与工作对象(混凝土)直接接触,因此在本章中都称为工作头。

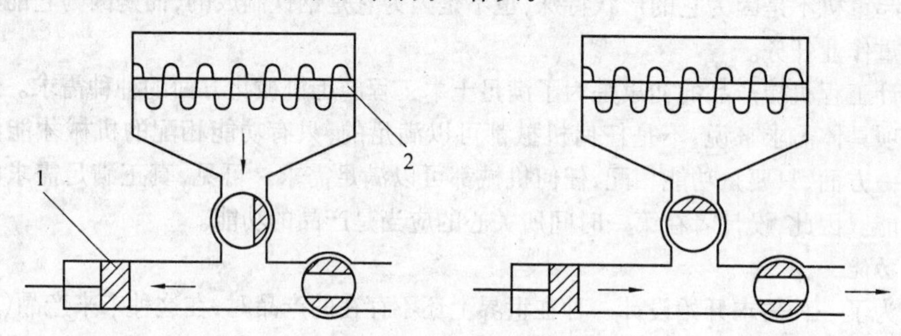

图 2.2 多工作头实例

1—混凝土缸的活塞;2—混凝土搅拌槽叶片

通常,用工作头的功能来描述目标产品的功能可以使设计目标更加明确。例如,说"设计一个能够完成起重作业工作的目标产品",就不如说"设计一个目标产品,让它的工作头能够携带重物作空间运动"。后一种说法可以使设计者立刻联想到一些可能实现空间运动的机构原理。可见,用工作头功能来描述目标产品的功能为完成功能原理设计工作提供了方便条件。

3.功能与需求匹配

设计工程机械产品的基本目的是为了满足土木工程施工机械化方面的种种需求。在设计工作刚开始时,目标产品是不存在的,能够与需求建立连接关系的只能是目标功能。目标产品其他特性的设计工作基本上是以目标功能为基础,逐步展开的。如果目标功能不能确定,设计工作将无法继续。目标功能的确定还关系到设计工作的成败和产品性能的优劣,在设计工作中占有重要位置。为需求确定目标功能的工作称为功能与需求的匹配工作，简称为功需匹配工作。通常，功需匹配是功能原理设计的第一项工作，也是整个设计过程的第一项工作。

有些需求可以直接找到匹配方案。例如，建筑工地上最常见的起重运输作业的基本工作是完成重物的位置转移。如果某种机械系统的工作头可以完成空间运动，也就可能携带重物完成位置转移，从而实现机械化作业。可见，空间运动功能可以满足起重运输机械化方面的需求。因此，空间运动功能可以与起重运输机械化方面的各种需求相匹配。从设计工作的角度出发，类似起重运输作业这样可以直接找到匹配功能的需求称之为直接需求。或者说，直接需求可以直接与某种工作头的功能相匹配。

不能直接找到匹配功能的需求称之为间接需求。例如，对于从事工程机械设计的人来说，可能面对的最大需求就是全面实现施工机械化。然而，每项工程的施工作业都有其特殊性。同一项工程的各个阶段所面临的施工作业任务也各不相同。同一阶段的同一项任务在完成过程中，前前后后所做的具体工作也不一样。因此，对于这样的需求，难以直接找到一种工作头功能与其相匹配，故全面实现施工作业机械化的需求属于间接需求。

4.间接需求的功需匹配

解决间接需求功需匹配问题有多种方法，下面介绍四种基本方法供设计时参考。

(1)需求类比法

需求类比法的要点是，通过寻找已经解决了功需匹配问题的类似需求，间接找到相配的功能。例如，在解决市政排污机械化的功需匹配问题时，可以联想到医院解决患者排痰需求的吸痰器的功能原理，并将其移植到未来的市政排污设备上。

需求类比法不要求对间接需求本身进行分解，需要的是知识的储备、经验的积累，以及联想能力和设计灵感等与设计者自身相关的素质。

(2)功能筛选法

功能筛选法是通过对现有机械系统的功能进行筛选，找到与需求相匹配的功能。例如，混凝土布料递送机械化就有多种功需匹配方案，可以选配起重作业功能，也可以采用升降机加翻斗车的功能，而混凝土输送泵则是借鉴了风箱的功能原理。

功能筛选法的成功要点与需求类比法类似，这里需要强调的是对现有机械系统功能原理广泛深入地研究和良好的评价决策能力。

(3)分散匹配法

此方法是首先将间接需求分解，然后对分解后得到的各个局部需求进行功需匹配。如果局部需求也是个间接需求，就重复进行间接需求的分解工作。这种分解工作理论上可以一直进行到所有的局部需求都找到功需匹配方案为止。

例如，土方作业通常是从施工开始到工程结束都要进行的工作，内容包括土壤的挖掘、运输、填筑、平整、压实等。常见的工作类型有场地的平整、基坑(槽)及管沟的开挖、地坪填土、路基填筑、隧道开通及基坑回填等。由此可见，很难用一个工作头功能来满足土方作业机械化方面的全部需求。因此，土方作业机械化的需求属于间接需求。

然而，当土方作业机械化被分解成挖掘作业机械化、铲土运输机械化、平整作业机械化和压实作业机械化时，间接需求就变成了几个直接需求。这是因为，可以用铲斗翻转功能与挖掘作业匹配；可以用铲斗平移功能与铲土运输匹配；可以用铲刀的空间运动功能与平整作业匹配;可以用碾压碌子的移动或振动功能与压实作业匹配。这样,土方作业机械化的间接需求,通过分散处理法,在某种程度上得到了满足。

功需匹配方案和匹配的过程可以用表格的形式简略给出,称这样的表格为功需匹配表,见表2.1。

表2.1 土方作业机械化功需匹配表

间接需求	直接需求	直接需求匹配功能	目标功能
土方作业机械化	挖掘机械化	工作头翻转和空间移位	前述功能
	铲运机械化	工作头升降和平移	前述功能
	平整机械化	工作头5自由度调整和水平移动	前述功能
	压实机械化	工作头碾压或振动	前述功能

分散匹配法和下面介绍的合作匹配法都需要对间接需求进行分解。能否成功,一要看设计者对土木工程施工的具体情况的了解程度;二要看设计者对机械的种种运动功能是否了解。否则,或者会觉得对间接需求的分解工作无从下手,或者不能够保证及时准确地发现可以满足局部需求的机械运动功能,有可能将直接需求误认为是间接需求,从而导致工作延误,甚至设计失败。

(4)合作匹配法

此方法是,首先用分散匹配法对间接需求进行处理,然后将各个局部需求的匹配功能进行合理连接,构成能够满足该间接需求的联合功能(或者称为功能结构),从而完成间接需求的功需匹配工作。

例如,在进行预制桩基础构筑作业时,首先要将预制桩竖立起来,然后将预制桩对准桩位,最后将预制桩沉入地下。这一系列动作很难用一个工作头功能来实现。因此,预制桩基础构筑作业机械化的需求属于间接需求。

依据预制桩基础构筑的作业过程,首先将预制桩基础构筑机械化进行分解,得到竖桩机械化、对桩位机械化、沉桩机械化等三个分需求。然后,用桩头夹具的升降功能与竖桩作业匹配;用桩身夹具的移位功能与对桩位作业匹配;用桩锤的运动功能与沉桩作业匹配。接下来再依据预制桩基础构筑的作业过程,将上述三个工作头功能进行适当连接,形成联合功能,即建立一个先用桩头夹具的升降功能将预制桩竖起,再用桩身夹具的移位功能使预制桩对准桩位,最后用桩锤的运动功能完成沉桩工作的这样一种功能结构,见表2.2。

表2.2 预制桩基础构筑机械化功需匹配表

间接需求	直接需求	直接需求匹配功能	目标功能
预制桩基础构筑机械化	竖桩机械化	工作头升降	前述3种功能组成的联合功能
	对桩位机械化	工作头水平移位	
	沉桩机械化	工作头下冲,下压,或振动	

5.已成功能与未成功能

在能够与需求进行匹配的功能中,有的是已知技术系统的功能,有的是未知技术系统的功能。已知技术系统的功能称之为已成功能,未知技术系统的功能则称为未成功能。已成功能和未成功能是因人而异的相对概念,通常,经验和积累越丰富,面对的已成功能就越多。

表2.3是混凝土制备机械化的功需匹配表。其中,泵和管道设备功能、称量设备功能、水箱设备功能、料斗设备功能属于已成功能。工作头1、2、3、4、5的功能描述方式表明,对于该设计者来说这些功能还是一些未成功能。

表2.3 混凝土制备机械化功需匹配表

间接需求	分需求	直接需求	直接需求匹配功能			目标功能
			骨料	水和附加剂	水泥	
混凝土制备机械化	备料机械化	取料	工作头1定点移动	泵和管道设备功能	工作头4定点移动	前述所有功能组成的联合功能
		送料	工作头2定点移动		工作头5定点移动	
		称料	称量设备功能			
		存料	料斗设备功能	水箱设备功能	料斗设备功能	
	混凝土搅拌机械化	投料	管道设备功能			
		拌和	工作头3转动,振动或复合运动功能			
		出料	料斗设备功能			

采用需求类比法和功能筛选法得到的功能通常都是已成功能。

2.1.2 功能与原理

1.简单功能与复杂功能

机械系统工作头的动作可能是某种简单运动,也可能比较复杂。按工作头上特征点的运动轨迹分,工作头有点、直线、圆周、平面曲线、空间曲线等5种运动形式;按工作头轴线的运动情况分,工作头又有不动、平动、转动、平面运动、空间运动等5种运动形式;按工作头的运动方向分,工作头也有单向、双向、多向、往复等4种运动形式;按工作头的运动规律分,工作头还有连续、间歇、随意等三种运动形式。此外,按运动状态分,工作头又有等速和变速两种运动形式。

等速、连续、单向、直线平动属于简单运动。随意、变速、多向空间运动则属于复杂运动。仅能达到简单运动水平的功能称为简单功能;可以达到复杂运动程度的功能称为复杂功能。

显然,空间运动可以分解成若干平面运动,平面运动可以分解为平动和转动,多向运动可以分解成若干单向运动,随意运动可以分解为随意连续运动和随意间歇运动,间歇运动可以分解成若干短时连续运动……由此可知,复杂运动通常可以分解成一些简单运动,故复杂功能通常可以分解成若干简单功能。

2.未成功能的原理解

在现有的机械系统中,形形色色的功能是由各种各样的机构或技术系统来实现的。寻找能够实现未成功能的机构或技术系统是新产品设计工作初期的一项重要工作。在这个阶段所关心的问题主要是机构或系统的运动特性或工作原理，对于备选系统的设计载荷、性能参数、形体参数、构件材质、制造工艺等具体问题通常不需要考虑得十分成熟。用以表达备选系统工作原理的工具通常是原理简图，称这种机构原理简图所表达的工作原理为该未成功能的实现原理，或称其为未成功能的原理解。表 2.4 所示为线性运动功能原理解的几个实例。

表 2.4 线性运动功能原理解举例

无轨运动	类型	挠性运动		刚性运动	
		链带式	卷绳式	伸缩式	螺杆式
	原理解				
有轨运动	类型	刚 性 轨		挠 性 轨	
		台 车	挂 车	台 车	挂 车
	原理解				

3.未成功能与原理匹配

在本章中，给未成功能寻找原理解的工作称为功能原理匹配，简称功理匹配。如果未成功能是简单功能，通常可以找到许多原理解，接下来的工作是评价与决策。如果面对的未成功能是一种复杂功能，在对其进行功理匹配时，可以考虑采用以下三种基本方法。

(1)功能类比法

首先对未成功能进行分析，掌握其特点。以此为基础，在现有的机构或技术系统中进行搜索，从中找出功能相仿的系统。然后借鉴该系统的功能原理，拟定出未成功能的原理解，从而完成功理匹配工作。例如，当未成功能是某种线性运动功能时，现有的功能相仿的系统有带式输送机、螺旋输送机、链斗提升机、卷扬升降机、齿条升降机、液压升降机等，其相应的工作原理都可以考虑作为线性运动功能的原理解。又如，当未成功能是某种复杂的空间运动功能时，现有的功能相仿的系统有起重机、机械手、数控切割机等，这些系统的相应工作原理都可以考虑作为复杂空间运动功能的原理解。

采用功能类比法不需要对复杂功能进行分解，需要的是知识储备、经验积累、联想能力等素质。

(2)原理筛选法

采用原理筛选法的前提条件是要建立一个机械原理资料库，将现有机械系统的工作原理按照一定的规律存入资料库中。使用时，在资料库中进行筛选，从中找出能够与未成功能相匹配的原理解。这里，需要强调的是机械原理资料库的全面性与合理性，并且能够提供多种检索渠道，为使用者提供方便。

表 2.5 为机械原理资料库的一个简单例子，仅供参考。

(3)分解合成法

首先对未成功能进行分解，将复杂功能分解成若干简单功能。接下来，对每一个简单功能进行分析，可以应用上述功能类比法或原理筛分法为每一个简单功能找到原理解，然后再将这些原理解连接起来，形成一个能够实现该功能的合成原理解，从而完成功理匹配。

例如，当未成功能为空间运动功能时，可以首先将该目标功能分解成直线运动功能、圆周运动功能和平面运动功能，然后从表2.5给出的机械原理资料库中选出相应的原理解，最后，将选出的原理解进行适当连接，构成合成原理解，见表2.6。

表2.5　机械原理资料库举例

直线运动功能的原理解	无轨运动	类型	挠性运动		刚性运动	
			链带式	卷绳式	伸缩式	螺杆式
		模型	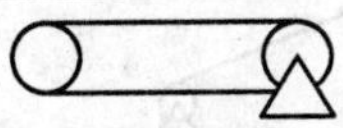			
	直轨运动	类型	主动车		被动车	
			台　车	挂　车	台　车	挂　车
		刚性轨		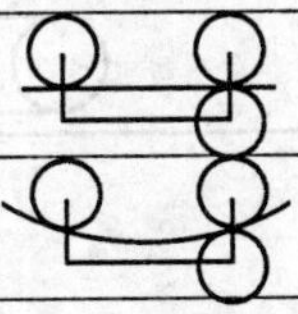	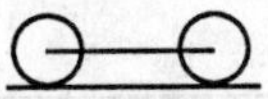	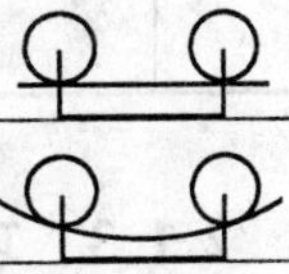
		挠性轨				
圆周运动功能的原理解	无轨运动	类型	转　台　运　动		转臂运动	
			转盘式	转柱式		
		模型	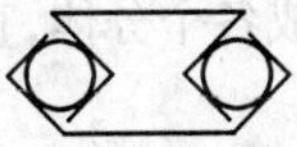		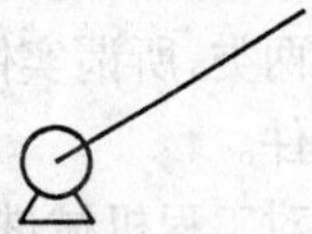	
	环轨运动	类型	主动车		被动车	
			台　车	挂　车	台　车	挂　车
		刚性轨	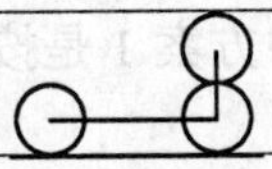	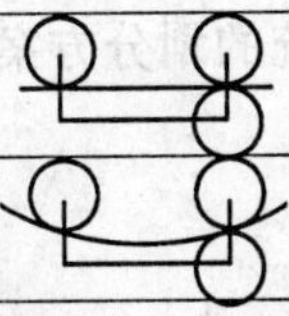	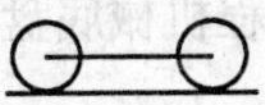	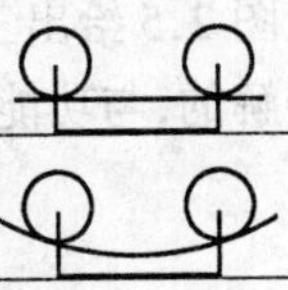
		挠性轨				
平面运动功能的原理解	运动类型		轮胎车载运动		履带车载运动	
	机理模型		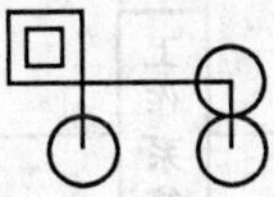		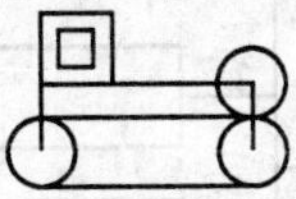	

表 2.6 机械原理资料库应用举例

空间运动分解功能	直线运动功能		圆周运动功能		平面运动功能
	1	2	1	2	
原理解					
合成原理解					

2.1.3 功能原理与组成原理

1.工程机械分解

系统分解是认识复杂机械系统的基本方法。系统分解的方式大致有实体分解和概念分解两类,所谓实体分解就是将工程机械由整体分解成各个分体,直至分解成无需再分的零部件。

对工程机械进行概念分解的方法基本上也有两类,一类是按功能分解,另一类是按其他属性分解。

例如,工程机械底盘本身就是一个复杂机械系统,其子系统的划分有多种方案,图2.3至图 2.5 给出三种工程机械底盘子系统的划分方案,其中方案 1 是按子系统的技术类别分解的,与功能无关。

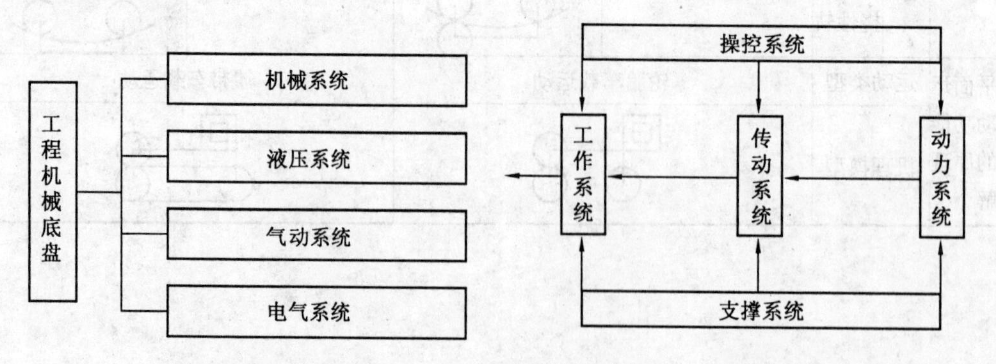

图 2.3 工程机械底盘系统分解方案(1)　　图 2.4 工程机械底盘系统分解方案(2)

图 2.4 和图 2.5 给出的两种分解方案都是按功能分解得到的。除此以外,也可以将

整机分解为驱动和工作两个功能系统,这种分法得到的子系统最少。可见整机分解方案有很多,具体采用哪种方案要看整机分解的目的,以及使用时是否方便。

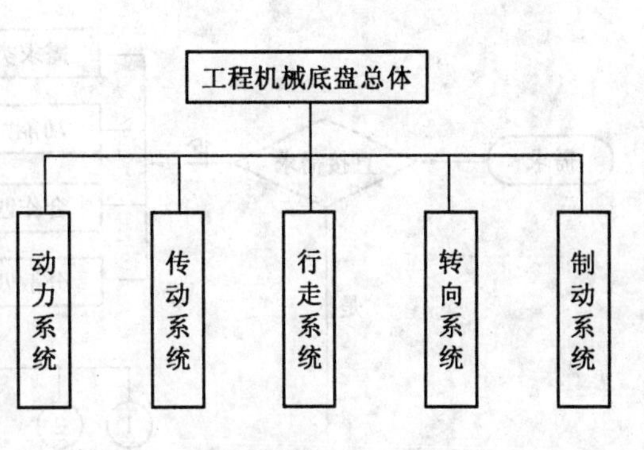

图 2.5 工程机械底盘系统分解方案(3)

2.功能模块

从工程机械设计的角度出发,整机分解采用按功能划分的方式最为方便。当整机按功能分解之后,所得到的子系统各自都具有与众不同的子系统功能。为了能够与整机的功能相区别,整机按功能分解后得到的功能子系统称之为功能模块,这些子系统的功能,则称之为模块功能。

3.组成原理

工程机械是用来替代繁重体力劳动的,其功能原理的实现需要有动力驱动。为此,对于工程机械来说,动力驱动模块和工作模块是不能缺少的两个功能模块。此外,作为机械系统与其他系统的接口,控制与支承两个模块也是不能缺少的组成模块。因此,从设计的角度出发,对于一个不存在的工程机械,可以用动力、传动、执行、操控、支承等5个传统模块来概括其未来的全部组成。

工程机械的模块结构称之为工程机械的组成原理。

2.2 功能原理设计基本过程

在目标产品设计工作的基本过程中,功能原理设计是首先要做的工作。功能原理设计的工作成果是要完成目标产品的总体功能原理方案。组成总体功能原理方案的三个要素是总体目标功能;实现目标功能的总体目标原理;保证目标功能原理的总体组成原理,见图 2.6。

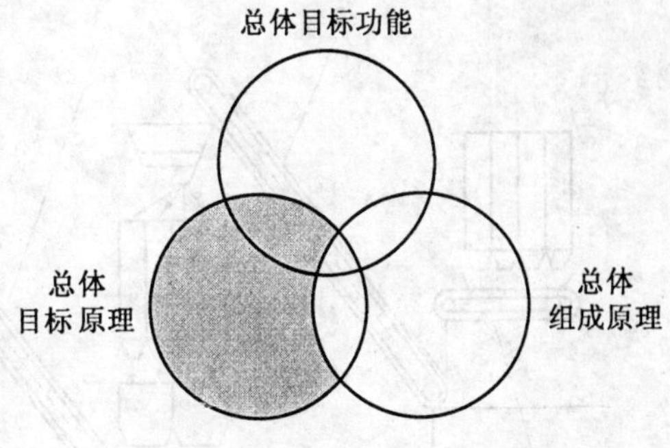

图 2.6 总体功能原理方案三要素

2.2.1 目标功能确定

功能原理设计工作开始阶段的第一项任务就是要确定目标产品的目标功能。后来的所有设计工作都要以目标功能为基础。

确定目标功能的基本过程如图 2.7 所示。首先判断需求特性,若为直接需求,可直接找到目标功能。

在不能直接找到目标功能时,可先做需求类比和功能筛选工作,若找不到现存的功能原理,再进行合作匹配。如果合作匹配难以完成,就只能利用分散匹配法来解决功需匹配问题。

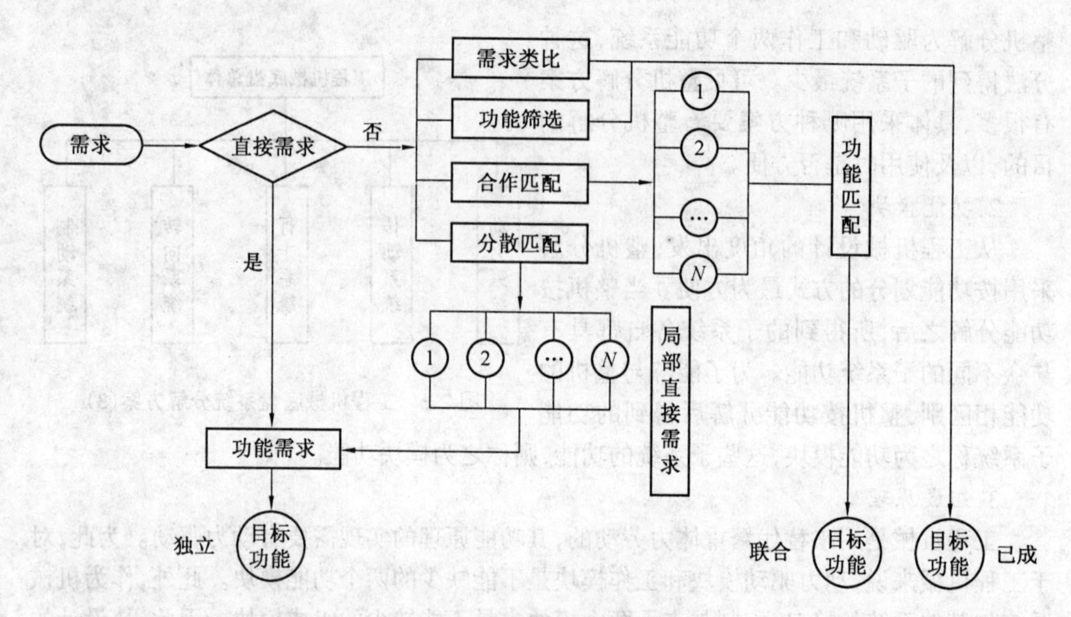

图 2.7 目标功能确定

例如,混凝土制备机械化这个需求可以分解为备料机械化和混凝土搅拌机械化两个分需求。备料机械化可以分解为取料机械化、送料机械化、称料机械化、存料机械化;混凝土搅拌机械化可以分解为投料机械化、拌和机械化、出料机械化。详见表 2.3。

表 2.3 是混凝土制备机械化的功需匹配表。其中,泵和管道设备功能、称量设备功能、水箱设备功能、料斗设备功能属于已成功能。工作头 1、2、3、4、5 的功能描述方式表明,对于该设计者来说这些功能还是一些未成功能。实际上,工作头 1、2、3、4、5 的功能也可以采用已成功能,这样就可以直接给出总体目标原理方案,不用再进行功能原理匹配。混凝土制备机械化的总体目标原理方案见图 2.8。

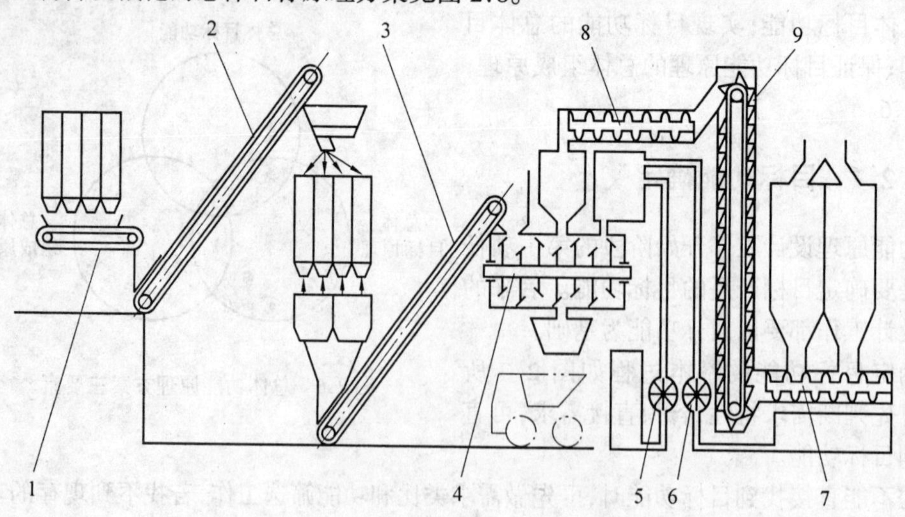

图 2.8 混凝土制备机械化的总体目标原理方案

1—骨料分送带;2—分料传送带;3—配料传送带;4—搅拌叶片;5—附加剂泵的转子;6—水泵转子;7,8—水泥输送机螺旋叶片;9—水泥提升机料斗

2.2.2 功能原理匹配

功能原理匹配的基本过程如图 2.9 所示。首先判断目标功能特性,若为简单功能,可直接进行功理匹配找到目标原理。

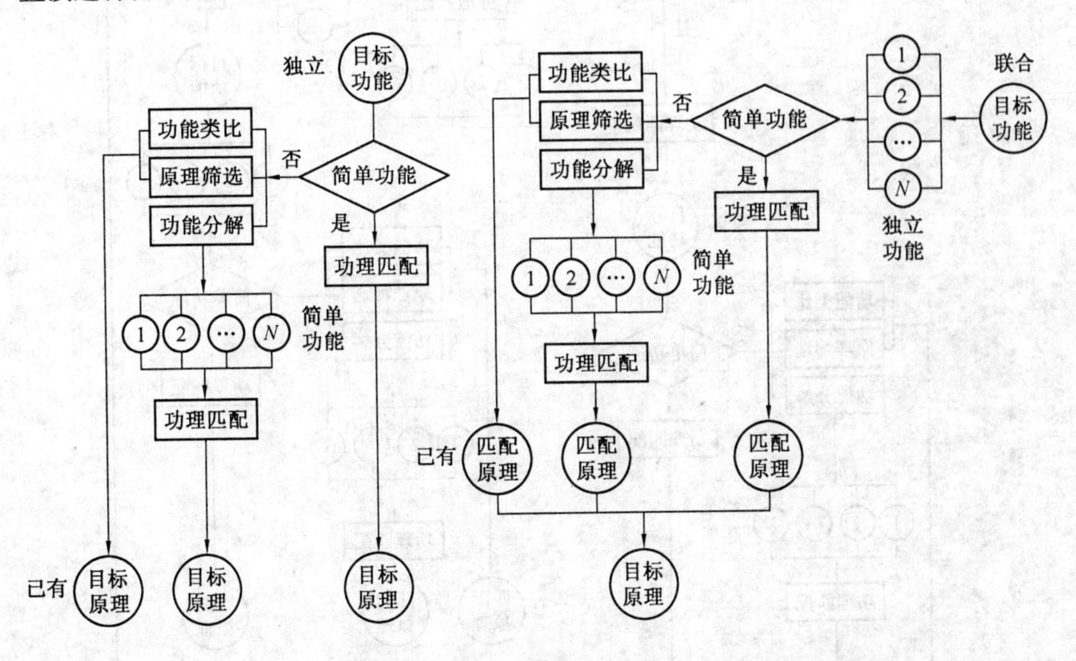

图 2.9 功能原理匹配

在不能直接找到目标原理时,可先做功能类比和原理筛选工作,若还是找不到现存的功能原理就进行功能分解,对分解后得到的简单功能再进行功理匹配找到可用的原理。

2.2.3 目标功能原理确定

确定目标功能与功能原理匹配这两项工作合并在一起,统称为目标功能原理确定。确定目标功能原理的全过程详见图 2.10。

例如,高层建筑起重作业机械化的需求,可以分解成起重作业机械化和设备爬升机械化这样两个局部需求。进行功需匹配的结果见表 2.7。表 2.8 为对工作头 1 的空间运动功能进行功理匹配的情况。

表 2.7 高层建筑起重作业机械化功需匹配表

间接需求	直接需求	直接需求匹配功能	目标功能
高层建筑起重作业机械化	起重作业机械化	工作头 1 空间运动功能	前述 2 种功能组成的联合功能
	设备爬升机械化	工作头 2 爬升运动功能	

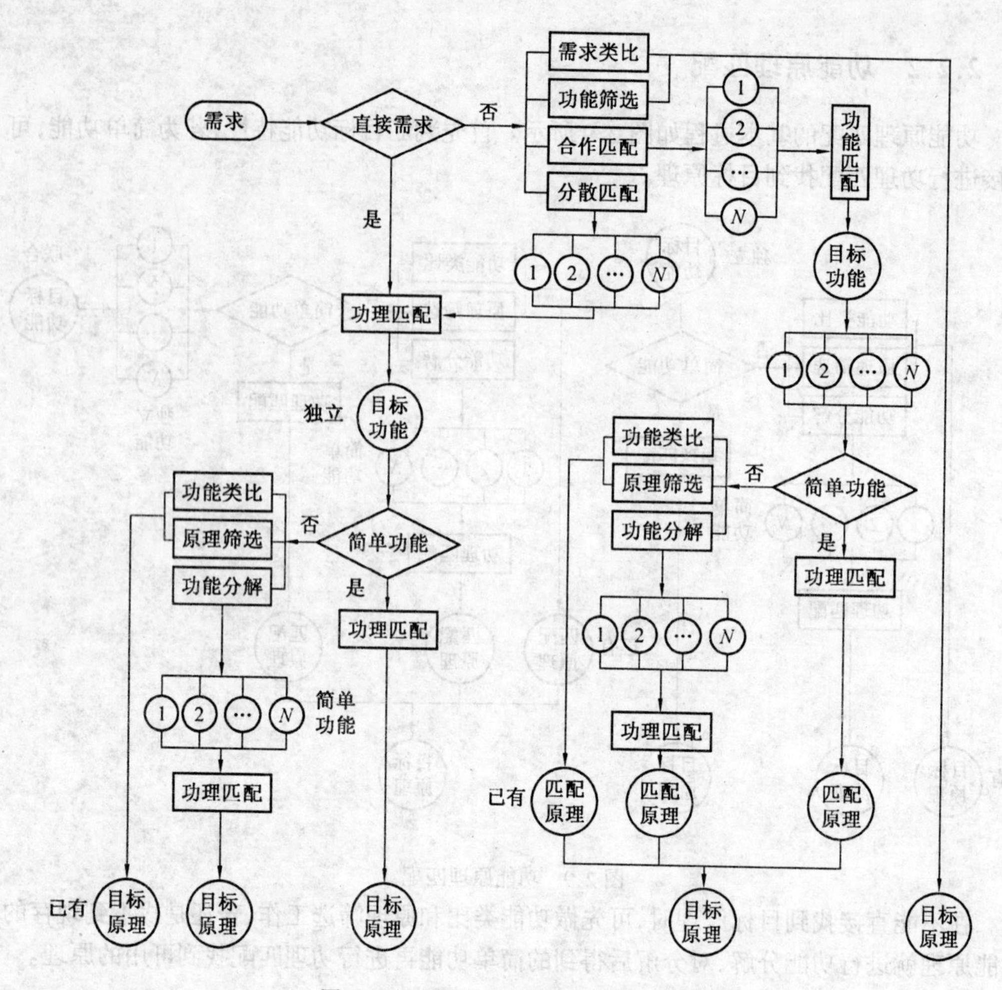

图 2.10 确定目标功能原理的基本过程

表 2.8 高层建筑起重设备工作头 1 空间运动功能的功理匹配

空间运动分解功能	直线运动功能 1	2	3	圆周运动功能
原理解				
合成原理解				

2.2.4 组成原理设计

通常,从设计的角度出发,对于一个不存在的工程机械,可以用动力、传动、执行、操控、支承等5个传统模块来概括其未来的全部组成。

例如,上个例子中的高层建筑起重设备的组成模块,可以先用动力、传动、执行、操控、支承等5个传统模块来概括,然后进行适当的演进,结果见表2.9。

表2.9 高层建筑起重设备组成原理的模块演进结果

功能原理	功能模块		序号	选定形态
	执行	升降	1	倍率[多];卷扬[独立]
		变幅	2	小车式
		回转	3	[行星];[外齿];[后]
		爬升	4	(待定)
	传动		5	电力
	动力		6	动力电源
	支承	臂架	7	[组装];[格构]
		塔身	8	
		平衡臂	9	
		塔顶	10	[整体];[格构];[固定]
	操控	升降	11	[控制器]
		变幅	12	[手柄]
		回转	13	[踏板]
		爬升	14	(待定)

2.3 工程机械创新设计

2.3.1 目标功能创新

构思一个目标系统(未来系统),然后将其转换成一个前所未有的实体系统,用以满足原来无法满足的需求,这种创新形式称之为开创。

如果找不到现成的机械系统来实现为目标系统指定的目标功能,那么,从目标功能演进出来的产品一定是前所未有的,相应的设计工作就是开创性的。

目标功能的产生是功需匹配的结果,功需匹配涉及到需求分析与功能分析两个方面。

1.需求分析与创新

(1)需求分解与创新

当一种社会需求不能及时给予满足时,可以视其为间接需求。如果一时得不到解决

问题的灵感,需求分解是第一时间就可以动手去做的工作。需求分解结果可以简单表达为

$$\sum N = N_1 + N_2 + N_3 + \cdots + N_n \tag{2.1}$$

例如,土方作业机械化的需求分解结果可以简单表达为

土方作业机械化 = 挖掘作业机械化 + 铲土运输机械化 + 平整作业机械化 + 压实作业机械化

又如,混凝土制备机械化的需求分解结果可以简单表达为

混凝土制备 = 取料 + 送料 + 称料 + 存料 + 投料 + 拌和 + 出料

需求分解法可以为复杂的社会需求找到解决问题的简化途径,帮助设计者规划出可能满足需求的未来产品。

(2)需求组合与创新

需求与需求之间进行组合之后,可以生成新的需求,这种原来没有直接提出的新的需求可能导致一种新产品的出现。

例如,施工机械化的需求分解结果为

施工 = 起重 + 运输 + 土方 + 混凝土 + 桩工 + 桥梁 + 线路 + ……

若 L 代表起重作业机械化、T 代表运输作业机械化、E 代表土方作业机械化、C 代表混凝土作业机械化、P 代表桩工作业机械化、B 代表桥梁作业机械化、R 代表线路作业机械化、……、$\sum S$ 代表施工机械化,则施工机械化的需求分解结果也可写成

$$\sum S = L + T + E + C + P + B + R + \cdots\cdots$$

在表 2.10 中给出了施工机械化的局部需求之间进行组合之后,生成的一些新的需求,以及能够满足这些新的需求的典型产品。

表 2.10 施工机械化局部需求的组合实例

需求组合实例	LT	LE	LC	LP	LB	LR	LTE	LTR
对应产品实例	轮胎吊	抓铲	吊斗	换装	架桥机	轨道吊	挖掘机	铺轨机

设计或寻找某系统,满足原来没有提出的需求,这种创新形式称之为开发。可见,需求组合创新是新产品开发的一条出路。

(3)需求空间概念与创新

1)自由组合

在后面的论述中要用到自由组合的概念。自由组合是指可以自由选择某个组合中不同元素的数量,也可以自由选择某个组合中相同元素的数量。例如,a,aaa,abc 和 abbccc 等,都是集合{a,b,c}中三个元素进行自由组合所得到的结果。

2)自由组合域

对一个集合中的所有元素进行自由组合后,所得结果的集合,称为该集合的自由组合域。显然,集合的自由组合域是无限集。

3)需求元

进行需求分解时,不能再细分的需求称为需求元。有时,第一时间提出的需求就是需求元。有时,需求经过多次分解之后才能出现需求元。

4)需求空间

设想世界上所有的需求都分解成为需求元,在某一固定时刻,需求元的集合是有限集。可以认为,在该时刻,世界上所有的需求不是需求元集合的子集,就是需求元集合的自由组合域的元素。称需求元集合的子集与需求元集合自由组合域的元素所组成的集合为需求空间。

可以认为,需求空间中包含了世界上所有的需求。这里,所有的需求既包括已经提出的需求,也包括未曾提出的需求。新开发产品所满足的需求一定是需求空间的元素。然而,需求空间中还有哪些元素将演进成新开发的产品,则很难确定。

需求分析阶段所做的一切创新工作,包括需求分解与需求组合,都没有离开需求空间。

2.功能分析与创新

(1)功能替换与创新

满足一个需求的功能可能是多种多样的。例如,预制桩的沉桩机械化需求可以用下冲运动功能来实现,也可以用下压运动功能来实现,还可以用振动功能来实现。改变一次功能就完成了一次创新。

(2)功能组合与创新

满足同一个需求的不同功能之间的组合,往往也能满足这个需求。例如,下冲运动功能与下压运动功能组合而成的冲压功能、下压运动功能与振动功能组合而成的压振功能、下冲运动功能与振动功能组合而成的冲振功能,以及三项功能组合而成的冲振压功能等都能够满足预制桩沉桩机械化的需求。

(3)功能域与创新

复杂功能通常可以分解成若干简单功能。也可以说,复杂功能通常可以由若干简单功能组合而成。如果目标功能是个复杂功能,不同的组合结果可能演进为不同的产品,从而得到不同的创新结果。

例如,当复杂功能为空间运动功能,而参加组合的功能为直线运动功能、圆周运动功能和平面运动功能时,虽然参加组合的功能只有三种,但是这三个元素的自由组合域是无限集。复杂功能组成元素的自由组合域,称之为该复杂功能的功能域。表2.11给出空间运动功能域中的几个元素及其对应的工程机械产品。

表2.11 空间运动功能域元素举例

功能域元素	Z	Y	M	ZM	$Z_1Z_2Z_3$	Z_1Z_2Y	ZY_1Y_2	$Y_1Y_2Y_3M$
对应的产品	起升	回转	翻斗车	升降+车	龙门吊	塔吊1	塔吊2	挖掘机

注:表中,Z代表直线运动功能;Y代表圆周运动功能;M代表平面运动功能。

2.3.2 匹配原理创新

1.功能类比法与创新

功能类比法是在现有的机构或技术系统中进行搜索,从中找出功能相仿的系统。然后借鉴该系统的功能原理,拟定出未成功能的原理解。因此,当找到一个与以前不同的原理解时,就实现了创新。

2.原理筛选法与创新

采用原理筛选法的前提条件是要建立一个机械原理资料库,将现有机械系统的工作原理按照一定的规律存入资料库中。使用时,在资料库中进行筛选,从中找出能够与未成功能相匹配的原理解。因此,当机械原理资料库中出现新的工作原理时,就会出现大批量的创新。例如,电动机、液压传动、机电一体化等新技术的问世,导致大批新工作原理的出现,使得机械系统的面目日新月异。回顾工程机械的发展历史也不难找到这方面的实例。例如,汽车技术用于起重机械后,引发了对汽车起重机的大量需求;当液压技术用于汽车起重机时,人们开始追求液压汽车起重机,致使风行一时的机械式汽车起重机淡出市场;液力变矩器和油气悬架在液压汽车起重机上的应用造就了当代的高端产品——全陆面起重机。

3.分解合成法与创新

分解合成法是首先对未成功能进行分解,将复杂功能分解成若干简单功能。接下来,对每一个简单功能进行分析,可以应用上述功能类比法或原理筛分法为每一个简单功能找到原理解,然后再将这些原理解连接起来,形成一个能够实现该功能的合成原理解。不难看出,上面提到的两种创新在这里都适用。此外,在将原理解进行组合连接时,存在着无限的创新机会,见表2.12~2.14。

表2.12 原理解组合连接实例(1)

空间运动分解功能	直线运动功能		
	1	2	3
原理解			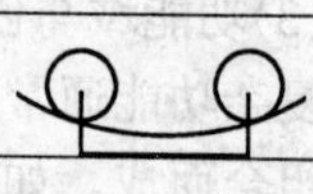
合成原理解	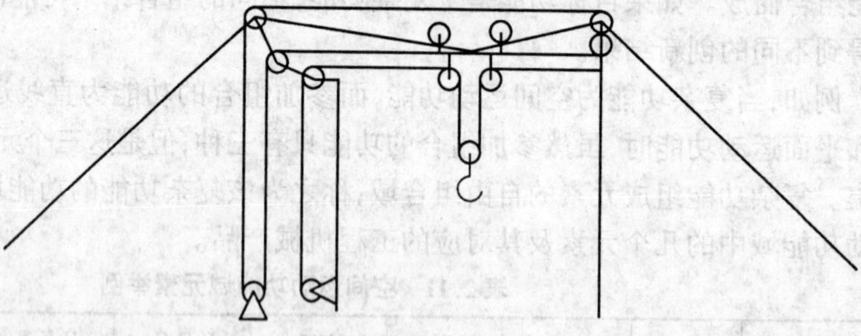		

表2.13 原理解组合连接实例(2)

空间运动分解功能	直线运动功能		圆周运动功能	
	1	2	1	2
原理解	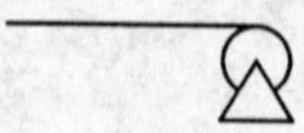	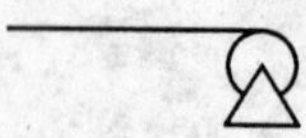		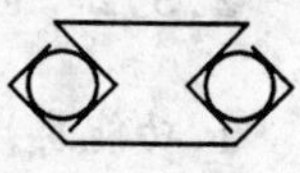

续表 2.13

空间运动分解功能	直线运动功能		圆周运动功能	
	1	2	1	2
合成原理解	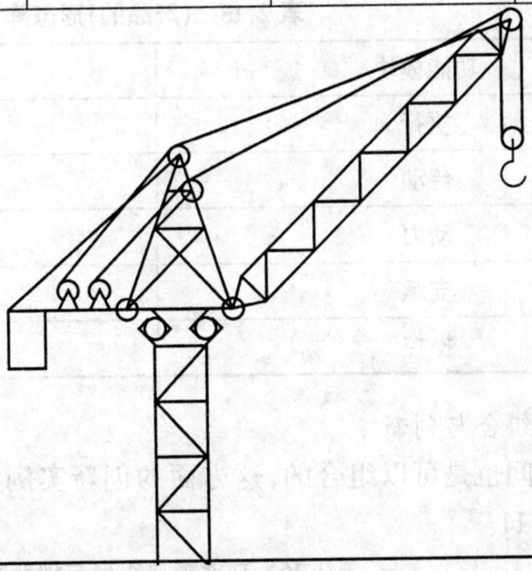			

表 2.14 原理解组合连接实例(3)

空间运动分解功能	直线运动功能		圆周运动功能		平面运动功能
	1	2	1	2	
原理解	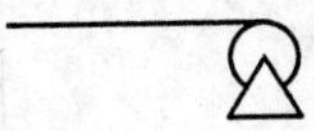		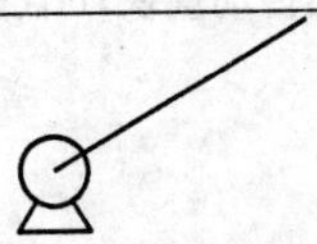	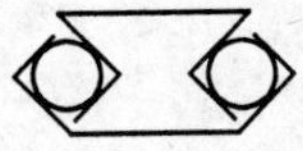	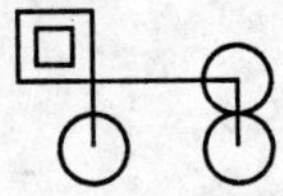
合成原理解	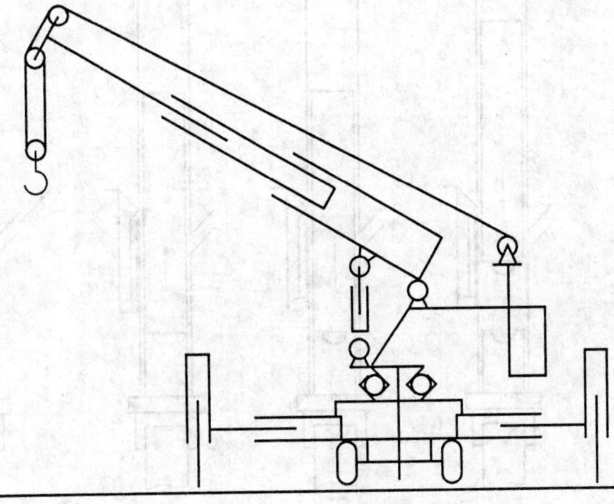				

2.3.3 组成原理创新

1.功能模块分析与创新

每一个功能模块都是一个机械系统,功能模块本身的创新就是其所在产品的创新。

一个功能模块的可能形态不止一个,所有功能模块的可能形态构成了产品的可能形态阵,见表 2.15。由此可知,一个产品的可能形态不止一个,这也提供了相当多的创新机会。

表 2.15 (产品的)形态阵

功能模块	可能形态
执行	1,2,3,…
传动	1,2,3,…
动力	1,2,3,…
支承	1,2,3,…
操控	1,2,3,…

2.功能模块组合与创新

功能模块之间也是可以组合的,这方面的创新实例见表 2.16。其中,单功能模块机械的实例见图 2.11。

表 2.16 功能模块组合与创新实例

组合举例	W + T + P + S + C	W + P + S + C	W + TP + S + C	WTP + S + C	PTWS + C	WTPSC
系统实例	卷扬(高)	卷扬(低)	门机	油压机	升降台	柴油锤

注:表中,W 代表执行模块;T 代表传动模块;P 代表动力模块;S 代表支承模块;C 代表操控模块。

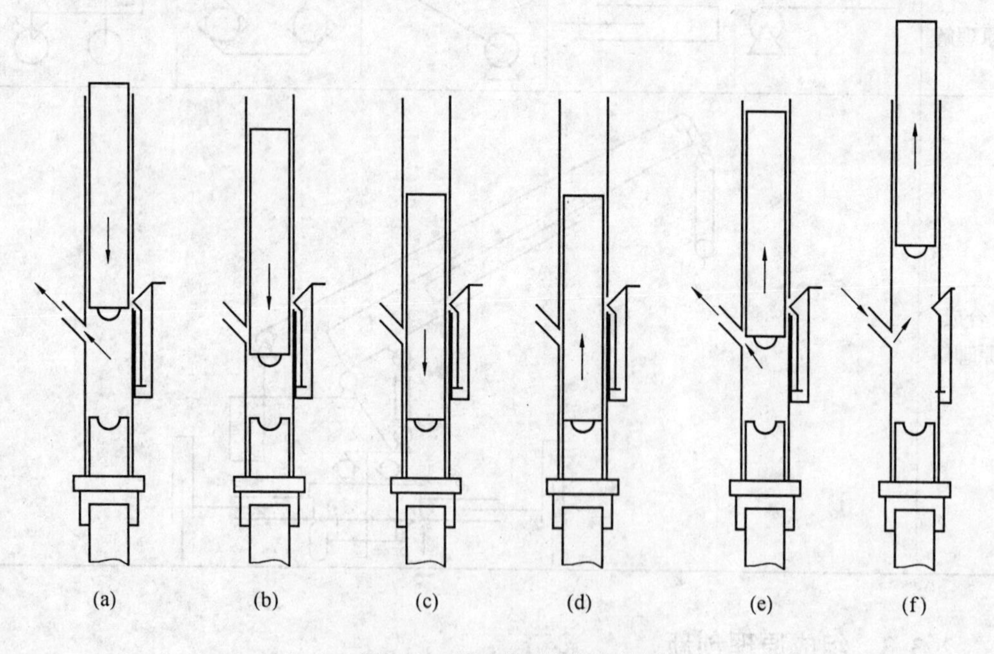

图 2.11 单功能模块机械实例

第3章 工程机械量化设计

3.1 量化设计引言

3.1.1 产品信息

企业生产某种产品是为了满足社会的需求,而凝聚在产品上的社会劳动和本身固有价值是通过产品的社会价值实现的,也可以称产品是载体,是通过产品的信息来表达出来的。作为一个产品,它所包括的信息根据其形态可分为两大类:本体信息和社会信息,如表3.1所示。

表3.1 产品信息

本体信息		社会信息		
功能信息	实物信息	商业信息	物流信息	用户信息
功能类别(能做什么) 能力范围(能做到什么程度)	形状,大小,材质, 重量,色彩	价格,售后	包装,运输	安装,调试 使用,维修

1.本体信息

本体信息是指该产品在企业内部制造形成商品过程中物化了的信息,又可分为功能信息和实物信息。而功能信息又进一步具体分为:(1)功能类别;(2)能力范围。功能类别决定了该产品的用途,而能力范围从宏观来看决定了该类产品的尺度,即大小和价格。这两方面的信息往往通过产品的型号表现出来,例如QTZ800表明该产品为自升式塔式起重机,其功能是用于建筑施工中搬运建筑材料,其能力范围为起重力矩是800kN·m,最大起重量为60 kN,独立式工作高度45m。实物信息是指实现该产品功能的实体所表现出的相关信息,主要表现为该产品的外观结构形状、产品的大小、制造该产品所使用的材料、该产品的重量和色彩等方面的信息。该方面的信息在产品的型号上往往体现不出来,而是在产品说明书中给予说明,如上面的例子QTZ800没有体现出来该塔式起重机的上部结构是塔帽式结构,还是平头式结构,以及还是顶部撑杆式结构等。同时,吊臂和平衡臂的长度,以及附着高度,每个标准节的结构尺寸、重量、金属材料、油漆颜色等相关信息都在产品说明书中有相关的说明。

2.社会信息

社会信息是指产品进入流通前的准备、流通过程以及在使用过程而表现出来的信息。具体可分为:(1)商业信息,是指产品成为商品在商业流通领域中所表现出来的信息,如产品的价格、售后服务等;(2)物流信息,是指产品在出厂到达用户手中之间的相关信息,如包装、配送、运输等;(3)用户信息,是指产品到达用户后所表现出的相关信息,如产品到达用户后需要安装、调试到正常运行,如何正确操作使用以及如何维修、维护等。社会信息一部分体现在企业与用户所签定的合同中,如产品的价格、保修期、运输方式及费用、损失赔偿等;另一部分体现在产品说明书或其他相关文件中,如安装方法及步骤、调试过程、使用方法、跑合、大小维修期限、故障形式等。

根据记载信息的方式,可将产品的信息分为:文图信息和量化信息。文图信息是指用文字、图表和图片所表示的信息,如说明书表达产品的功能、制造产品所用材料、安装调试方法、使用维护方法等文字信息;用图片来表示产品的形状及色彩;用图表来表示产品的安装结构尺寸等。而量化信息是指用来表示产品的技术性能指标、重量等可以用数字来量化的信息,也是设计产品的一个重要依据。

3.1.2 信息演进

从上面所介绍的产品信息来看,作为工程机械的设计者更关心的是产品的本体信息,本体信息的优劣是由所采用的技术条件决定的,因此,本体信息进而决定了产品的市场。本体信息所包含的因素见表3.2所示。

表3.2 本体信息的决定因素

本体信息	功能类别	能力范围	形　状	大　小	重量	材质	色彩
决定因素	目标 功能	大小 材质	功能原理,大小, 设计方法,社会审美	技术任务,材质, 设计方法	大小 材质	技术 经济	社会审美 设计方法

1.本体信息的决定因素

由表3.2可知,本体信息主要包括:(1)功能类别,是指产品的设计目的,由市场需求所确定的;(2)能力范围,是指该产品的能力范围;(3)形状,由所采用不同的功能原理方案、设计方法、大小约束以及社会审美所决定的外观造型;(4)大小,由技术指标、设计时所选取的不同材料、设计准则所确定产品的大小;(5)重量,由产品的大小和材料的密度所决定的产品的质量;(6)材质,由技术的先进性以及经济性所确定的产品的性能价格比;(7)色彩,是由社会审美观和设计方法的可实现性所确定的产品的舒适感。

2.信息演进图

根据国际上基本达成的共识,一个产品的设计进程主要由4个主要环节组成:产品规划;概念设计(国内传统上称为方案设计);具体设计(国内传统上称为技术设计);细节设计(国内传统上称为施工设计或工艺设计)。即从宏观到微观,从全局到具体的发展过程。同样,伴随着产品的相应各个阶段的信息也发生相应的变化,同时,各种信息也是交织在一起的,图3.1为产品信息演进图。

由图3.1可见,产品的信息沿着两个方向演化,即非量化信息和量化信息。(1)沿着非量化信息方向演化。由社会需求确定某种产品,并对该产品进行规划设计,确定产品的目标功能,而目标功能决定了产品的功能类别;目标功能的实现确定了所采用的机械功能原理;由所采用的功能原理决定了采用该原理所确定的形状;同时,功能原理和原理形状

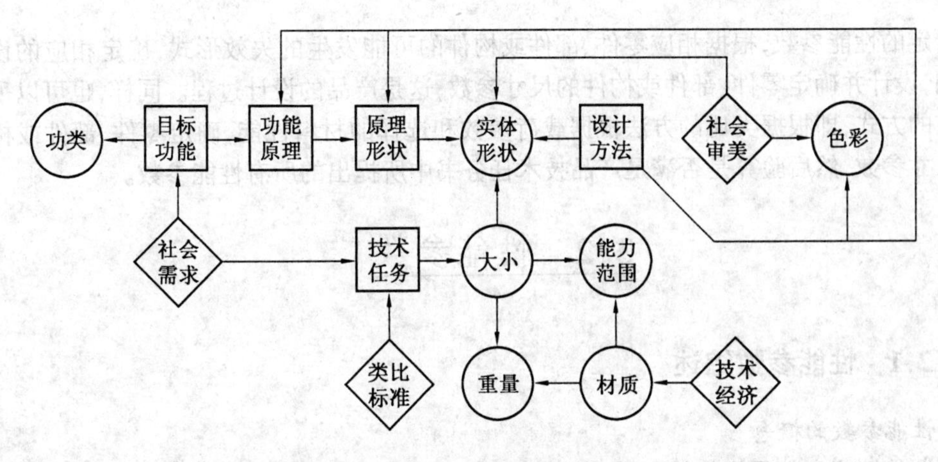

图 3.1 产品信息演进图

又受设计方法的约束;原理形状必然决定了产品的实体形状;同时,实体形状有受设计方法、社会审美的影响;而产品的色彩由社会审美和设计方法决定。(2)沿着量化信息方向演化。由产品的社会需求及非量化信息的分析和现有标准或产品对比分析,确定产品开发的设计技术任务书;技术任务书、所采用的设计方法和设计时所使用的材料性能决定了产品的尺度;而产品的大小和采用的材料性能决定了产品的重量和工作能力范围;所选择的材料的性能由性能价格比确定,即当前的技术经济决定的。

由社会需求提出对产品各种功能要求后,产品的功能原理的设计直接影响产品性能的好坏、成本的高低、使用的灵活性等。因此功能原理的设计是至关重要的。

总而言之,一个产品的开发除了要满足目标功能的要求之外,还要考虑各种约束条件,例如性能好、效率高、成本低、在预定使用期内安全可靠、操作方便、维修简单和造型美观等。

3.1.3 量化设计

所谓量化设计就是在产品的设计过程中,可以用数字描述的设计过程。图 3.2 给出各个量化参数之间的关系及其影响因素。首先确定载荷参数,而载荷参数主要是由产品设计技术任务书所给出的性能参数和该产品的使用环境所确定的;然后由载荷参数和任

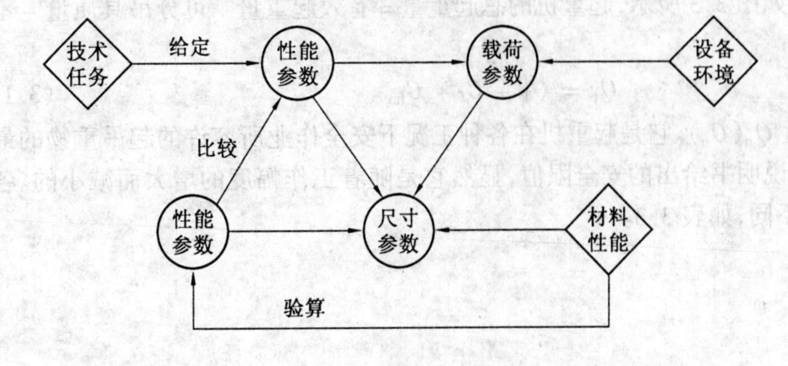

图 3.2 性能参数

务书给定的性能参数,根据相应零件、部件或构件的可能发生的失效形式,确定相应的设计准则,设计并确定零件、部件或构件的尺寸参数,这是产品的设计过程。同样,也可以采用校核的方式,即根据类比的方法根据载荷参数和选择的材料性能,确定零件、部件或构件的尺寸参数,然后验算是否满足产品技术任务书中所提出的所有性能参数。

3.2 性能参数

3.2.1 性能参数综述

1.性能参数的概念

所谓的性能参数是指机械产品的工作性能可以量化的描述。它表示了其工作过程中工作变量的界限值。比如工作容量(起重量、斗容量等)、工作范围、工作速度等都是工作变量,它们的界限值就是性能参数。

2.性能参数的作用

性能参数来自于技术任务书,是产品量化设计和产品验收的依据,体现在产品说明书和使用说明书中,是用户安全使用该产品的使用依据。

3.性能参数的确定

如果产品有国家标准和行业标准,则可按标准规范确定该类型产品的相关性能参数;对于非标准类产品可以根据同类产品、用户提出的要求同设计者协商确定。

3.2.2 性能参数举例

1.起重量

起重机起吊重物的质量称为起重量,通常以 Q 表示,单位为 kg 或 t。它是起重机的主要技术参数。考虑到起重机品种发展实现标准化、系列化和通用化,对起重机的起重量,国家制订了系列标准。同时,起重量还有不同概念和不同的含义。

(1)有效起重量 $Q_P(G_P)$。如图 3.3 所示,轮胎起重机用扁担梁起吊钢筋,显然有效起重量为钢筋的质量。

(2)总起重量。如图 3.3 所示,起重机的总起重量 = 有效起重量 + 可分吊具质量 + 不可分吊具质量,即

$$Q_t = Q_P + G_f + G_{ho} \tag{3.1}$$

(3) 额定起重量 $Q_n(G_n)$。它是起重机在各种工况下安全作业所容许的起吊重物的最大质量值,也是产品说明书给出的安全限值,显然它是随着工作幅度的增大而减小的。各种规范给定的有所不同,如表 3.3。

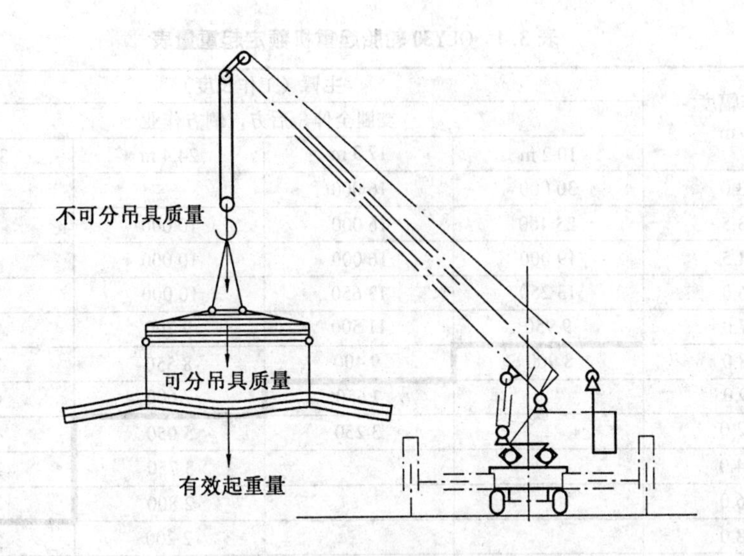

图3.3 起重量

表3.3 起重机额定起重量

<table>
<tr><th rowspan="2">来　源</th><th rowspan="2">定　义</th><th colspan="2">应　用</th><th rowspan="2">备注</th></tr>
<tr><th>用　户</th><th>设　计</th></tr>
<tr><td>《工程起重机》</td><td>$Q_n = Q_t$
(总起重量)</td><td>$Q_P = Q_n - G_{ho} - G_f$
(不考虑钢丝绳)</td><td>$P_Q = (Q_n + G_r)g10^3$
($H < 50$ m时不考虑钢丝绳)</td><td></td></tr>
<tr><td>《起重机械金属结构》</td><td>$Q_n = Q_t - G_{ho}$</td><td>$Q_P = Q_n - G_f$
(不考虑钢丝绳)</td><td>$P_Q = (Q_n + G_{ho} + G_r)g10^3$
($H < 50$ m时不考虑钢丝绳)</td><td></td></tr>
<tr><td>《起重机械名词术语》GB 6974.2 - 1986</td><td colspan="3">对于流动式起重机采用《工程起重机》内容,对于其他起重机采用《起重机械金属结构》内容</td><td></td></tr>
<tr><td>《塔式起重机设计规范》GB 13752 - 92</td><td colspan="3">符合《工程起重机》内容</td><td></td></tr>
<tr><td>结　论</td><td colspan="3">对于流动式起重机和塔式起重机采用《工程起重机》内容,对于其他起重机采用《起重机械金属结构》内容</td><td></td></tr>
</table>

(4) 额定起重量表。表3.4以QLY30轮胎起重机为例给出了不同工作幅度的额定起重量。图3.4给出了起重机提升高度与工作幅度。

表 3.4 QLY30 轮胎起重机额定起重量表 kg

工作幅度 R/m	主臂（工作长度）			
	支腿全伸，后方，侧方作业			
	10.2 m	17.3 m	24.4 m	31.5 m
3.0	30 000	16 000		
3.5	25 400	16 000	10 000	
4.5	19 000	16 000	10 000	
6.0	13 250	13 650	10 000	7 000
7.0	9 950	11 500	9 700	7 000
8.0	8 900	9 400	8 550	7 000
9.0		7 650	7 600	6 200
12.0		3 250	5 050	4 650
14.0			3 750	3 900
16.0			2 800	3 150
18.0			2 200	2 450
20.0			1 650	1 950
23.0			1 050	1 300
26.0			1 050	900
29.0				500

注:表中折线下面的数据为 QLY30 轮胎起重机不倾翻的额定起重量;折线上面的数据为结构允许的起重量。

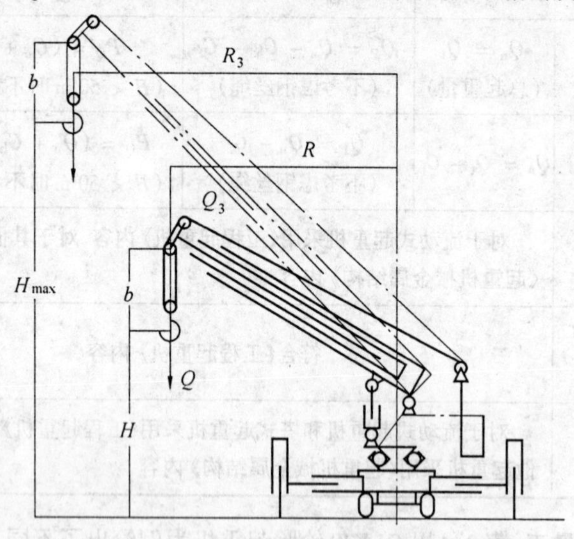

图 3.4 起升高度与工作幅度

(5) 起重量。实际使用中,起重量的概念通常有三种含义,见表 3.5。

表 3.5 起重量概念

序号	含 义	用 法 举 例
1	工作变量 Q_X	正在施工中的起重机,现在的起重量是多少就是指的是工作变量
2	铭牌起重量 $Q = Q_{n,max}$	如果问这台起重机的起重量有多大?就是指的是铭牌起重量
3	额定起重量 $Q = Q_n = Q(R)$	如果问这台起重机应该能起重多少重量?就是指的是额定起重量

2.起重量特性曲线

起重量除了用表格的形式给出外，工程实际产品中还可以用起重量特性曲线来表示，如图3.5所示，横坐标是工作幅度，纵坐标为相应幅度处的起重量。图中有两条曲线，其中有渐近线的曲线称为稳定起重量曲线，该曲线将第一象限分成两个区域，当某一幅度的起重量落在右边的区域中时，起重机会倾翻。当工作幅度 R 临近支腿轴线时，起重机的倾翻的可能性越来越小，故支腿轴线就是稳定起重量曲线的渐近线。图中另一条曲线为强度起重量曲线，该曲线也将第一象限分成两个区域，当某一幅度的起重量落在右边的区域中时，起重机结构件会失效。有渐近线的稳定起重量曲线与没有渐近线的强度起重量曲线必然相交，实际使用的起重量曲线是两条曲线的包络线。

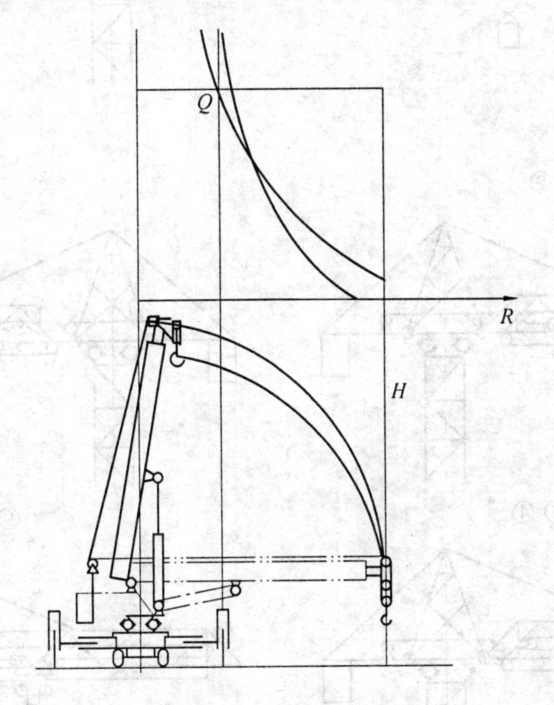

图3.5 起重量特性曲线

3.起重机工作级别

起重机是间歇工作的机器，具有短暂而重复工作的特征。工作时各机构时开时停，时而正转，时而反转。有时起重机日夜三班工作，有时只工作一班，有时甚至一天只工作几次。这种工作状况表明，起重机及其机构的工作繁忙程度是不同的。此外，作用于起重机上的载荷也是变化的，有的起重机是经常满载的，有的经常只吊轻载，其负载情况很不相同。还有，由于各机构的短暂而重复的工作，起、制动频繁，所以经常受到动力冲击载荷的作用，由于机构工作速度的不同，这种动力冲击载荷作用程度也不同。起重机的这种工作特点，在设计起重机的零部件、金属结构和起重机动力功率时，要进行加以区分对待，因此有了起重机的工作级别，而起重机的工作级别是根据起重机利用等级和起重机载荷状态来确定的。

(1)起重机利用等级。起重机利用等级，是指起重机在其使用寿命期间具有一定的工作循环次数,这种循环次数是起重机分类的基本参数。所谓工作循环是指从准备提升载荷开始直到准备提升下一个载荷为止。以塔式起重机为例,塔式起重机典型工作循环过程见图 3.6,将满载起升作为起点,经过变幅、回转、再变幅将重物运到工作位置。然后空钩起升,再回到装载位置,等候装载,这样就完成了一个工作循环,表 3.6 表示了相应过

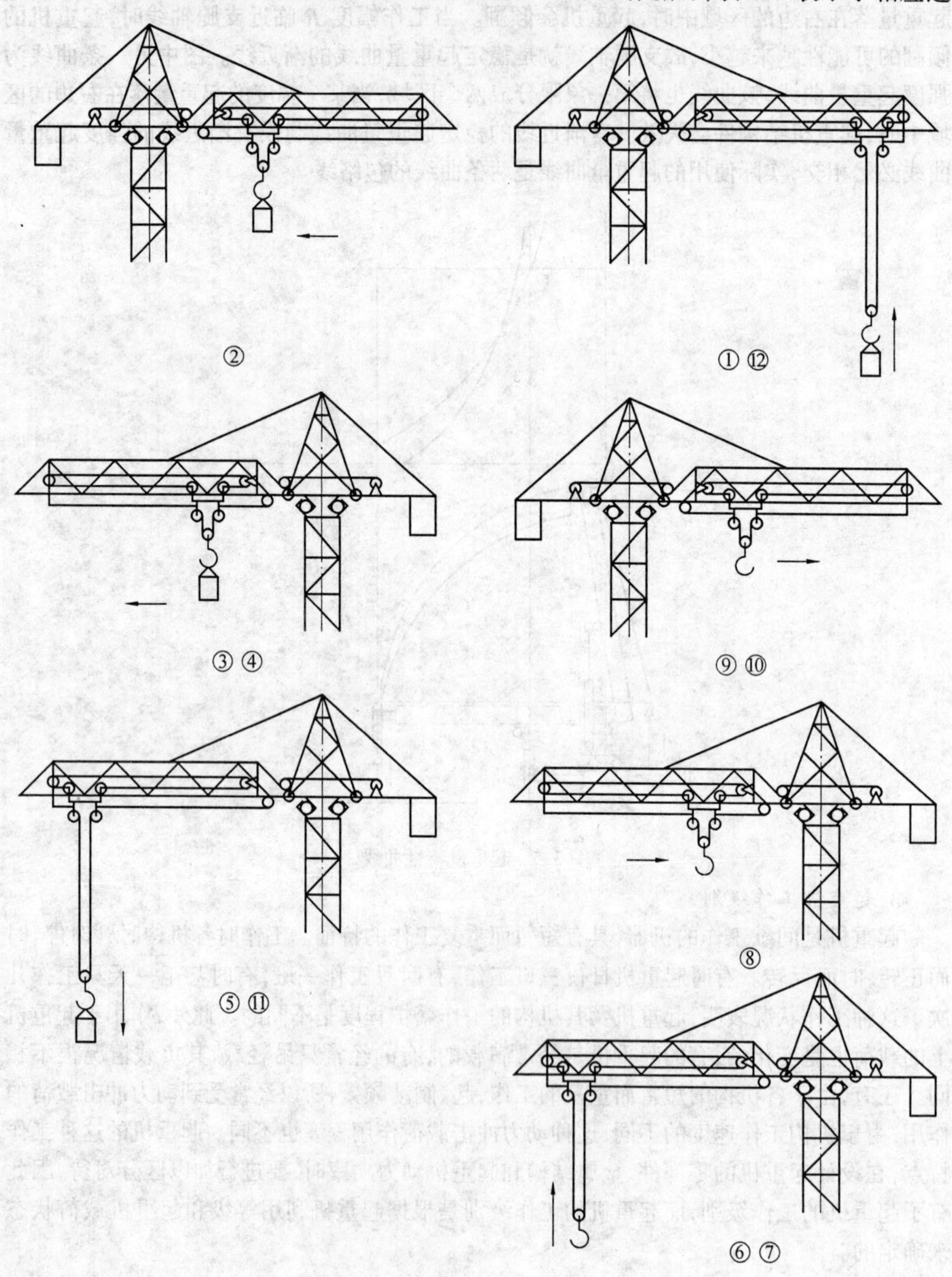

图 3.6 塔式起重机的一个工作循环

程。根据我国起重机设计规范，将起重机设计寿命期内的可能的工作循环次数分成10个利用等级，见表3.7。

表3.6 塔式起重机典型工作循环

	起升	变幅	回转	变幅	下放	卸载	装载
吊载	①	②	③	④	⑤	⑥	
空钩	⑦	⑧	⑨	⑩	⑪		⑫

表3.7 起重机的利用等级

利用等级	总的工作循环次数(N)	起重机使用状况	利用等级	总的工作循环次数(N)	起重机使用状况
U_0	$1/64\times10^6$	不经常使用	U_5	$1/2\times10^6$	经常中等地使用
U_1	$1/32\times10^6$		U_6	1×10^6	不经常繁忙地使用
U_2	$1/16\times10^6$		U_7	2×10^6	繁忙地使用
U_3	$1/8\times10^6$		U_8	4×10^6	
U_4	$1/4\times10^6$	经常轻闲地使用	U_9	$>4\times10^6$	

(2) 起重机载荷状态。起重机载荷状态是表明起重机受载的轻重程度，它与两个因素有关，即与所起升的载荷与额定载荷之比($P_{Q_j}:P_{Q,\max}$)和各个起升载荷P_{Q_j}的作用次数n_{i}与总的工作循环次数N之比($n_{\mathrm{i}}:N$)有关。表示($P_{Q_j}:P_{Q,\max}$)和($n_{\mathrm{i}}:N$)关系的图形称为载荷谱。载荷谱系数K_Q为

$$K_Q=\sum\left[\left(\frac{P_{Q_j}}{P_{Q,\max}}\right)^m\frac{n_i}{N}\right] \tag{3.2}$$

式中 K_Q—— 载荷谱系数；

n_i—— 载荷Q_i的作用次数；

N—— 总的工作循环次数，$N=\sum n_{\mathrm{i}}$；

P_{Q_j}—— 第j个起升载荷，$Q_i=Q_1,Q_2,\cdots,Q_n$；

$P_{Q,\max}$—— 最大起升载荷；

m—— 指数，此处$m=3$。

起重机的载荷状态按名义载荷谱系数分为4级，见表3.8。

表3.8 起重机的载荷状态及其名义载荷谱系数

载荷状态	名义载荷谱系数	说　明
Q_1—— 轻	0.125	很少起升额定载荷，一般起升轻微载荷
Q_2—— 中	0.25	有时起升额定载荷，一般起升中等载荷
Q_3—— 重	0.5	经常起升额定载荷，一般起升较重的载荷
Q_4—— 特重	1.0	频繁地起升额定载荷

(3)工作级别划分。按起重机的利用等级和载荷状态,起重机工作级别分为 $A_1 \sim A_8$ 8 个级别,见表 3.9。为了便于参考,现将各种类型起重机工作级别列于表 3.10 中。

表 3.9 起重机工作级别划分

载荷状态	名义载荷谱系数 K_Q	利用等级									
		U_0	U_1	U_2	U_3	U_4	U_5	U_6	U_7	U_8	U_9
Q_1	0.125			A_1	A_2	A_3	A_4	A_5	A_6	A_7	A_8
Q_2	0.25		A_1	A_2	A_3	A_4	A_5	A_6	A_7	A_8	
Q_3	0.5	A_1	A_2	A_3	A_4	A_5	A_6	A_7	A_8		
Q_4	1.0	A_2	A_3	A_4	A_5	A_6	A_7	A_8			

表 3.10 起重机工作级别举例

起重机型式			工作级别
桥式起重机	吊钩式	电站安装及检修用	$A_1 \sim A_3$
		车间及仓库用	$A_3 \sim A_5$
		繁重工作车间及仓库用	$A_6 \sim A_7$
	抓斗式	间断装卸用	$A_6 \sim A_7$
		连续装卸用	A_8
	冶金专用	吊料箱用	$A_7 \sim A_8$
		加料用	A_8
		铸造用	$A_6 \sim A_8$
		锻造用	$A_7 \sim A_8$
		淬火用	A_8
		夹钳、脱锭用	A_8
		揭盖用	$A_7 \sim A_8$
		料耙式	A_8
		电磁铁式	$A_7 \sim A_8$
门式起重机	一般用途吊钩式		$A_5 \sim A_6$
	装卸用抓斗式		$A_7 \sim A_8$
	电站用吊钩式		$A_2 \sim A_3$
	造船安装用吊钩式		$A_4 \sim A_5$
	装卸集装箱用		$A_6 \sim A_8$
装卸桥	料场装卸用抓斗式		$A_7 \sim A_8$
	港口装卸用抓斗式		A_8
	港口装卸集装箱用		$A_6 \sim A_8$
门座起重机	安装用吊钩式		$A_3 \sim A_5$
	装卸用吊钩式		$A_6 \sim A_7$
	装卸用抓斗式		$A_7 \sim A_8$
塔式起重机	一般建筑安装用		$A_2 \sim A_4$
	用吊罐装卸混凝土		$A_4 \sim A_6$

续表 3.10

起重机型式		工作级别
汽车、轮胎、履带、铁路起重机	安装及装卸用吊钩式	$A_1 \sim A_4$
	装卸用抓斗式	$A_4 \sim A_6$
甲板起重机	吊钩式	$A_4 \sim A_6$
	抓斗式	$A_6 \sim A_7$
浮式起重机	装卸用吊钩式	$A_5 \sim A_6$
	装卸用抓斗式	$A_6 \sim A_7$
	造船安装用	$A_4 \sim A_6$
缆索起重机	安装用吊钩式	$A_3 \sim A_5$
	装卸或施工用吊钩式	$A_6 \sim A_7$
	装卸或施工用抓斗式	$A_7 \sim A_8$

4.起重机金属结构的工作级别

同起重机的工作级别类似，起重机金属结构的工作级别也分为以下三种情况。

(1)起重机金属结构的利用等级。与起重机利用等级相似，金属结构利用等级也划分为10个级别，只是划分依据不是工作循环次数，而是结构中工作应力的循环次数。起重机的工作循环导致金属结构中的应力循环，图3.7以塔式起重机为例说明了塔身主弦杆应力循环。起重机金属结构利用等级划分见表3.11。

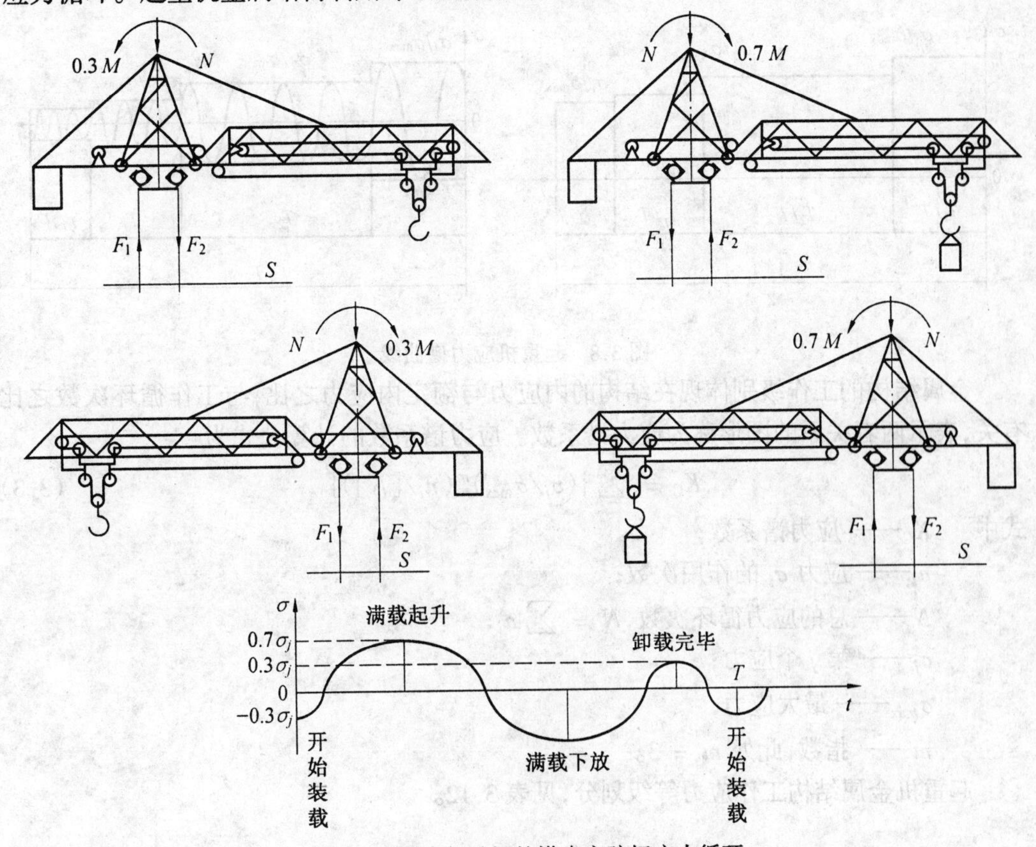

图3.7 塔式起重机的塔身主弦杆应力循环

表 3.11 起重机金属结构的利用等级

利用等级	总的工作循环次数(N)	起重机使用状况	利用等级	总的工作循环次数(N)	起重机使用状况
U_0	$1/64\times10^6$		U_5	$1/2\times10^6$	经常中等地使用
U_1	$1/32\times10^6$		U_6	1×10^6	不经常繁忙地使用
U_2	$1/16\times10^6$	不经常使用	U_7	2×10^6	
U_3	$1/8\times10^6$		U_8	4×10^6	繁忙地使用
U_4	$1/4\times10^6$	经常轻闲地使用	U_9	$>4\times10^6$	

(2)工作应力等级。起重机金属结构工作应力等级的划分依据是应力谱系数。应力谱概念,见图 3.8。其中给出了从结构应力变化实录(应力历程曲线)到应力谱绘制的基本过程。

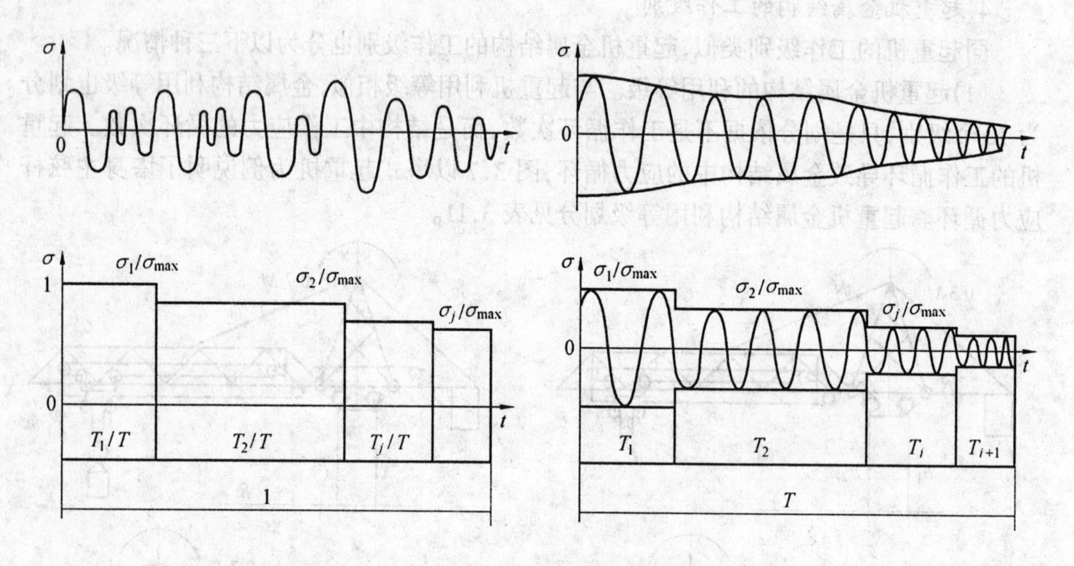

图 3.8 起重机应力谱曲线

金属结构的工作级别体现在结构的内应力与额定内应力之比,与工作循环次数之比有关,表示两者关系的图形称为应力谱系数。应力谱系数的计算公式为

$$K_C = \sum\{(\sigma_j/\sigma_{max})^m(n_i/[N])\} \tag{3.3}$$

式中 K_C—— 应力谱系数;

n_i—— 应力 σ_i 的作用次数;

N—— 总的应力循环次数,$N = \sum n_i$;

σ_j—— 第 j 个应力;

σ_{max}—— 最大应力;

m—— 指数,此处 $m = 3$。

起重机金属结构工作应力等级划分,见表 3.12。

表 3.12 起重机金属结构工作应力等级划分

应力状态	名义应力谱系数	说明
σ_1——轻	0.125	很少达到最大应力,一般起升轻微载荷
σ_2——中	0.25	有时达到最大应力,一般起升中等载荷
σ_3——重	0.5	经常达到最大应力,一般起升较重的载荷
σ_4——特重	1.0	频繁地达到最大应力

(3)金属结构工作级别划分。依据结构的利用等级和工作应力等级,起重机金属结构划分为 $C_1 \sim C_8$ 8 个级别,见表 3.13。

表 3.13 起重机金属结构的工作级别

应力循环等级	U_0	U_1	U_2	U_3	U_4	U_5	U_6	U_7	U_8	U_9
[N]	$1/64 \times 10^6$	$1/32 \times 10^6$	$1/16 \times 10^6$	$1/8 \times 10^6$	$1/4 \times 10^6$	$1/2 \times 10^6$	1×10^6	2×10^6	4×10^6	$>4 \times 10^6$
应力谱系数 K_c 0.125			C_1	C_2	C_3	C_4	C_5	C_6	C_7	C_8
0.25		C_1	C_2	C_3	C_4	C_5	C_6	C_7	C_8	
0.5	C_1	C_2	C_3	C_4	C_5	C_6	C_7	C_8		
1.0	C_2	C_3	C_4	C_5	C_6	C_7	C_8			

表 3.14 给出常用塔式起重机金属结构材料相应不同金属结构工作级别的疲劳许用应力基本值。

表 3.14 疲劳许用应力基本值[σ_{-1}]

应力谱系数	结构材料	金属结构工作级别							
		C_1	C_2	C_3	C_4	C_5	C_6	C_7	C_8
K_0	Q235					168	133	105	84
	Q345					168	133	105	84
K_1	Q235				170	150	119	94	75
	Q345				188	150	119	94	75
K_2	Q235			170	158	126	100	79	63
	Q345			198	158	126	100	79	63
K_3	Q235		170	141	113	90	71	56	45
	Q345		178	141	113	90	71	56	45
K_4	Q235	135	107	85	67	54	42	34	27
	Q345	135	107	85	67	54	42	34	27
W_0	Q235						170	151	120
	Q345					260	209	151	132

续表 3.14

应力谱系数	结构材料	金属结构工作级别							
		C_1	C_2	C_3	C_4	C_5	C_6	C_7	C_8
W_1	Q235					170	152	121	96
	Q345				260	210	166	132	105
W_2	Q235				170	147	122	100	84
	Q345			260	211	168	133	105	84

5.起重机工作机构的工作级别

机构的工作级别是根据机构的利用等级和机构载荷状态来确定的。同样,它也分为以下 3 个方面。

(1)工作机构的利用等级。机构的利用等级是把机构按总设计寿命分为 10 级,见表 3.15 所示。

表 3.15 机构利用等级

利用等级	总设计寿命/h	说 明
T_0	200	不经常使用
T_1	400	
T_2	800	
T_3	1 600	
T_4	3 200	经常轻闲地使用
T_5	6 300	经常中等地使用
T_6	12 500	不经常繁忙地使用
T_7	25 000	繁忙地使用
T_8	50 000	
T_9	100 000	

(2) 工作机构载荷等级。机构载荷等级是指机构在使用年限内表明机构受载荷的轻重程度,可用载荷谱系数 K_m 表示,即

$$K_m = \sum\{(P_i/P_{max})^m(t_i/t_T)\} \tag{3.4}$$

式中 K_m—— 载荷谱系数;

P_i—— 该机构在工作时间内所承受各个不同的载荷,$P_i = P_1, P_2, \cdots, P_n$;

P_{max}——P_i 中的最大值;

t_i—— 该机构承受各个不同载荷的持续时间,$t_i = t_1, t_2, \cdots, t_n$;

t_T—— 所有不同载荷作用的总持续时间,$t_T = \sum t_i$;

m—— 机构零件材料疲劳试验曲线的指数。

机构的载荷状态按名义载荷谱系数分为4级，见表3.16。当机构的实际载荷变化情况已知时，按式(3.4)计算载荷谱系数，然后按表3.16选择不小于它但与它最接近的名义载荷谱系数从而得到该机构的载荷状态级别；当机构的实际载荷状态未知时，则按表3.16中的说明选择一个合适的载荷状态级别。

表3.16 机构载荷状态分级及其名义载荷谱系数

载荷状态	名义载荷谱系数 K_m	说明
L_1 - 轻	0.125	机构经常承受轻的载荷，偶尔承受最大的载荷
L_2 - 中	0.25	机构经常承受中等的载荷，较少承受最大的载荷
L_3 - 重	0.5	机构经常承受较重的载荷，也常承受最大的载荷
L_4 - 特重	1.0	机构经常承受最大的载荷

(3) 机构工作级别。根据机构的利用等级和载荷谱将机构的工作级别分为8级，$M1 \sim M8$，见表3.17。

表3.17 机构工作级别

利用等级		T_0	T_1	T_2	T_3	T_4	T_5	T_6	T_7	T_8	T_9
$[t]$		200	400	800	1 600	3 200	6 300	12 500	25 000	50 000	100 000
载荷谱系数 K_m	0.125			M1	M2	M3	M4	M5	M6	M7	M8
	0.25		M1	M2	M3	M4	M5	M6	M7	M8	
	0.5	M1	M2	M3	M4	M5	M6	M7	M8		
	1.0	M2	M3	M4	M5	M6	M7	M8			

3.3 设计载荷

设计起重机，应考虑使其具有一定的使用寿命。即在规定的使用期间内，起重机各零部件和结构件在重复载荷作用下应保证有足够的耐久性，不会产生疲劳破坏。同时，考虑到起重机在使用期间内可能出现的最大载荷组合的情况下，各零部件、结构件应具有足够的强度和稳定性，以保证起重机安全可靠地工作。由上述要求，起重机设计通常分为寿命设计、强度计算和强度验算。与这三种不同情况计算相适应的若干载荷称为设计载荷，同时，不同情况所考虑设计载荷的侧重也不一样。因此，对载荷提出了不同的要求、计算方法及组合方法。

3.3.1 设计载荷基本要求

1.全面性

设计载荷的全面性直接影响到了所设计目标系统的可靠性。显然，可能发生的载荷遗漏越少，系统越可靠。例如，在设计起重机时，除了起重载荷、自重等常规载荷外，还应考虑惯性载荷，起重物的瞬间离地和突然制动产生的冲击，载荷的突然坠落产生的反向冲击,预载,风载以及实验载荷等。

2.真实性

真实性是指在设计目标系统时,所考虑的设计载荷的种类、载荷的组合方法的客观性,不真实的设计载荷,一方面使所设计的目标系统不可靠;另一方面会造成资源浪费,成本提高。同时,真实性也是保证计算准确性的基础。例如,有些工程机械的工作机构不是一个,在计算载荷时,需要考虑多机构同时动作时的叠加载荷。但是在一个手柄只能操作一个工作机构的情况下,没有必要考虑三个或三个以上工作机构同时工作时的工况。这是因为司机在同一时间通常只能操作两个工作机构。又如,在计算风载荷时,通常只需考虑一个方向的风载荷,没有必要同时考虑两个或两个以上风向的载荷。

3.准确性

准确性包括两方面的含义,一方面是指载荷的大小的准确性;另一方面是指计算方法的准确性。因此,准确性直接关系到所设计目标系统的可靠性和经济性。例如,在计算冲击载荷时,若采用刚体假设,计算载荷会比实际情况大许多。这是因为通常结构件都是弹性体。此时的计算应当建立在试验数据的基础上。又如,在计算斜向风载荷时,不仅要考虑风压本身的折减,还应当考虑迎风面积的折减。

4.实用性

实用性是指在目标系统的设计过程中,所采取的设计方法以及某些参数的处理方法在工程上的可行性。实用性关系到设计工作的成败。例如,造成起重机吊重偏摆的因素有风载荷、回转离心力、变幅离心力、回转制动惯性力、变幅制动惯性力等,计算起来费时、费力。工程计算中采用限定偏摆角的方法,明确了载荷,方便了计算。又如,像斜吊重物,卷筒转过了头(过卷)等误操作,以及重物与地面冻在一起等偶然情况下的极端载荷,如果全部考虑,设计工作将无法进行,故通常只是在使用说明书中,提醒用户注意。

3.3.2 载荷种类

1.按整机状态分类

(1)工作状态载荷。工程机械在完成作业任务时,所承受的载荷。

(2)非工作状态载荷。工程机械在非工作期间可能承受的载荷,其中包括:

1)实验状态载荷。工程机械产品经历各种实验时,可能承受的载荷。

2)休闲状态载荷。在非工作期间整机形态不发生改变的工程机械,可能承受的载荷。

3)拆装状态载荷。工程机械在安装、架设和拆卸时,可能承受的载荷。

4)储运状态载荷。工程机械在储存或转运时,可能承受的载荷。

2.按载荷产生原因分类

(1)工作头载荷。工程机械中直接与工作对象接触的部分称为工作头,如吊钩、铲斗等的载荷。

(2)自重载荷。

(3)环境载荷。如风载荷、雨水、冰雪、灰尘载荷、温差载荷等。

(4)碰撞载荷。

(5)人为载荷。如人的推、拉和踩踏等的载荷。

3.按载荷状态分类

(1)静载荷。工程机械处于静止或匀速运动状态时所承受的载荷。

(2)动载荷。工程机械在运动状态发生改变时,所承受的额外载荷,例如,加(减)速运动中惯性载荷状态突变时产生的冲击振动载荷等。

4.按载荷发生概率分类

(1)经常性载荷。例如,工作时经常会遇到的普通风载荷 。

(2)偶然性载荷。例如,非工作期间,偶然会遇到的特大风载荷。

表3.18给出了载荷的分类情况及不同分类方法载荷之间的关系。

表3.18 载荷分类表

		工作头		自重		环境
		静	动	静	动	
工作状态		u	u	u	u	u^*/s^*
非工作状态	实验状态	s	s	s	s	s
	休闲状态			s		s
	拆装状态			s	s	s
	储运状态			s	s	s

注:u^*为工作状态正常风载荷和工作人员重量;s^*为工作状态最大风载荷;u为经常性载荷;s为偶然性载荷。

3.3.3 载荷值确定

1.工作头载荷

工作头载荷的计算依据主要是技术任务书所给出的工作能力方面的性能参数。技术任务书通常由用户和设计者共同协商确定。

2.自重载荷

自重载荷的计算依据是技术任务书给出的自重参数。也可以根据同类产品估算,或者依靠设计者的经验。在时间允许的情况下还可以采用循环修正法得到较为准确的结果。

3.环境载荷

确定环境载荷的途径主要有以下三种基本方法:

(1)风载荷和碰撞载荷的计算主要依据标准规范。

(2)雨水、冰雪、灰尘等载荷,以及人为载荷等要依据实际可能发生的情况合理估算。

(3)由温差造成的这种特殊载荷无法准确计算时,可用试验方法确定。

4.动载荷。理论计算、模拟实验以及标准规范等,都是解决动载荷估计问题的有效方法。

3.3.4 载荷组合

1.载荷组合的意义

同一时间内作用在工程机械上的各种载荷,构成了一个载荷系统。工程机械的存在状态千变万化,不同状态对应的载荷系统也不相同。因此,与某个工程机械相关的载荷系统构成了一个载荷系统空间。对该空间内所有的载荷系统一一进行计算既无可能也无必要。通常选出那些对目标机械最不利的载荷系统,在进行设计计算时加以考虑。例如,起重机设计规范(GB3811)只推荐了12种载荷组合(载荷系统)供设计人员考虑(见表3.20)。同时,载荷系统空间中给出可能首先造成产品失效的最不利元素(载荷组合系统)的集合。

2.载荷组合的类别(土木)

载荷的组合根据不同的工况分为3类,见表3.19。下面以起重机为例加以说明。

第Ⅰ类载荷——正常工作状态下的载荷。这类载荷是指起重机在正常工作条件下所承受的载荷,即起重机工作时经常可能出现的载荷。这类载荷是由起重机自重、等效起重量、重物正常偏摆的水平载荷、平稳启制动引起的动载荷等组合成的。除选择电动机外,一般不考虑风载的影响。这类载荷是用来计算传动零件和重级、特重级起重机的金属结构件的疲劳、磨损和发热的。这一类载荷又称为寿命计算载荷。所谓等效起重量是指起重机在工作寿命期内的平均起重量。

第Ⅱ类载荷——最大的工作状态载荷。这类载荷是指起重机在使用期内工作时可能出现的最大载荷。它是由起重机自重、最大额定起重量、急剧的启制动引起的动力载荷、工作状态下最大风压力及重物最大偏摆引起的水平载荷等组合成的。这类载荷是用来进行传动零部件、金属结构件的强度、稳定计算和整机工作稳定性计算的。这类载荷又称为强度计算载荷。

第Ⅲ类载荷——最大的非工作状态载荷。这类载荷是指起重机处于非工作状态时可能出现的最大载荷,即非工作状态下起重机所承受的自重,非工作状态最大风载荷及路面坡度引起的载荷等。这类载荷是作为零部件和金属结构件的强度验算和起重机非工作状态下整机稳定性验算之用,所以又称为验算载荷。

表3.19 载荷组合类别

序号	组合类别	说　明	验算项目	安全系数
1	载荷组合 A(Ⅰ)	通常情况下的正常载荷	电功率,疲劳强度	1.5
2	载荷组合 B(Ⅱ)	通常情况下的最大载荷	零部件和结构件的强度、稳定与刚性 内燃机和液压功率	1.33
3	载荷组合 C(Ⅲ)	偶然情况下的最大载荷	非工作状态	1.15

上述三类载荷的组合,并不是对每一种零部件都要进行计算的。一般来说,第Ⅱ类载荷的计算对于起重机任何部分都要进行。而第Ⅰ类载荷和第Ⅲ类载荷的计算只有对部分零部件才是必要的。例如需要进行第Ⅲ类载荷的计算,只是那些在起重机非工作期间可能承受暴风载荷的零部件,如起重机的变幅机构,回转支承装置的某些零件等。至于起升机构、行走机构、回转机构的驱动系统等,在起重机不工作期间几乎不受力,因而不需要进行第Ⅲ类载荷的计算。表3.20给出了这三种情况的组合实例。

表 3.20　起重机设计规范推荐载荷组合实例

载荷	符号	载荷组合 Ⅰ				载荷组合 Ⅱ			载荷组合 Ⅲ				
		Ⅰ$_a$	Ⅰ$_b$	Ⅰ$_c$	Ⅰ$_d$	Ⅱ$_a$	Ⅱ$_b$	Ⅱ$_c$	Ⅲ$_a$	Ⅲ$_b$	Ⅲ$_d$	Ⅲ$_e$	Ⅲ$_f$
自重载荷	P_G	$\varphi_1 P_G$	$\varphi_4 P_G$	P_G	$\varphi_1 P_G$	$\varphi_1 P_G$	$\varphi_4 P_G$	$\varphi_1 P_G$	P_G	P_G	$\varphi_1 P_G$	P_G	$\varphi_4 P_G$
起升冲击系数	φ_1												
运行冲击系数	φ_4												
起升载荷	P_Q	$\varphi_2 P_Q$	$\varphi_4 P_Q$	P_Q	$\varphi_3 P_Q$	$\varphi_2 P_Q$	$\varphi_4 P_Q$	$\varphi_3 P_Q$		P_Q			
起升载荷动载系数	φ_2												
突然卸载冲击系数	φ_3												
水平载荷	P_H	P_{H1}	P_{H1}	P_{H2}	P_{H1}	P_{H2}	P_{H2}	P_{H2}			P_{H1}		
工作状态风载荷	$P_{W,i}$					$P_{W,i}$	$P_{W,i}$	$P_{W,i}$		$P_{W,i}$			
偏斜运行侧向力	P_s						P_s				P_s		
非工作状态风载荷	$P_{W,o}$								$P_{W,o}$				
碰撞载荷	P_c									P_c			
试验载荷	P_t										$\varphi_6 P_{dt}$	P_{st}	

表 3.20 中各个系数介绍如下：

(1) 起升冲击系数 φ_1。起升质量突然离地起升或下降制动时，自重载荷将产生沿其加速度相反方向的冲击效应，因此将自重载荷乘以该冲击系数，一般取 $0.9 < \varphi_1 < 1.1$。

(2) 起升载荷动载系数 φ_2。起升质量突然离地起升或下降制动时，对承载结构和传动机构将产生附加的动载荷作用。在考虑这种工况的载荷组合时，应将起升载荷乘以大于 1 的起升载荷动载系数 φ_2，一般起升速度 v 越大，系统刚度越大，操作越猛烈，φ_2 值越大。其计算式见表 3.21。

表 3.21　φ_2 的计算式

起重机类别	φ_2 的计算式	适用的例子
1	$1 + 0.17v$	作安装用的，使用轻闲的臂架起重机
2	$1 + 0.35v$	作安装用的桥式起重机，作一般装卸用的吊钩式臂架起重机
3	$1 + 0.70v$	在机加工车间和仓库中用的吊钩桥式起重机、港口抓斗门座起重机
4	$1 + 1.0v$	抓斗和电磁式起重机

(3) 突然卸载冲击系数 φ_3。当起升质量部分或全部卸载时，将对结构产生动态减载作用。减小后的起升载荷等于突然卸载的冲击系数 φ_3 与起升载荷的乘积。φ_3 的计算式为

$$\varphi_3 = 1 - \Delta m(1 + \beta_3)/m \tag{3.5}$$

式中　Δm—— 起升质量中突然卸去的那部分质量，kg；

m—— 起升质量，kg；

β_3—— 起重机类别系数，对于抓斗起重机或类似起重机 $\beta_3 = 0.5$，对于电磁起重机或类似起重机 $\beta_3 = 1.0$。

(4) 运行冲击系数 φ_4。当起重机或它的一部分装置沿轨道或道路运行时，由于道路或轨道不平而使运动的质量产生铅垂方向的冲击作用。在考虑这种工作情况的载荷组合时，应将自重和起升载荷乘以运行冲击系数 φ_4。有轨运行时 φ_4 的计算式为

$$\varphi_4 = 1.10 + 0.058 v h^{1/2} \tag{3.6}$$

式中 h—— 轨道接缝处二轨道面的高度差，mm；

v—— 运行速度，m/s。

(5) 试验动态载荷系数 φ_6。起重机投入使用前，进行超载动态试验及超载静态试验。动态试验载荷值取为额定载荷的 110% 与动态载荷系数 φ_6 的乘积。φ_6 的计算式为

$$\varphi_6 = (1 + \varphi_2)/2 \tag{3.7}$$

3.4 工程机械验算

工程机械验算的基本目的是为了证实设计结果的正确性。在进行验算过程中发现的问题可以作为纠正设计偏差、改进设计方案、改变设计思路和设计方法的重要依据。验算基本内容包括总体(整机)验算；工作机构验算；子系统(除了工作机构之外的其他子系统)验算；金属结构验算。

3.4.1 总体验算

工程机械作为一个整体，性能是否达到技术任务书的指标？在充分发挥自身性能时，是否存在其他安全问题？在其他非工作状态下能否保证不受破坏？这些问题都需要通过总体验算来一一证实。

1. 总体性能验算

总体性能验算的基本目的是为了证实目标机械实现技术任务指标的工作能力。例如，起重机的总体性能验算一般包括强度起重量验算、稳定性起重量验算、起升速度验算、回转速度验算、变幅时间验算等。

2. 总体安全验算

总体安全验算的基本目的是为了证实目标机械在实现技术任务指标时不会发生事故。例如，轮式起重机的总体安全验算一般包括起重稳定性验算、行驶稳定性验算、支腿接地压力验算等。

3. 非工作状态验算

非工作状态验算的基本目的是为了证实目标机械在各种可能合理发生的非工作状态下不会发生破坏。例如，塔式起重机的非工作状态验算一般包括休闲状态验算、拆装状态验算、运输状态验算和储存状态验算等。

3.4.2 工作机构验算

通常工程机械的工作机构本身就是一个完整的机械系统，在设计计算方面与整机有许多相似之处，也要合理考虑载荷组合问题，还要依据总体设计要求合理确定工作机构的

技术任务指标。工作机构验算的基本目的是为了证实该机构所能实现总体设计要求，并且在正常工作情况下不会发生安全事故。

1.机构性能验算

机构性能验算的基本目的是为了证实该机构能够达到机构技术任务指标的要求。例如，起重机起升机构的性能验算一般包括单绳拉力验算、单绳速度验算、制动能力验算等。

2.机构安全验算

机构安全验算的基本目的是为了证实该机构在实现机构技术任务指标时，其各组成部分不会失效。例如，起重机起升机构的安全验算一般包括制动器验算、离合器验算、轴承验算、轴验算、卷筒验算等。

3.4.3 其他子系统验算

除了工作机构之外，工程机械常见的子系统有液压系统、气动系统、电气系统、安全系统等。这些子系统除了作为独立单元进行专门技术验算之外，还应考虑其联入总系统后的技术表现。例如，液压系统除了自身验算之外还应考虑输入功率流经系统后的具体损失情况。

3.4.4 金属结构验算

金属结构验算的对象主要包括金属构件、连接件等方面的验算。具体性能方面的验算主要有：

1.强度验算

(1)静强度验算。

(2)疲劳强度验算。起重机金属结构在进行疲劳验算时采用的许用应力，见表3.14。

2.刚性验算

包括静态刚度验算和动态刚度验算。

3.稳定性验算

包括整体稳定性验算和局部稳定性验算。

具体验算方法详见金属结构方面的教材。

第4章 工程机械常用基本机构与装置

4.1 引言

在工程机械设计中，当目标功能确定之后，首要任务是进行功能原理匹配，原理筛选法是寻找相配原理解的一个基本方法。应用原理筛选法为目标功能寻找相配原理有一个先决条件，就是首先要建立一个功能原理资料库。建立这种资料库的方法之一是将现有工程机械的功能原理以及这些工程分解后得到的各种子系统的功能原理收集整理、分门别类保存，形成一个工程机械功能原理资料库。

从表面上看这种资料库中的功能原理解都是一些别人用过的技术，然而在2.3.2节的讨论中可以看到，正是这些别人用过的技术，经过重新自由组合之后，蕴藏着无限的创新机会。这与在现代机械中经常看到古老的杠杆、轮轴、斜面等基本原理是相同的道理。

工程机械功能原理资料库中各原理解的使用概率是不一样的，客观上存在着一些常用原理解。对于初学者，掌握一些常用原理解会收到事半功倍的效果。

在工程机械产品设计中，对常用原理解的应用通常有两种方式。

1. 型号选配

又称配套选型。现在许多常用原理解在技术发展上已经相当成熟，形成了相应的国家或行业标准。有些已成为专业生产厂家的定型产品。配套产品品种的多少，型号带的宽窄，性能的好坏，质量的优劣反映了国家的工业水平。选用发展成熟的配套产品可以缩短设计和制造时间，节省研制费用，降低成本，提高目标系统的可靠性和性价比。前提是选型正确，配套合理。如对工程机械中常用的吊钩和钢丝绳，根据设计载荷及使用要求，到产品手册中选择相应型号。

2. 参数更改

有些常用原理解虽然市场上没有型号齐全、发展成熟的配套产品，但是在长期的发展过程中，这些原理解的实体形态（构造组成，主要零部件实物形态与材质等）已经相当稳定，设计者只要根据实际情况对其中的相关参数（形体尺寸，相互位置，材料强度等级等）的数值进行合理修正，或重新选择其中的配套件，就可以基本上解决这些常用原理解的实际应用问题。

本章的内容主要介绍工程机械中常用基本机构和装置的工作原理及其选用方法。这些常用的装置有：(1)钢丝绳滑轮组机构；(2)钢丝绳卷筒机构；(3)三角形机构；(4)制动器；(5)回转支承装置；(6)液力变矩器；(7)驱动桥等。

4.2 钢丝绳滑轮组机构

钢丝绳滑轮组机构由钢丝绳、滑轮和吊钩组成。通过吊钩拾取重物,通过滑轮改变钢丝绳的走向以及达到增力或增速的目的,通过钢丝绳收起和释放,实现重物的提起和放下。广泛用于起重机中的起升机构中。

钢丝绳滑轮机构按构造形式分为:(1)单联钢丝绳滑轮机构,如图4.1所示,主要用于工程起重机中;(2)双联钢丝绳滑轮机构,如图4.2所示,主要用于桥式类型的起重机中。

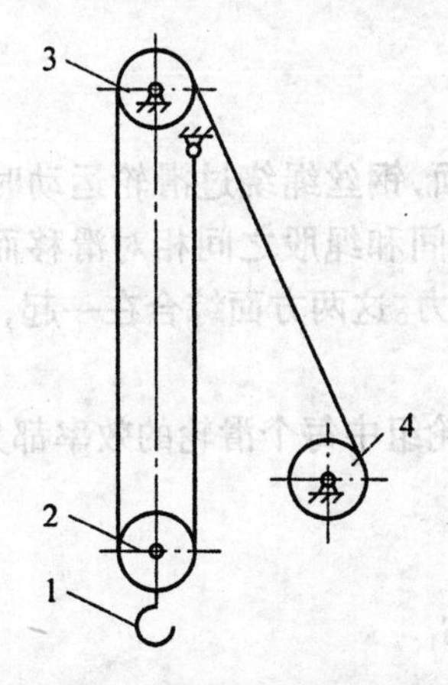

图4.1 单联钢丝绳滑轮机构
1—吊钩;2—动滑轮;3—导向滑轮;4—卷筒

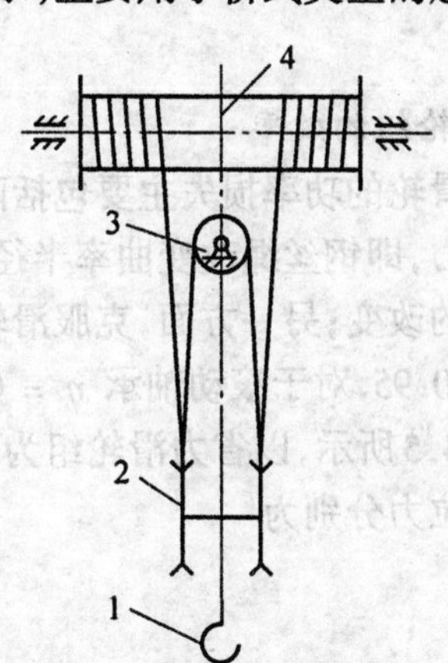

图4.2 双联钢丝绳滑轮机构
1—吊钩;2—动滑轮;3—均衡滑轮;4—卷筒

钢丝绳滑轮机构按工作原理分为:(1)省力钢丝绳滑轮机构,如图4.3所示,主要用于工程起重机的起升机构和变幅机构中;(2)增速钢丝绳滑轮机构,如图4.4所示,主要用于轮胎起重机的吊臂伸缩机构中。

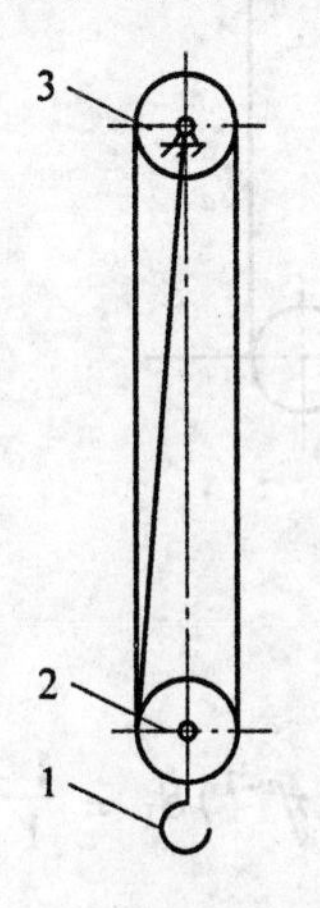

图4.3 省力钢丝绳滑轮机构
1—吊钩;2—动滑轮;3—导向滑轮

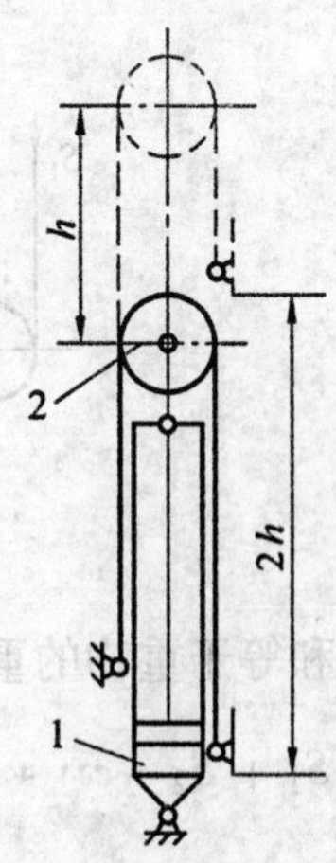

图4.4 增速钢丝绳滑轮机构
1—油缸;2—动滑轮

4.2.1 钢丝绳滑轮组机构特性

悬挂重物的钢丝绳分支数 Z 与引入卷筒的钢丝绳分支数之比称为滑轮组的倍率(即卷筒圆周速度与重物起升速度之比)。

对于单联滑轮机构,如图 4.1 所示,倍率 a 等于承载分支数,即

$$a = Z \tag{4.1}$$

对于双联滑轮机构,如图 4.2 所示,倍率 a 等于承载分支数的一半,即

$$a = \frac{Z}{2} \tag{4.2}$$

1. 滑轮组的效率

每个滑轮的功率损失主要包括两个方面:一方面,钢丝绳绕过滑轮运动时,克服钢丝绳僵性阻力,即钢丝绳改变曲率半径时,绳内钢丝之间和绳股之间相对滑移而产生摩擦,阻止曲率的改变;另一方面,克服滑轮轴承的摩擦阻力。这两方面综合在一起,对于滑动轴承取 $\eta = 0.95$,对于滚动轴承 $\eta = 0.98$。

如图4.5所示,以省力滑轮组为例来说明,设滑轮组中每个滑轮的效率都为 η,则每个钢丝绳的拉力分别为

$$S_2 = \eta S_1$$
$$S_3 = \eta S_2 = \eta^2 S_1$$
$$\cdots\cdots$$
$$S_a = \eta S_{a-1} = \eta^{a-1} S_1$$

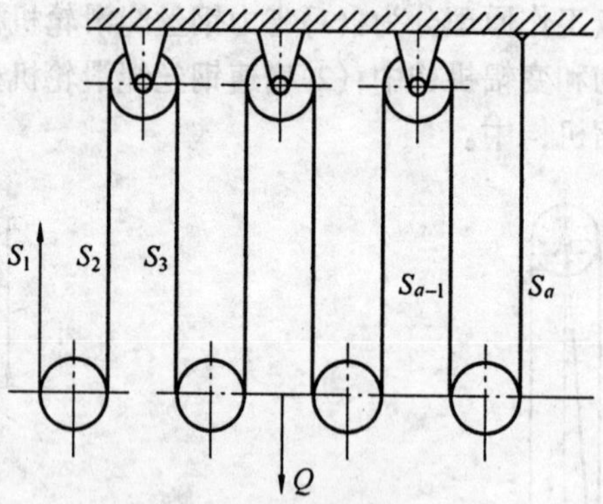

图 4.5 滑轮组效率

所有分支拉力总和等于重物的重量 Q,即

$$Q = S_1 + S_2 + \cdots + S_a = (1 + \eta + \eta^2 + \cdots + \eta^{a-1}) S_1 = \frac{1 - \eta^a}{1 - \eta} S_1$$

故有

$$S_1 = \frac{1 - \eta}{1 - \eta^a} Q \tag{4.3}$$

当不考虑每个功率损失时,由图 4.5 可知,$S_1 = \dfrac{Q}{a}$,则滑轮组的效率为

$$\eta_B = \frac{\frac{Q}{a}}{\frac{1-\eta}{1-\eta^a}Q} = \frac{1-\eta^a}{a(1-\eta)} \tag{4.4}$$

由式(4.4)可知,滑轮组的效率与倍率和滑轮的效率有关。表4.1给出了各种倍率的滑轮组效率。

表4.1　各种倍率的滑轮组效率 η_B

滑轮效率 η	倍率 a						
	2	3	4	5	6	7	8
0.95(滑动轴承)	0.975	0.95	0.93	0.90	0.88	0.86	0.84
0.98(滚动轴承)	0.99	0.98	0.97	0.96	0.95	0.94	0.93

2. 滑轮组的机构特性

(1) 输入输出的作用力特性

卷筒钢丝绳的拉力 S_1 为滑轮组的输入作用力,而滑轮组的输出便是吊起的重物的重量 Q。因此,滑轮组的输入输出作用力特性是指卷筒钢丝绳的拉力与重物重量之间的关系。

由式(4.3)和式(4.4)联立,可得

$$Q = a\eta_B S_1 \tag{4.5}$$

(2) 输入输出的运动特性

卷筒钢丝绳的线速度 υ_1(即卷筒的圆周速度)为滑轮组的输入速度,而滑轮组的输出速度便是吊起的重物的速度 υ_0。因此,滑轮组的输入输出运动特性是指卷筒钢丝绳的速度与重物速度之间的关系。显然,有

$$\upsilon_0 = \frac{\upsilon_1}{a} = \frac{r_1\omega_1}{a} \tag{4.6}$$

式中　r_1——卷筒半径,m;

ω_1——卷筒角速度,rad/s;

a——倍率。

(3) 输入输出的功率特性

即卷筒输入给滑轮组的功率 P_1 与滑轮组的输出功率 P_0(滑轮组提起重物的功率)之间的关系。显然,它们之间之比等于滑轮组的效率,即

$$P_0 = \eta_B P_1 \tag{4.7}$$

4.2.2　钢丝绳滑轮组机构设计要点

1. 滑轮

滑轮的作用是用于导向和支承,以改变钢丝绳运动方向,通过钢丝绳组成滑轮组。具有固定轴的滑轮称为定滑轮;具有活动轴的滑轮称为动滑轮。采用铸造方法加工的滑轮称为铸造滑轮,如图4.6(a);采用焊接的方法加工的滑轮称为焊接滑轮,如图4.6(b)。

承受载荷不大的小尺寸滑轮($D<350$ mm)一般制成实体的滑轮,用15、Q235结构钢或铸铁,如HT150。受大载荷的滑轮一般采用球墨铸铁,如QT42-10或铸钢,如ZG230-450、ZG270-500或ZG35Mn等,铸成带筋和孔或带轮辐的结构。大型滑轮($D>800$ mm)一般采用型钢和钢板焊接结构。受力不大的滑轮可以直接安装在心轴上使用,受力较大、低速时滑轮可以采用铸青铜或粉末冶金轴瓦滑动轴承,载荷大、速度较高时采用滚动轴承。轮毂或轴瓦长度与直径比一般取为1.5~1.8。

滑轮的槽底直径称为公称直径,如图4.6所示。滑轮槽的主要尺寸见图4.7所示。由于滑轮直径的大小,直接影响钢丝绳的寿命,因而设计时应合理选择,一般采用公式

$$D \geqslant h \cdot d \tag{4.8}$$

式中 h——与机构工作级别和钢丝绳结构有关的系数,见表4.2;

d——钢丝绳直径,mm。

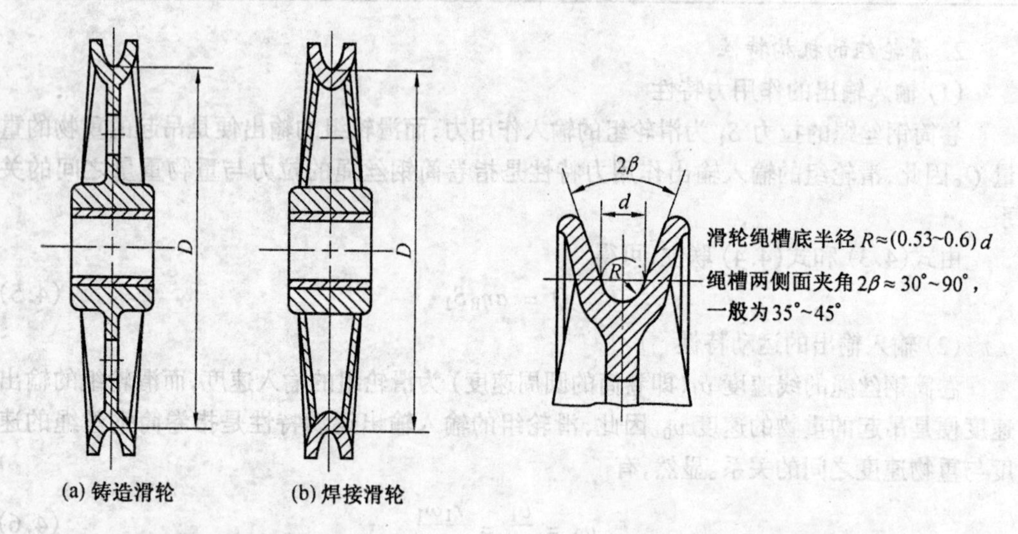

图4.6 滑轮

图4.7 滑轮槽尺寸

同时,标准(JB/T9005.2—1999)进一步规定了滑轮直径与钢丝绳直径的匹配关系,见表4.3所示。表中以黑框线包络的区域为最常使用的匹配范围。标准(GB/T3811—1983)规定了钢丝绳绕进或绕出滑轮槽时偏斜的最大角度,即钢丝绳中心线与滑轮轴垂直平面之间的角度,推荐不大于5°。

表4.2 系数 h 值(GB/T 3811—1983)

机构工作级别	卷筒	滑轮	机构工作级别	卷筒	滑轮
M1 - M3	14	16	M6	20	22.4
M4	16	18	M7	22.4	25
M5	18	20	M8	25	28

注:1.采用不旋转钢丝绳时,h 值应按比机构工作级别高一级的值选取;

2.对于流动式起重机,建议卷筒 h 值取16及滑轮 h 值取18,与工作级别无关。

表4.3　滑轮直径与钢丝绳直径匹配关系(JB/T9005.2—1999)

滑轮直径 D/mm	钢丝绳直径 d/mm																																						
	7~8	>8~9	>9~10	>10~11	>11~12	>12~13	>13~14	>14~15	>15~16	>16~17	>17~18	>18~19	>19~20	>20~21	>21~22	>22~24	>24~25	>25~26	>26~27	>27~28	>28~30	>30~31	>31~32	>32~33	>33~34	>34~35	>35~36	>36~37	>37~39	>39~40	>40~41	>41~43	>43~44	>44~46	>46~48	>48~50	>50~54	>54~56	>56~60
225																																							
260																																							
280																																							
315																																							
355																																							
400																																							
450																																							
500																																							
560																																							
630																																							
710																																							
800																																							
900																																							
1 000																																							
1 120																																							
1 250																																							
1 400																																							
1 600																																							
1 800																																							
2 000																																							

注:在滑轮轴上并列安装2个滑轮时,推荐按正斜阴影区选用;在并列安装4个或4个以上滑轮,或滑轮用于冶金起重机时,推荐按反斜阴影区选用。

对于起重机用铸造滑轮,标准(JB/T9005.3—1999)中,根据轴承类型、密封的要求以及有无内轴套,将滑轮的结构形式分为:A型、B型、C型、D型、E型和F型等6种类型,具体结构型式、尺寸及匹配的轴承类型见相关参考文献。

2. 吊钩组

吊钩按制造方法可分为锻造吊钩和片式吊钩(板钩);按其结构型式可分为单钩和双钩;长钩和短钩等。吊钩钩身的截面形状有圆形、方形、梯形或T字形。其失效形式:(1)危险截面高度磨损超过10%;(2)发生塑性变形(钩口,钩颈,螺纹区);(3)内部或表面(钩颈,螺纹区,变截面过渡圆角处,危险截面附近等)发现裂纹。工程起重机中常用T字形或梯形截面的锻造单钩。通用吊钩已经标准化,吊钩按其机械性能分为5个强度等级,见表4.4;相对应材料牌号,见表4.5;在不同的强度等级和机构工作级别下,各吊钩的起重量见表4.6,不在表中的起重量,若需要可按R10优先系数延伸。

表4.4　吊钩强度等级

强度等级	M	P	(S)	T	(V)
屈服点 σ_s 或屈服强度 $\sigma_{0.2}$/MPa	235	315	390	490	620
冲击功 α_k/J	48	41	41	34	34

注:1.强度等级是以吊钩材料屈服点或屈服强度分级为依据;

2.表中所列机械性能为最小值;

3.优先采用M、P级,对括号内的强度等级尽量避免采用。

表 4.5 吊钩材料牌号

钩号	柄部直径 d_1/mm	强度等级				
		M	P	(S)	T	(V)
066-1.6	14~36	DG20 或 DG20Mn	DG20Mn	DG34CrMo	DG34CrMo	DG34CrMo
2.5-40	42~150					DG34CrNiMo 或 DG30Cr2Ni2Mo
50-250	170~375				DG34CrNiMo 或 DG30Cr2Ni2Mo	DG30CrNi2Mo

注：材料牌号中“DG”表示“吊钩”，所列材料为吊钩专用材料。

表 4.6 吊钩起重量(摘自 GB/T10051.1—1988)

强度等级	机构工作级别(按 GB/T3811—1983)										强度等级
M	—	—	—	—	M3	M4	M5	M6	M7	M8	M
P	—	—	—	M3	M4	M5	M6	M7	M8		P
(S)	—	—	M3	M4	M5	M6	M7	M8			(S)
T	—	M3	M4	M5	M6	M7					T
(V)	M3	M4	M5	M6	M7						(V)
钩号	起重量/t	起重量/t	起重量/t	起重量/t	起重量/t	起重量/t	起重量/t	起重量/t	起重量/t	起重量/t	钩号
006	0.32	0.25	0.2	0.16	0.125	0.1					006
010	0.5	0.4	0.32	0.25	0.2	0.16	0.125	0.1			010
012	0.63	0.5	0.4	0.32	0.25	0.2	0.16	0.125	0.1		012
020	1	0.8	0.63	0.5	0.4	0.32	0.25	0.2	0.16	0.125	020
025	1.25	1	0.8	0.63	0.5	0.4	0.32	0.25	0.2	0.16	025
04	2	1.6	1.25	1	0.8	0.63	0.5	0.4	0.32	0.25	04
05	2.5	2	1.6	1.25	1	0.8	0.63	0.5	0.4	0.32	05
08	4	3.2	2.5	2	1.6	1.25	1	0.8	0.63	0.5	08
1	5	4	3.2	2.5	2	1.6	1.25	1	0.8	0.63	1
1.6	8	6.3	5	4	3.2	2.5	2	1.6	1.25	1	1.6
2.5	12.5	10	8	6.3	5	4	3.2	2.5	2	1.6	2.5
4	20	16	12.5	10	8	6.3	5	4	3.2	2.5	4
5	25	20	16	12.5	10	8	6.3	5	4	3.2	5
6	32	25	20	16	12.5	10	8	6.3	5	4	6
8	40	32	25	20	16	12.5	10	8	6.3	5	8

续表 4.6

钩号	起重量/t	起重量/t	起重量/t	起重量/t	起重量/t	起重量/t	起重量/t	起重量/t	起重量/t	起重量/t	钩号
10	50	40	32	25	20	16	12.5	10	8	6.3	10
12	63	50	40	32	25	20	16	12.5	10	8	12
16	80	63	50	40	32	25	20	16	12.5	10	16
20	100	80	63	50	40	32	25	20	16	12.5	20
25	125	100	80	63	50	40	32	25	20	16	25
32	160	125	100	80	63	50	40	32	25	20	32
40	200	160	125	100	80	63	50	40	32	25	40
50	250	200	160	125	100	80	63	50	40	32	50
63	320	250	200	160	125	100	80	63	50	40	63
80	400	320	250	200	160	125	100	80	63	50	80
100	500	400	320	250	200	160	125	100	80	63	100
125		500	400	320	250	200	160	125	100	80	125
160			500	400	320	250	200	160	125	100	160
200				500	400	320	250	200	160	125	200
250					500	400	320	250	200	160	250

注：机构工作级别低于 M3 的按 M3 考虑。

3．钢丝绳

钢丝绳是工程起重机的重要零件之一。它具有强度高、自重轻、弹性好、工作平稳等优点，是一种只能承受拉力的挠性受力构件。广泛用于起升机构、变幅机构以及作为牵臂绳等。钢丝绳是由许多高强度钢丝编绕而成。钢丝的材料通常采用优质碳素钢，其碳的质量分数为 0.5%～0.8%。根据不同的使用目的，其结构和编绕方式各不相同，有单绕、双重绕、三重绕等型式。绳芯的材料有有机物芯(麻芯和棉芯)、石棉芯或金属芯等。有机物芯的钢丝绳具有较大的挠性和弹性，润滑性好，但不能承受横向压力，不耐高温；石棉芯钢丝绳的特性与上述相似，但能耐高温；金属芯钢丝绳强度高，能承受高温和横向压力，但润滑性较差。一般情况下常选用有机物芯的钢丝绳，高温工作时采用石棉芯或金属芯，在卷筒上多层卷绕时宜用金属芯的钢丝绳。

(1)钢丝绳的分类。从钢丝绳的截面看，钢丝绳由若干股和芯构成，股又有若干丝组成，如图 4.8 所示。根据绳和股捻法的异同分为右交互捻、左交互捻、右同向捻和左同向捻四种，如图 4.9 所示；按其绳和股的断面、股数和股外层钢丝的数目分类，如图 4.8(a)所示，绳的标记为绳 6×19，股的标记为(1+6+12)；按钢丝绳中钢丝与钢丝的接触状态分为点接触绳和线接触绳，点接触绳中各层钢丝直径相同，内外各层钢丝的节距不同，因而相互交叉形成点接触，因此易破断，使用寿命低。线接触绳由不同直径的钢丝绕制而成，经适当配置，使内外层钢丝形成线接触，因此挠性好，使用寿命长，在相同破断拉力情况下线接触绳直径小,在起重机种应当优先选用。

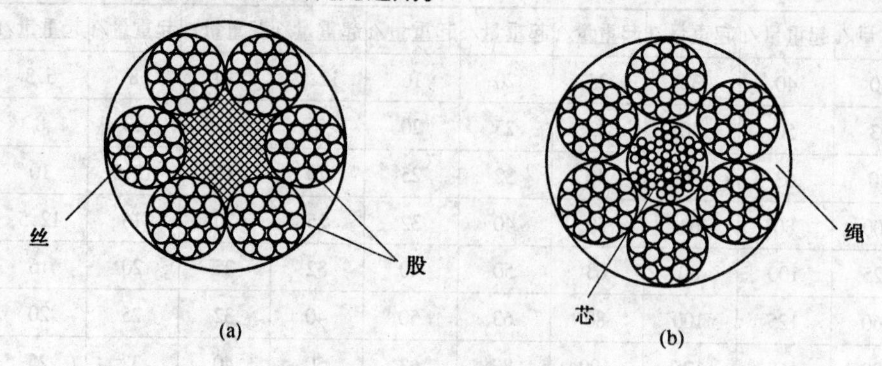

图 4.8 钢丝绳的组成

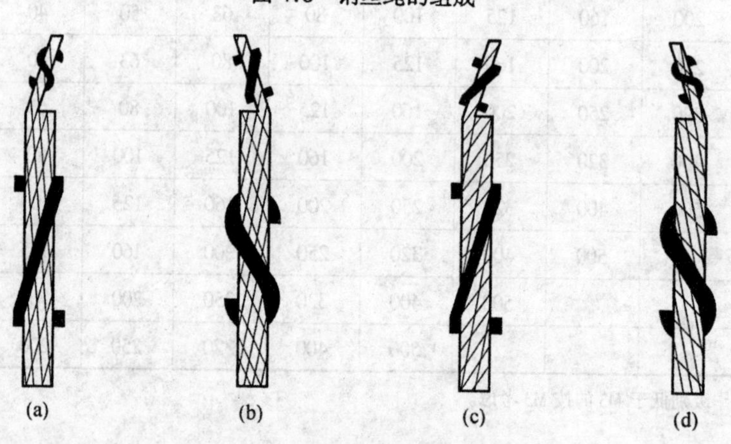

图 4.9 钢丝绳按捻法分类

(2)钢丝绳的选择计算。钢丝绳工作时的受力复杂,内部应力状态除受拉外,绕在滑轮和卷筒时还受到弯曲和挤压,钢丝之间也产生相互挤压,为简化计算,设计时一般采用静力计算法。下面介绍《起重机设计规范》中的两种静力计算法,设计时可根据具体情况任选一种。

1)钢丝绳直径按钢丝绳最大工作静拉力确定。计算公式为

$$d = C\sqrt{S} \tag{4.9}$$

式中 d—— 钢丝绳最小直径,mm;

C—— 选择系数;

S—— 钢丝绳最大工作拉力,N。

在起升机构中,钢丝绳最大工作静拉力是由起升载荷考虑滑轮组效率和倍率后确定,起升载荷是指起升质量的重力,包括起升的最大有效重物、取物装置、悬挂挠性件及其他在升降中的设备质量,起升高度小于 50 m 钢丝绳的重量可以不计。

选择系数 C 的取值与机构工作级别有关,见表 4.7 所示,表中的数值是在钢丝充满系数 ω 为 0.46,折减系数 k 为 0.82 时的选择系数 C 值。当钢丝绳的 ω、k 和 σ_b 值与表中不同时,则可根据工作级别从表 4.7 中选择 n 值并根据所选择钢丝绳的 ω、k 和 σ_b 值按下式换

算选择系数 C,然后再按公式(4.9)选择绳直径。

$$C = \sqrt{\frac{n}{k\omega \frac{\pi}{4} \sigma_b}} \tag{4.10}$$

式中 n—— 安全系数,见表4.7;

k—— 钢丝绳捻制折减系数;

ω—— 钢丝绳充满系数,计算公式为 ω = 钢丝断面面积之总和 / 绳横断面毛面积;

σ_b—— 钢丝的公称抗拉强度,MPa。

表4.7 C 和 n 值

机构工作级别	选择系数 C 值			安全系数 n
	钢丝绳公称抗拉强度 σ_b/MPa			
	1 550	1 700	1 850	
M1 ~ M3	0.093	0.089	0.085	4
M4	0.099	0.095	0.091	4.5
M5	0.104	0.100	0.96	5
M6	0.114	0.109	0.106	6
M7	0.123	0.118	0.113	7
M8	0.140	0.134	0.128	9

注:1.对于运搬危险物品的起重用钢丝绳,一般应按比设计工作级别高一级的工作级别选择表中的 C 或 n 值。对起升机构工作级别为M7、M8的某些冶金起重机,在保证一定寿命的前提下允许按低的工作级别选择,但最低安全系数不得小于6;

2.对缆索起重机的起升绳和牵引绳可作类似处理,但起升绳的最低安全系数不得低于5,牵引绳的最低安全系数不得小于4;

3.臂架伸缩用的钢丝绳,安全系数不得小于4。

2) 按钢丝绳所在机构工作级别有关的安全系数选择钢丝绳直径。所选钢丝绳的破断拉力应满足

$$F_0 \geqslant Sn \tag{4.11}$$

式中 n—— 钢丝绳最小安全系数,见表4.7;

S—— 钢丝绳最大工件拉力,N;

F_0—— 所选用钢丝绳的破断拉力,N。

(3)钢丝绳的失效方式。由于钢丝绳除了受拉应力外,还有挤压、弯曲、接触和扭转等应力,受力情况比较复杂。实践表明,由于钢丝绳反复弯曲和反复挤压所造成的金属疲劳是钢丝绳破坏的主要原因。钢丝绳破坏时,外层钢丝由于疲劳和磨损首先开始断裂,随着断丝数的增多,破坏速度逐渐加快,达到一定限度后,就会完全断裂。为了避免钢丝绳断裂造成严重后果,国家标准规定:在钢丝绳的一个节距内,如果断丝数量达到了限定数值,即使钢丝绳没有断裂也应予以报废,详见表4.8。

表 4.8　钢丝绳每一节距内断丝根数报废标准

安全系数 n	钢丝绳构造					
	6×19+1		6×37+1		6×61+1	
	同向捻	交互捻	同向捻	交互捻	同向捻	交互捻
<6	6	12	11	22	18	36
6~7	7	14	13	26	19	38
>7	8	16	15	30	20	40

如果钢丝绳表面已经锈蚀或磨损，导致钢丝绳直径明显减小，则报废前钢丝绳一个节距内允许出现断丝的数量应适当减少。具体折减量，见表 4.9。

表 4.9　钢丝绳表面磨损或锈蚀折减系数

钢丝绳表面磨损或锈蚀/%	10	15	20	25	30~40	>40
折减系数/%	85	75	70	60	50	报废

根据钢丝绳破坏的主要原因，提高使用寿命的主要措施有：(1)在卷绕系统的设计中应尽量减少钢丝绳的弯折次数。弯折时，反向弯折所引起的钢丝绳疲劳效果为同向弯折的两倍，所以必须尽量避免反向弯折；(2)滑轮和卷筒直径 D 与钢丝绳直径 d 的比值也影响钢丝绳的寿命。比值越大，即选用较大的滑轮与卷筒直径对钢丝绳的寿命越有利，故设计中规定了 D/d 所容许的最小比值；(3)滑轮与卷筒的材料太硬，对钢丝绳寿命不利。试验表明，以铸铁滑轮代替钢滑轮能提高钢丝绳寿命 10%~20%。采用尼龙滑轮，也有利于提高钢丝绳的寿命；(4)钢丝绳在使用中应加强维护保养，如定期润滑可以防止锈蚀，减少钢丝绳内外磨损，从而提高其使用寿命。

(4)钢丝绳的选择要点。选择钢丝绳时，根据使用场合，应遵循：1)优先选用线接触钢丝绳；2)环境腐蚀较大时，选用镀锌钢丝绳；3)频繁卷绕时，选用细丝钢丝绳；4)起升高度大时，选用不扭转钢丝绳；5)多层卷绕时选用金属芯钢丝绳；6)无导绕时，选用粗丝钢丝绳。对于起重机而言，具体情况见表 4.10 所示。

表 4.10　钢丝绳构造选择推荐表

使用场合					推荐型号
起升或变幅用	单层卷绕	起升高度/m	$H<20$	线接触细丝钢丝绳	6×31S,6×37S,6×36W,6×25Fi,8×25Fi
			$H\geqslant 20$	线接触钢丝绳	6×19W,6×19S, 8×19W,8×19S
				三角股钢丝绳	6V×43
				多层股不扭转钢丝绳	18×7,18×19,18×19W,18×19S
	多层卷绕			线接触金属芯钢丝绳	6×19W
牵引用	无导绕			点接触钢丝绳	1×19,6×19,6×37
	有导绕				与起升或变幅用钢丝绳相同

(5)钢丝绳的标记方法。钢丝绳的标记方法分为:全称标记法和简化标记法。全称标记法是将钢丝绳的有关信息全部表达出来,见表4.11所示。

表4.11 钢丝绳标记

绳径/mm	钢丝表面	股数	股中丝	芯材	钢丝 σ_b/MPa	捻向	绳最小破断拉力/kN	质量/(kg·m^{-1})	标准
18	NAT	6	(9+9+1)	+FC	1770	ZZ	190	117	GB8918
	ZAA	6	×19	+NF	1470	SS			
	ZAB	1	(6+1)	+SF	1570	ZS			
	ZBB	8	(10+10+1)	+IWR	1670	SZ			
		12		+IWS	1870				
		18							

表中从左至右依次为:(1)钢丝绳的公称直径;(2)钢丝绳的表面状态,NAT(光面)、ZAA(A级镀锌)、ZAB(AB级镀锌)、ZBB(B级镀锌);(3)钢丝绳的股数;(4)每股中钢丝的结构及钢丝根数;(5)钢丝绳芯材料,FC(纤维芯)、NF(天然纤维芯)、SF(合成纤维芯)、IWR(金属丝绳芯)、IWS(金属丝股芯);(6)钢丝绳的公称抗拉强度;(7)钢丝绳的捻制方向,第一字母表示钢丝绳的捻向,第二字母表示股的捻向,ZZ(右同向捻)、SS(左同向捻)、ZS(右交互捻)、SZ(左交互捻);(8)钢丝绳的最小破断拉力;(9)钢丝绳单位长度质量;(10)钢丝绳产品国家标准编号。

4. *钢丝绳端头固结方法*

钢丝绳在使用时需要与其他承载零件连接,来传递载荷,常用的连接方法如下。

(1)钢丝绳夹固定法。如图4.10所示,将钢丝绳套在心形套环上,用钢丝绳夹固定。钢丝绳夹应按图中所示把夹座扣在钢丝绳的工作段上,U形螺栓扣在钢丝绳的尾段上。钢丝绳夹间的距离 A 等于6~7倍钢丝绳直径。每一处连接所需钢丝绳夹的最少数量为(d 为钢丝绳直径):当 $d \leqslant 19$ mm时,3个; 19 mm $< d \leqslant 32$ mm时,4个;32 mm $< d \leqslant 38$ mm时,5个;38 mm $< d \leqslant 44$ mm时,6个;44 mm $< d \leqslant 60$ mm时,7个。钢丝绳夹已标准化,其型号可查有关手册。

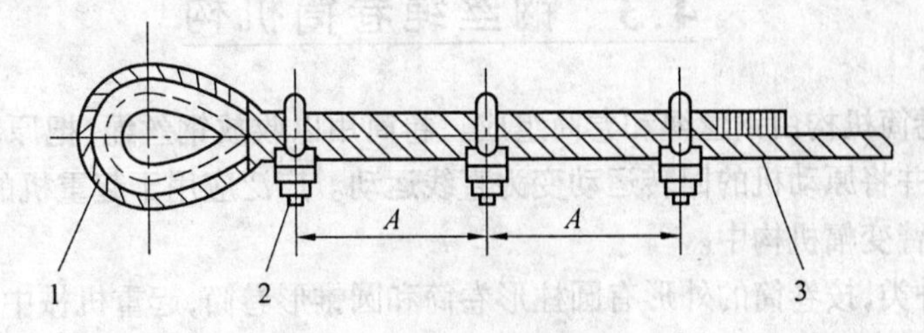

图4.10 钢丝绳夹固定法

1—心形套环;2—钢丝绳夹;3—钢丝绳

(2)楔形套筒固定法。如图4.11所示,用楔块将钢丝绳固定于特制的楔形套筒内,方法简便。楔套的材料用铸钢,楔块用灰口铸铁。楔套和楔块也已标准化,其型号可查有关手册。

(3)铝合金压头法。如图 4.12 所示,将钢丝绳端头拆散后分为六股,各股留头错开,留头长度不超过铝套长度 ,并切去绳芯,弯转 180°后插入主索中,然后套入铝套,模压成型。该方法已标准化,其结构参数可查有关手册。此法加工工艺性好、重量轻、安装方便,一般常用做起重机固定拉索。

(4)编结法。利用心形套环,将末端各股分别编插入工作分支各股中,每股穿插 4~5 次,然后用细钢丝扎紧。捆扎长度 $l=(20\sim25)d$,同时不应小于 300 mm。

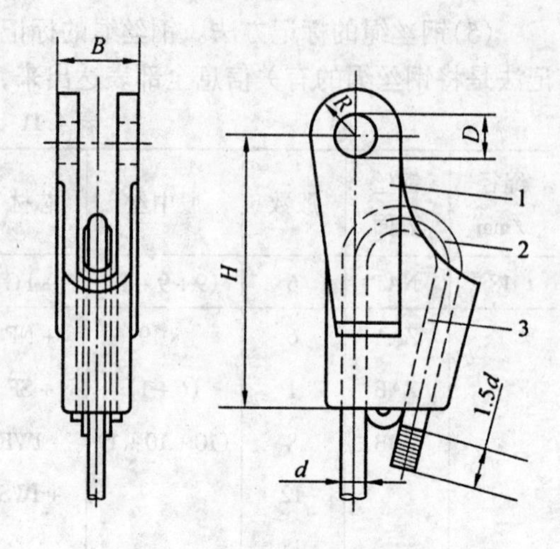

图 4.11 楔形套筒固定法

1—楔套;2—钢丝绳;3—楔

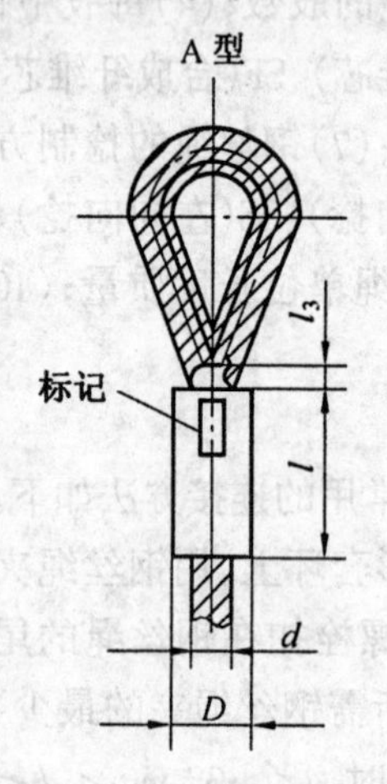

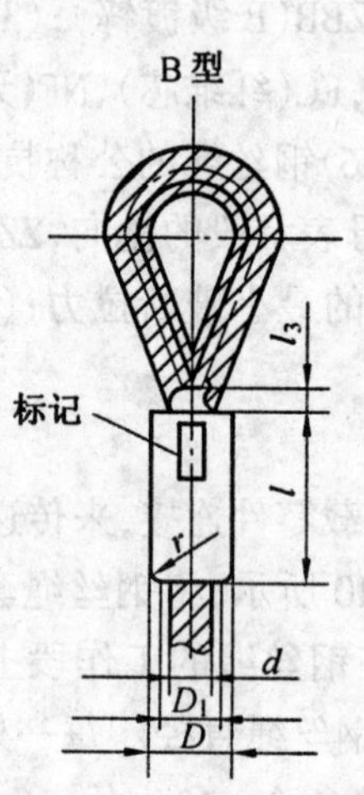

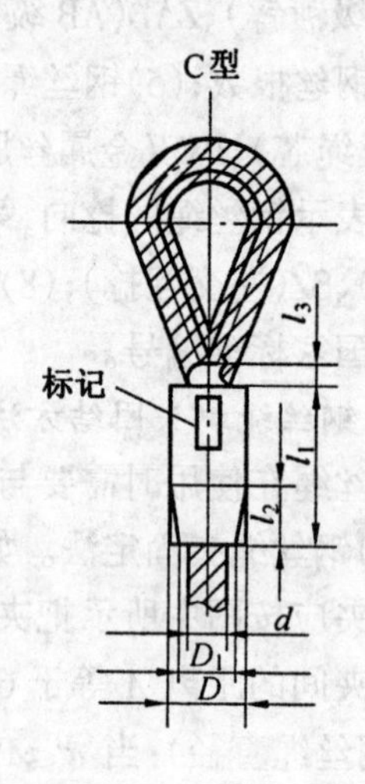

图 4.12 铝合金压头法

4.3 钢丝绳卷筒机构

钢丝绳卷筒机构由钢丝绳和卷筒组成。卷筒用以收放钢丝绳,把原动机的驱动力传递给钢丝绳,并将原动机的回转运动变为直线运动。广泛应用于起重机的起升机构、小车变幅机构、动臂变幅机构中。

卷筒的种类,按卷筒的外形有圆柱形卷筒和圆锥形卷筒,起重机械中主要采用圆柱形卷筒;按钢丝绳在卷筒上的卷绕层数可分为单层卷筒和多层绕卷筒,单层绕卷筒表面通常切有螺旋形绳槽,绳槽节距比钢丝绳直径稍大,绳槽半径也比钢丝绳半径稍大,这样既增加了钢丝绳与卷筒的接触面积,又可防止相邻钢丝绳间相互摩擦,从而提高钢丝绳的使用寿命。多层绕卷筒容量大,其表面可以做成光面的,也可以做成有螺旋绳槽的,卷筒两端必须有侧板以防钢丝绳脱出,其高度应比最外层钢丝绳高出$(1\sim2.5)d$。多层绕卷筒钢丝绳由于挤压力大及相互摩擦,易产生乱绳,因此在设计时需要采取措施防止乱绳。卷筒按制作方式可分为铸造的和焊接的。铸造卷筒一般采用不低于HT20-40的灰铸铁铸造。重要的卷筒可用不低于QT45-5的球墨铸铁铸造。强度要求高的卷筒可以采用强度不低于ZG25的铸钢。焊接卷筒可以采用Q235等结构钢,其重量比铸造卷筒大大减轻。

4.3.1 钢丝绳卷筒机构特性

(1)输入输出的作用力特性

图4.13所示为卷筒的输入参数与输出参数。卷筒的输入参数为转矩M_i、功率P_i、转速n_i;输出参数为钢丝绳的拉力F_0、功率P_0、速度v_0。因此,卷筒的输入输出作用力特性即为卷筒的转矩M_i与钢丝绳的拉力F_0之间的关系。

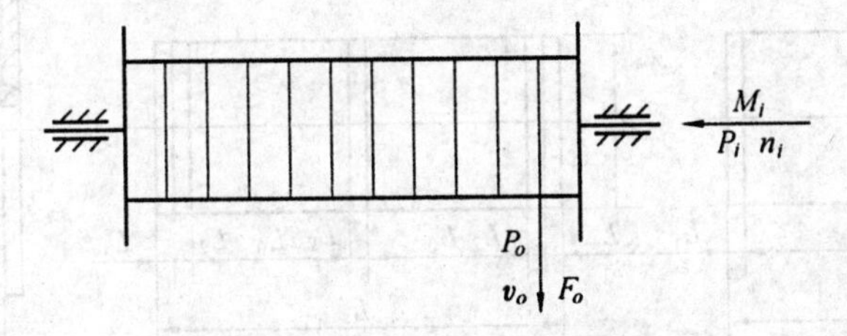

图4.13 卷筒的输入输出参数

由图4.13可知

$$F_0 = \frac{2\eta_D M_i \times 10^3}{D_j} \tag{4.12}$$

式中 F_0—— 钢丝绳的拉力,N;

D_j—— 卷筒的计算直径,mm;下标为工作层序号;

η_D—— 卷筒的效率,一般取0.94 ~ 0.97。

(2) 输入输出的运动特性

卷筒的输入输出的运动特性即为卷筒的转速n_i与钢丝绳的运动速度v_0之间的关系。由图4.13可得

$$v_0 = \pi D_j n_i \times 10^3 \tag{4.13}$$

(3) 输入输出的功率特性

卷筒的输入输出的功率特性即为卷筒的输入功率P_i(kW)与卷筒的输出功率P_0(kW)之间的关系。由图4.13可得

$$P_0 = \eta_D P_i \tag{4.14}$$

4.3.2 钢丝绳卷筒机构设计要点

1. 卷筒的几何尺寸计算

(1) 卷筒的直径。卷筒的名义直径为D,但计算公式是按钢丝绳中心计算的最小卷绕直径$D_{1\min}$计算。卷筒的卷绕直径的计算式为

$$D_1 = h \cdot d \tag{4.15}$$

式中 d—— 钢丝绳直径,mm;

h—— 与机构工作级别和钢丝绳结构有关的系数,见表 4.2。

标准推荐直径,见表 4.12 所示。

表 4.12 卷筒直径推荐值(摘自 ZB/TJ80007.1 - 1987) mm

100	125	160	200	250	280	315	355	400	450	500	560	610	710
800	900	1000	1120	1250	1320	1400	1500	1600	1700	1800	1900	2000	

(2) 卷筒的长度。卷筒上的钢丝绳分单层卷绕和多层卷绕,在单层卷绕卷筒中又分为单联卷筒和双联卷筒,如图 4.14 所示,有关参数标在图中。下面依次给出相应计算公式。

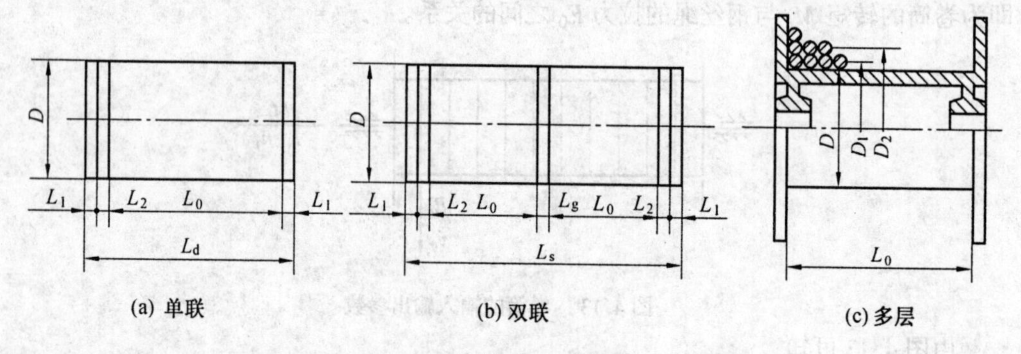

图 4.14 卷筒长度示意图

单联卷筒的卷筒的长度,如图 4.14(a) 所示,为

$$L_d = L_0 + 2L_1 + L_2 \tag{4.16}$$

双联卷筒的卷筒的长度,如图 4.14(b) 所示,为

$$L_s = 2(L_0 + L_1 + L_2) + L_g \tag{4.17}$$

式中 L_0—— 卷筒上车螺旋绳槽部分长度;

L_1—— 无绳槽的卷筒端部尺寸,按需要确定;

L_2—— 固定绳尾所需长度,$L_2 \approx 3P$(绳槽节距);

L_g—— 中间光滑部分长度,根据钢丝绳允许偏斜角确定。

L_0 的长度取决于起升高度、滑轮组倍率、卷筒计算直径和绳槽节距,其计算式为

$$L_0 = \left(\frac{H_{max}a}{\pi D_1} + Z_1\right)P \tag{4.18}$$

式中 H_{max}—— 起重机最大起升高度;

a—— 滑轮组的倍率;

D_1—— 卷筒计算直径,$D_1 = D + d$;

Z_1—— 钢丝绳安全圈数,一般取 1.5 ~ 3 圈;

P—— 绳槽节距。

多层绕光面卷筒如图 4.14(c) 所示,设多层卷绕的各层直径分别为 $D_1, D_2, \cdots, D_m$,总

共 m 层,每层为 Z 圈,则卷筒的总绕绳量 L 为

$$L = Z\pi(D_1 + D_2 + \Lambda + D_m) \tag{4.19}$$

已知

$$D_1 = D + d$$

$$D_2 = D_1 + 2d = D + 3d$$

$$\cdots\cdots$$

$$D_m = D + (2m - 1)d$$

将 $D_1, D_2, \cdots, D_m$ 代入式(4.19)得

$$L = Z\pi m(D + dm) \tag{4.20}$$

则

$$Z = \frac{L}{\pi m(D + dm)} \tag{4.21}$$

已知机构所需的绕绳量 L' 为

$$L' = H_{\max} a + Z\pi D_1$$

将 $L = L'$ 代入公式(4.21)得

$$Z = \frac{H_{\max} a + Z_1 \pi D_1}{\pi m(D + dm)} \tag{4.22}$$

同时,考虑钢丝绳在卷筒上排列可能不均匀,应将卷筒长度增加 10%,即

$$L = 1.1Zd = \frac{1.1(H_{\max} a + Z_1 \pi D_1)d}{\pi m(D + dm)} \tag{4.23}$$

对于伸缩臂式起重机,绕绳量应加上伸缩臂行程 s,即

$$L = \frac{1.1(H_{\max} a + s + Z_1 \pi D_1)d}{\pi m(D + dm)} \tag{4.24}$$

2.卷筒的强度计算

(1) 当卷筒长度 $L \leqslant 3D$ 时,弯曲和扭转应力很小,其合成应力一般不超过压应力的 10% ~ 15%,因此可以忽略不计,此时,卷筒轴向截面的压应力(见图 4.15) 为

$$\sigma_1 = A_1 A_2 \frac{S_{\max}}{\delta P} \leqslant [\sigma_c] \tag{4.25}$$

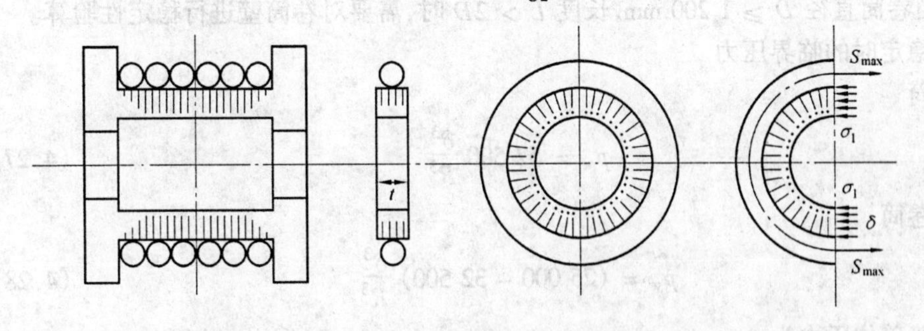

图 4.15　卷筒压应力计算简图

式中　σ_1——卷筒轴向截面的压变力,MPa;

A_1——多层卷绕系数。多层卷绕时,卷筒所受的压应力不是随卷绕层数而成倍增加。考虑上层钢丝绳对下层的压紧,使下层钢丝绳在径向产生弹性变形而使筒壁应力有所减小。A_1 值与卷绕层数有关,见表 4.13;

A_2—— 应力减小系数。考虑绳圈绕入时对筒壁应力有减小作用，一般可取 $A_2 = 0.75$；

S_{max}—— 钢丝绳最大静拉力，N；

δ—— 卷筒壁厚，可按公式进行初选。对于铸钢卷筒 $\delta \approx d$；对于铸铁卷筒 $\delta \approx 0.02D + (6 \sim 10)$ mm；

P—— 卷筒绳槽节距，mm；

$[\sigma_c]$—— 许用压应力，MPa，对于钢 $[\sigma_c] = \frac{\sigma_s}{2}$，$\sigma_s$ 为屈服极限；对铸铁 $[\sigma_c] = \frac{\sigma_b}{5}$，$\sigma_b$ 为抗拉强度极限。

表 4.13 系数 A_1 值

卷绕层数	2	3	≥4
A_1	1.4	1.8	2.0

(2) 当卷筒长度 $L > 3D$ 时，应考虑由弯矩和扭矩产生的附加应力，此时，合成应力为

$$\sigma_2 = \frac{M_h}{W} \leqslant [\sigma] \tag{4.26}$$

式中 M_h—— 合成弯矩，$M_h = \sqrt{M^2 + T^2}$，M 是弯矩，$M = \frac{LS_{max}}{4}$，L 是卷筒计算长度，T 是扭矩，$T = \frac{DS_{max}}{2}$；

W—— 卷筒的抗弯截面模量，$W = \frac{0.1(D^4 - D_0^4)}{D}$，$D$ 为卷筒的名义直径，D_0 为卷筒的内径；

$[\sigma]$—— 许用应力，对于钢 $[\sigma] = \frac{\sigma_s}{2.5}$，$\sigma_s$ 为屈服极限；对铸铁 $[\sigma] = \frac{\sigma_b}{6}$，$\sigma_b$ 为抗拉强度极限。

(3) 当卷筒直径 $D \geqslant 1\ 200$ mm，长度 $L > 2D$ 时，需要对卷筒壁进行稳定性验算。

失去稳定时的临界压力

对于钢卷筒

$$p_w = 52\ 500 \frac{\delta^3}{R^3} \tag{4.27}$$

对于铸铁卷筒

$$p_w = (25\ 000 - 32\ 500) \frac{\delta^3}{R^3} \tag{4.28}$$

卷筒壁单位压力为

$$p = \frac{2S_{max}}{DP} \tag{4.29}$$

卷筒稳定的条件为

$$K = \frac{p_w}{p} \geqslant 1.3 \sim 1.5 \tag{4.30}$$

式中 $R = D/2$,卷筒绳槽底半径,mm,其他符号同上。

3. 钢丝绳在卷筒上的固定方法

钢丝绳在卷筒上的固定应保证工作安全可靠,便于检查与更换钢丝绳,并且固定处不应使钢丝绳过分弯折。

常用的固定方法有以下3种。

(1) 钢丝绳绕在楔形块上打入卷筒特制的楔孔内固定,见图4.16(a)所示。楔块的斜度一般取(1:4)~(1:5),以满足自锁条件。

(2) 钢丝绳端用螺钉压板固定在卷筒外表面,见图4.16(b)所示。压板上刻有梯形的或圆形的槽。对于各最大工作拉力下相应的钢丝绳直径所采用的螺钉及压板,已有标准,可查相关手册。

(3) 钢丝绳引入卷筒内特制的槽中用螺钉和压板固定,见图4.16(c)所示。

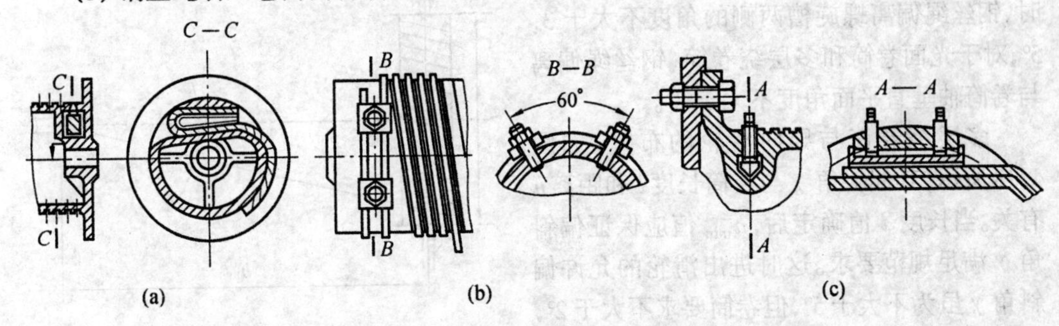

图4.16 钢丝绳在卷筒上的固定方法

上述(1)、(2)两种方法仅适用于单层卷绕钢丝绳的卷筒。对于多层绕的卷筒,还可将钢丝绳端头从侧板预留孔中引出到侧板外,再用螺钉压板或用与楔形块相似的原理进行绳端固定,这使卷筒的构造更为简单。

4. 钢丝绳允许偏角

当钢丝绳在卷筒上绕进或绕出时,会沿卷筒作轴向移动,因而钢丝绳的中心线相对卷筒绳槽中心线产生一定的偏斜角度。如果偏斜角度过大,对于滑轮和卷筒绳槽,钢丝绳会碰擦其槽口,引起钢丝绳擦伤及槽口损坏甚至脱槽。对于光面卷筒则使钢丝绳不能均匀排列产生乱绳现象。因此,对于偏斜角度应加以限制。根据钢丝绳与绳槽之间的几何关系,可以得到最大允许偏斜角度的公式。

(1) 钢丝绳进出滑轮时的容许偏角

由图4.17所示,可以得出钢丝绳进出滑轮的偏斜角与其他结构尺寸的关系为

$$\tan\gamma \leqslant \frac{\tan\beta}{\sqrt{1+\frac{D_1}{K}}} \qquad (4.31)$$

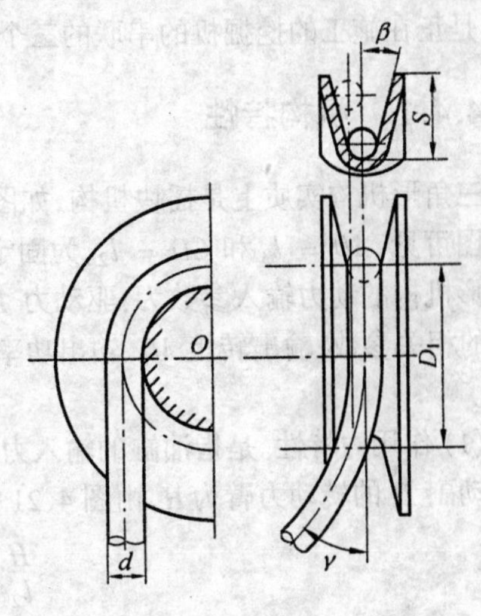

图4.17 钢丝绳在滑轮上的偏斜角

式中 β——绳槽侧边的倾斜角；

D_1——滑轮工作直径，$D_1 = D + d$；

K——$K = S - \frac{d}{2}(1 - \sin\beta)$，$S$ 为滑轮槽深，d 为钢丝绳直径。

根据一般滑轮槽形尺寸计算结果，最大容许偏角 $\gamma \leqslant 4° \sim 6°$。按照《起重机设计规范》规定，容许偏角 γ 的推荐值不大于5°。

(2) 钢丝绳进出卷筒时的容许偏角

钢丝绳在单层绕、有槽卷筒上的偏斜有两种不同情况：一种是向相邻的空槽方向偏斜，钢丝绳只受绳槽本身限制；另一种是向有绳圈的邻槽方向偏斜，钢丝绳还受邻槽钢丝绳圈的限制。两种情况的偏斜角还受到卷筒绳槽螺旋角的影响。我国《起重机设计规范》规定：对于有槽卷筒，钢丝绳绕进或绕出卷筒时，钢丝绳偏离螺旋槽两侧的角度不大于3.5°；对于光面卷筒和多层绕卷筒，钢丝绳偏离与卷筒轴垂直平面角度不大于2°。

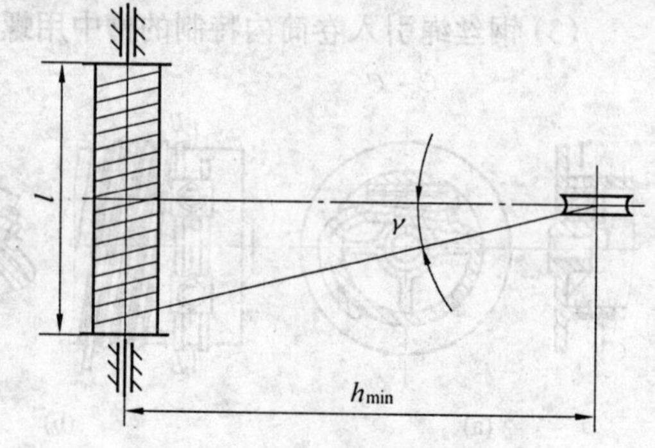

图 4.18 导向滑轮的偏斜角

多层绕卷筒与导向滑轮的布置，如图4.18所示，其偏斜角 γ 与卷筒长度 l 和距离 h 有关。当长度 l 值确定后，h_{min} 值应保证偏斜角 γ 满足规范要求。这时进出滑轮的允许偏斜角 γ 虽为不大于5°，但卷筒要求不大于2°，故设计时应使偏斜角 γ 不大于2°，否则将发生乱绳现象。

4.4 三角形机构

三角形机构广泛应用于工程机械中，图4.19是正在施工的轮胎起重机和钻机，图4.20是正在施工的挖掘机的串联的三个三角形机构。现对该机构进行分析。

4.4.1 机构特性

三角形机构实质上是摇块机构，如图4.21所示。ACD 为三角形，故称为三角形机构。由该图可见，$AD = l_3$ 和 $CD = l_2$，为固定杆长，而 $AC = l_1$ 为变杆长，为动力驱动油缸。该三角形机构的动力输入参数为：驱动力 F_i、输出功率 P_i、油缸伸出速度 v_i；输出参数为动臂2的相关参数：输出转矩 M_0、输出功率 P_0、输出速度 ω_0。下面推导该三角形机构的机构特性。

(1) 作用力特性。是指油缸的输入力 F_i 与动臂输出转矩 M_0 之间的关系。设输入力 F_i 绕转动副 D 的转动力臂为 H，由图4.21中的几何关系可知

$$\frac{H}{l_2} = \frac{l_3 \sin\theta_0}{l_1}$$

图 4.19 施工中的轮胎起重机和钻机

图 4.20 施工中的挖掘机

得

$$H = \frac{l_2 l_3 \sin \theta_0}{l_1} \tag{4.32}$$

因此,输出转矩为

$$M_0 = HF_i\eta_A = \frac{l_2 l_3 \sin\theta_0}{l_1}F_i\eta_A \tag{4.33}$$

式中 η_A—— 三角形机构的效率,一般取 $\eta_A = 0.91$;

θ_0—— 输出构件的转角;

l_1,l_2,l_3—— 相应构件的长度。

(2) 运动特性。是指油缸的伸出速度 v_i 与输出转速 ω_0 之间的关系。由图 4.21 中的三角形 ACD 和余弦定理可知

$$l_1^2 = l_2^2 + l_3^2 - 2l_2 l_3\cos\theta_0 \tag{4.34}$$

对式(4 - 34) 两边求导,并注意到 $l_1 = v_i$、$\theta_0 = \omega_0$,整理得

$$\omega_0 = \frac{l_1}{l_2 l_3 \sin\theta_0}v_i \tag{4.35}$$

(3) 功率特性。是指油缸的输入功率 P_i 与动臂 2 的输出功率 P_0 之间的关系。显然,有

$$P_0 = \eta_A P_i \tag{4.36}$$

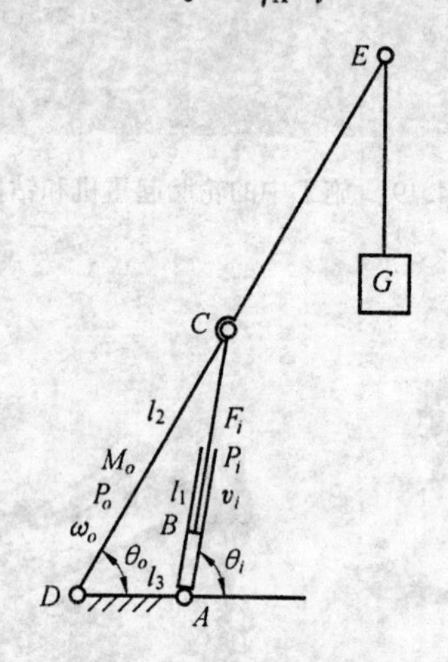

图 4.21 三角形机构特性

4.4.2 机构设计要点

三角形机构的设计要点,如图 4.21 所示,主要包括两个方面:一方面动臂的俯仰角度 θ_0 的变动范围要满足工程实际的要求;另一方面驱动油缸的力臂 H 不能太小,否则直接影响驱动力矩的大小。

1. 三角形机构的转角性能

由式(4.34) 可知,当俯仰角 θ_0 分别取最大值 $\theta_{0,\max}$ 和最小值 $\theta_{0,\min}$ 时,有

$$l_{1,\max}^2 = l_2^2 + l_3^2 - 2l_2 l_3\cos\theta_{0,\max}$$

$$l_{1,\min}^2 = l_2^2 + l_3^2 - 2l_2 l_3\cos\theta_{0,\min}$$

则

$$\theta_{0,\max} = \arccos\left(\cos\theta_{0,\min} - \frac{l_{1,\max}^2 - l_{1,\min}^2}{2l_2 l_3}\right)$$

因此,俯仰角的变化范围为

$$\varphi = \theta_{0,\max} - \theta_{0,\min} = \arccos\left(\cos\theta_{0,\min} - \frac{l_{1,\max}^2 - l_{1,\min}^2}{2l_2l_3}\right) - \theta_{0,\min} \tag{4.37}$$

令油缸的伸缩比例为

$$\lambda = \frac{l_{1,\max}}{l_{1,\min}}$$

将式(4.37)进一步写为

$$\varphi = \arccos\left(\cos\theta_{0,\min} - \frac{(\lambda^2 - 1)\,l_{1,\min}^2}{2l_2l_3}\right) - \theta_{0,\min} \tag{4.38}$$

在实际工程中油缸的伸缩比例一般为1.6 ~ 1.7。

2. 三角形机构的力臂特性

由式(4－33)知,最小驱动力臂为

$$H_{\min} = \frac{M_0}{F_i\eta_A} \geqslant \frac{l_2l_3\sin\theta_0}{l_1} \tag{4.39}$$

由此可见,当已知由载荷确定的所需力矩 M_0、油缸的驱动力 F_i 及三角形机构的效率 η_A 时,便可知道最小驱动力臂。此时,需要按俯仰角 θ_0 的变化范围以及油缸的伸缩长短 l_1,合理确定两个定长杆件的长度来满足最小驱动力臂的大小。

4.5 制动器

为了确保起重机工作的安全可靠,在起升机构中必须安装制动器,而在其他机构中根据工作需要也要安装制动器。如起升机构中的制动器使重物的升降运动停止并使重物保持在空中,或者用制动器来调节重物的下降速度。而在回转和行走机构中则用制动器保证在一定行程内停止。归纳起来,制动器的主要作用有:(1)支持制动,当重物起升和下降动作完毕后,使重物保持不动;(2)停止制动,消耗运动部分的动能,使其减速直至停止;(3)下降制动,消耗下降重物的势能来调节重物下降速度。

制动器的类型:制动器按驱动部件的类别可分为(1)机械制动器;(2)气压制动器;(3)液压制动器;(4)电动制动器;(5)人力制动器。按工作状态可分为(1)常闭式;(2)常开式;(3)综合式。常闭式制动器靠弹簧或重力使其经常处于抱闸状态,机构工作时,借外力使制动器松闸。常开式制动器经常处于松闸状态,当需要制动时借外力使制动器抱闸制动。综合式制动器在起重机通电工作过程中为常开,可通过操纵系统随意进行制动。起重机不工作时,切断电源,制动器上闸成为常闭。一般在起升和变幅机构中采用常闭式制动器以保证工作安全可靠。而回转和行走机构中则多采用常开式或综合式制动器以达到工作平稳。按制动部件的组别可分为(1)带式制动器;(2)块式制动器;(3)内胀蹄式制动器;(4)盘式制动器;(5)磁粉制动器;(6)磁涡流制动器。带式制动器结构简单、紧凑,制动力矩较大,可以安装在低速轴上并使起重机的机构布置得很紧凑,在轮胎式起重机中应用较多。其缺点是制动时制动轮轴上产生较大的弯曲载荷,制动带磨损不均匀。块式制动器构造简单,工作可靠,两个对称的瓦块磨损均匀,制动力矩大小与旋转方向无关,制动轮轴不受弯曲作用。但制动力矩较小,宜安装在高速轴上,与带式相比构造尺寸较大。块式制动器在电动起重机械,特别是塔式起重机中应用较普遍。下面主要介绍对起重机用制动器的要求及常用的带式制动器和块式制动器。

4.5.1 起重机用制动器要求

1. 起升机构用制动器

起升机构的每一套独立的驱动装置至少要安装一个支持制动器。吊运液态金属及其他危险物品的起升机构,每套独立的驱动装置至少应有两个支持制动器。

支持制动器应是常闭式的,制动轮必须装在与传动机构刚性连接的轴上。制动安全系数见表4.15。

无特殊要求时,制动所引起的物品升降加(减)速度不应大于表4.14中所列数值。

表4.14 平均升降加(减)速度 GB/T3811—1983

起重机的用途及种类	平均加(减)速度/($m \cdot s^{-2}$)	起重机的用途及种类	平均加(减)速度/($m \cdot s^{-2}$)
用作精密安装的起重机	0.1	港口用抓斗起重机	0.5~0.7
吊运液态金属和危险品的起重机	0.1	冶金工厂中生产率高的起重机	0.6~0.8
一般加工车间、仓库及堆物用吊钩、电磁及抓斗起重机	0.2	港口用吊钩门式起重机	0.6~0.8
港口用吊钩门座起重机	0.4~0.6	港口用装卸桥	0.8~1.2

2. 回转机构用制动器

回转机构宜采用可操纵的常开式制动器,在最不利工作状态和最大回转半径时其制动力矩应能使回转部分停住。如果采用常闭式制动器,则制动减速度不应超过下列数值:对于回转速度较低的安装用起重机,此值根据起重量大小为0.1~0.3 m/s^2;对于回转速度较高的装卸用起重机,此值根据起重量大小为0.8~1.2 m/s^2。起重量大者取小值。

3. 变幅机构用制动器

变幅机构应采用常闭式制动器。平衡变幅机构安全系数见表4.15,重要的非平衡变幅机构应装两个支持制动器,其制动安全系数的选择原则与起升机构相同,见表4.15。制动减速度不应超过0.6 m/s^2。

图4.22 带式制动器的应用

4.5.2 带式制动器

1. 带式制动器的结构及工作原理

带式制动器是靠制动带压紧制动轮产生摩擦力来实现制动。图4.22为安装于卷筒一侧的带式制动器。

图4.23为该带式制动器的结构图,图4.24为

该常闭式带式制动器在起升机构中的应用，图4.25为机构运动简图。该带式制动器主要由制动带1、与机构相连的制动轮2、连杆3、松闸液压缸4和上闸弹簧5组成。弹簧的张力使连杆将制动带拉紧并压紧制动轮实现制动，需要松闸时，高压油进入液压缸，推动活塞运动并克服弹簧的上闸力，制动带松开实现松闸。

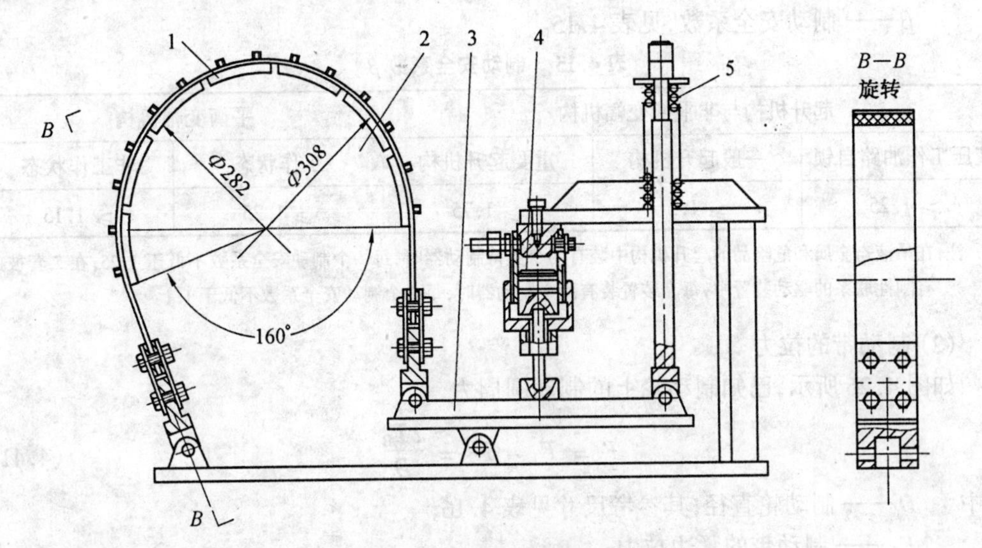

图4.23　带式制动器的结构

1—制动带；2—制动轮；3—连杆；4—松闸液压缸；5—上闸弹簧

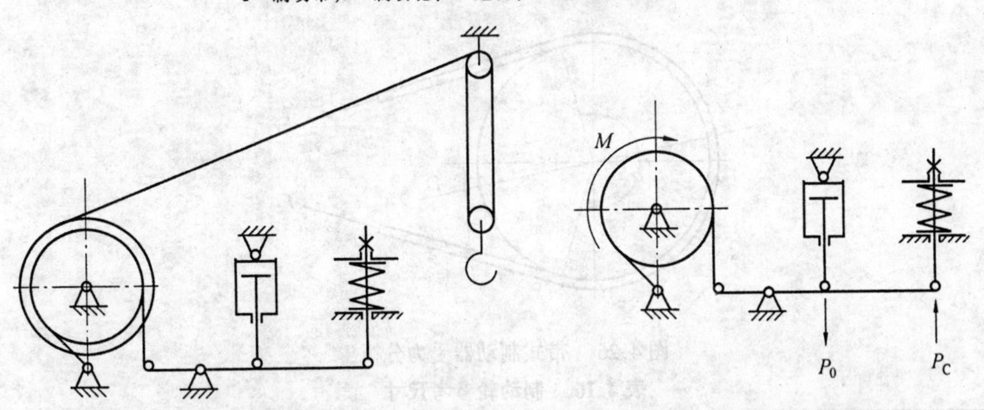

图4.24　带式制动器在起升机构中的应用　　　图4.25　带式制动器机构简图

制动器的制动带通常用薄钢带制成。为了增加摩擦系数，在带的工作表面上钉有摩擦材料，如木片、皮革、石棉和辊压带等。当制动器松闸时，应使制动带与制动轮之间形成0.8～1.5 mm的径向间隙。为了使制动带均匀脱开，沿制动带包角圆弧段上装有固定挡圈与固定螺栓。当带离开制动盘时即与固定螺栓相接触。可拧动螺栓调整间隙。

2. 带式制动器的作用特性

带式制动器为非标准产品，应用时必须进行设计计算。设计时首先确定结构形式、加力方法、松闸方式。然后根据给定的制动力矩，确定上闸力和松闸力及进一步对制动带和各零部件进行设计。

(1) 制动力矩的确定

制动器的制动力矩的计算式为

$$T_B = \beta T \tag{4.40}$$

式中 T—— 机构计算所需的制动力矩；

β—— 制动安全系数，见表 4.15。

表 4.15 制动安全系数 β

起升机构与非平衡变幅机构			平衡变幅机构	
液压工作油路自锁	一般起升机构	重要起升机构	工作状态	非工作状态
≥1.25	≥1.5	≥1.75	≥1.25	≥1.15

注：在吊液态金属和危险品的起升机构中装有两个支持制动器时，每一个制动安全系数不低于 1.25；在二套彼此有刚性联系的驱动装置中，每套装置装有两个制动器时，每一个制动安全系数不低于 1.1。

(2) 制动带的拉力

如图 4.26 所示，已知制动轮上的制动圆周力

$$F = F_1 - F_2 = \frac{2T_B}{D} \tag{4.41}$$

式中 D—— 制动轮直径，其参考尺寸见表 4.16；

F_1—— 制动带的紧边拉力；

F_2—— 制动带的松边拉力。

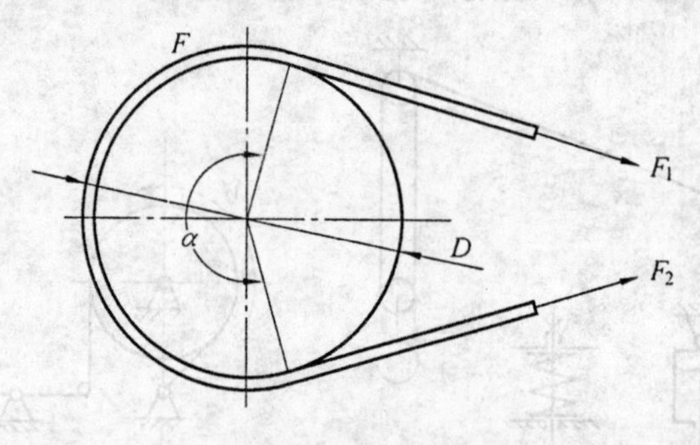

图 4.26 带式制动器受力分析

表 4.16 制动轮参考尺寸

项目	尺寸 /mm													
	电动用制动轮								手动用制动轮					
带轮直径 D	200	250	320	400	500	640	800	1000	250	300	350	400	450	500
带轮宽度 b	65	80	100	125	160	200	250	320	50	60	70	80	100	120
带的宽度 b_0	60	70	80	100	140	180	230	300	40	50	60	70	80	100
带轮轴孔直径 d	20 ~ 40	30 ~ 50	40 ~ 65	50 ~ 75	60 ~ 90	70 ~ 100	80 ~ 125	90 ~ 140						

由带传动的欧拉公式知

$$F_1 = F_2 e^{f\alpha} \tag{4.42}$$

故有

$$F_1 = F \frac{e^{f\alpha}}{e^{f\alpha} - 1} \tag{4.43}$$

$$F_2 = F \frac{1}{e^{f\alpha} - 1} \tag{4.44}$$

式中 α—— 制动带在制动轮上的包角，一般取 210° ~ 270°；

f—— 制动带与制动轮之间的摩擦系数，见表 4.17；

e—— 自然对数的底。

从上面式子可以看出，增大摩擦系数及包角，可以减小制动带的拉力。

表 4.17 摩擦系数 f 及容许温度

摩擦材料	制动轮材料	摩擦系数			容许温度 T/℃
		无润滑	偶然润滑	良好润滑	
铸铁	钢	0.17 ~ 0.2	0.12 ~ 0.15	0.06 ~ 0.08	260
钢	钢	0.15 ~ 0.18	0.10 ~ 0.12	0.06 ~ 0.08	260
青铜	钢	0.15 ~ 0.2	0.12	0.08 ~ 0.11	150
沥青浸石棉带	钢	0.35 ~ 0.4	0.30 ~ 0.35	0.10 ~ 0.12	200
油浸石棉带	钢	0.30 ~ 0.35	0.30 ~ 0.32	0.09 ~ 0.12	175
石棉橡胶辊压带	钢	0.42 ~ 0.48	0.35 ~ 0.4	0.12 ~ 0.16	220
石棉铜丝制动带	钢	0.35			

3. 带式制动器验算

(1) 摩擦材料比压验算

由于制动带在包角范围内的拉力不等，所以带与制动轮间在各点的压力也不相等，其分布如图 4.27 所示。由此可见紧边处比压最大，其大小为

$$p = \frac{2F_1}{b_0 D} \leqslant [p] \tag{4.45}$$

式中 F_1—— 制动带紧边拉力；

b_0—— 制动带宽度，见表 4.16；

D—— 带轮直径；

$[p]$—— 许用比压，见表 4.18。

表 4.18 制动带摩擦材料特性

	摩擦系数	容许温度 /℃	调速制动器		非调速制动器	
			$[p]$/MPa	$[pv]/(\mathrm{N \cdot mm^{-1} \cdot s^{-1}})$	$[p]$/MPa	$[pv]/(\mathrm{N \cdot mm^{-1} \cdot s^{-1}})$
石棉橡胶辊压带对钢	0.42 ~ 0.48	220	0.4	1.5	0.8	2.5
石棉铜丝带对钢	0.35		0.3		0.6	

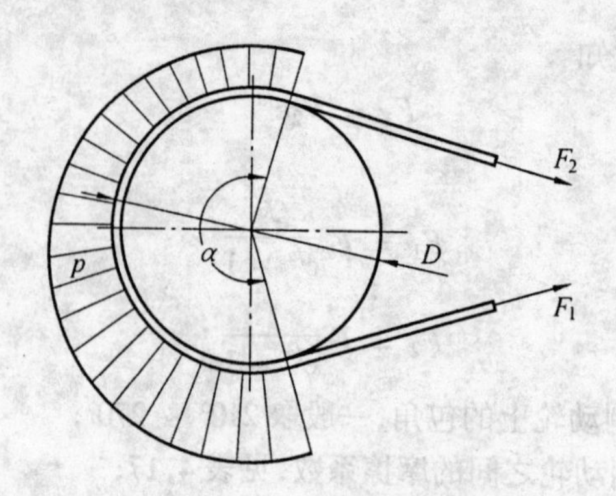

图 4.27 制动带对轮的比压图

(2) 制动带强度验算

由于制动带内侧由铆钉固定摩擦衬垫，因此制动带的抗拉强度的薄弱截面为铆钉处，该处抗拉强度要求

$$\sigma = \frac{F_1}{(b_0 - id)\delta} \leqslant [\sigma] \tag{4.46}$$

式中 σ—— 计算拉应力，MPa；

F_1—— 制动带紧边拉力，N；

b_0—— 制动带宽度，mm，见表 4.16；

i—— 制动带宽度截面上铆(螺) 钉孔数目；

d—— 铆(螺) 钉孔直径，mm；

δ—— 制动带厚度，mm；

$[\sigma]$—— 制动带材料的许用拉应力，MPa。

(3) 制动器发热验算

用于下降的制动(即滑摩式，也称垂直制动) 或在较高环境温度下频繁工作的制动器需要进行发热验算，主要是计算摩擦面在制动过程中的温度是否超过许用值。摩擦面温度过高时，摩擦系数会降低，不能保持稳定的制动力矩，并加速摩擦元件的磨损。计算热平衡的通式为

$$Q \leqslant Q_1 + Q_2 + Q_3 \tag{4.47}$$

式中 Q—— 制动器每小时制动所产生的热量，kJ/h；

Q_1—— 每小时辐射散热量，kJ/h，$Q_1 = (\beta_1 A_1 + \beta_2 A_2)\left[\left(\frac{273 + t_1}{100}\right)^4 - \left(\frac{273 + t_2}{100}\right)^4\right]$；

Q_2—— 每小时自然对流散热量，kJ/h，$Q_2 = a_1 A_3(t_1 - t_2)(1 - C_J)$；

Q_3—— 每小时强迫对流散热量，kJ/h，$Q_3 = a_2 A(t_1 - t_2) C_J$；

β_1—— 制动轮光亮表面的辐射系数，$\beta_1 = 5.4$ kJ/(m^2 · h · C)；

β_2—— 制动轮暗黑表面的辐射系数，$\beta_2 = 18$ kJ/(m^2 · h · C)；

A_1—— 制动轮光亮表面的面积，m^2；

A_2—— 制动轮暗黑表面的面积，m^2；

a_1—— 自然对流系数，$a_1 = 20.9$ kJ/(m^2 · h · C)；

a_2—— 强迫对流系数,kJ/(m²·h·C),$a_2 = 25.7\ v^{0.73}$;

v—— 散热圆环面的圆周速度,m/s;

A_3—— 扣除制动带(块)遮盖后的制动轮外露面积,m²;

A—— 散热圆环面的面积,m²;

C_J—— 接电持续率;

t_1—— 摩擦材料的许用温度,C;

t_2—— 周围环境温度的最高值,一般可取 30 ~ 35C。

4. 带式制动器设计

带式制动器的设计主要包括带宽、带厚、制动轮直径、松闸行程等参数的确定。

(1) 制动带宽度

通常当制动轮直径 $D > 1\,000$ mm 时,带宽 $b_0 \leqslant 150$ mm;当 $D < 1\,000$ mm 时,带宽 $b_0 \leqslant 100$ mm。如计算值较大,可用两根较窄的带以保证带与制动轮间紧密地贴合。

(2) 制动带厚度

由带的抗拉强度计算公式(4.46),可以确定带的厚度(mm)为

$$\delta = \frac{F_1}{(b_0 - id)[\sigma]} \tag{4.48}$$

(3) 制动轮直径

由式(4.40)、(4.41)、(4.43)、(4.45)联立可得

$$D \geqslant 2\sqrt{\frac{\beta T e^{f\alpha}}{b_0[p](e^{f\alpha} - 1)}} \tag{4.49}$$

式中各参数见前面各式。

(4) 制动带松闸行程

如图 4.28 所示,制动带的半径为 R,松闸的径向间隙为 ε,包角为 α,则制动带松闸行程为

$$H = (R + \varepsilon)\alpha - R\alpha = \varepsilon\alpha \tag{4.50}$$

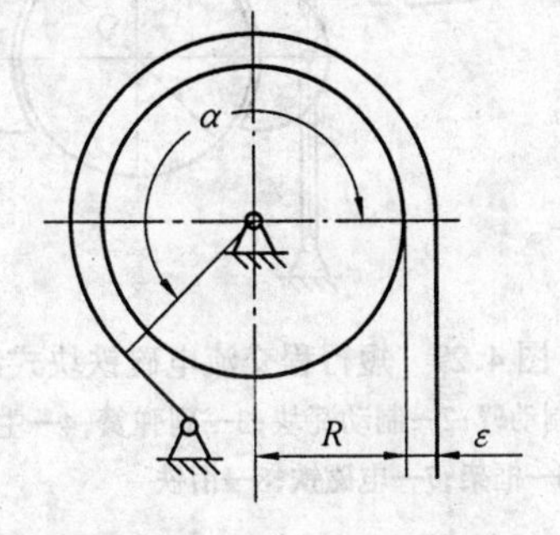

图 4.28 制动带松闸行程

式中 ε—— 径向间隙,见表 4.19。

表 4.19 制动带松闸径向间隙

制动轮直径/mm	100	200	300	400	500	600	700	800
径向间隙 ε/mm	0.8		1.0	1.25			1.5	

4.5.3 块式制动器

1. 块式制动器的工作原理

块式制动器目前已有系列产品,并有多种类型可供选用。如 JWZ 型短行程交流电磁铁块式制动器;JCZ 型长行程交流电磁铁块式制动器;YWZ 型液压推杆块式制动器;YDWZ 型液压电磁块式制动器等。

现以短行程交流电磁铁块式制动器的构造简图来说明其工作原理。如图 4.29 所示,

直径为 D 的圆周表示与机构传动轴相联系的制动轮,制动瓦块 2 与制动臂 1 铰接相连,主弹簧 4 用来产生制动力矩。主弹簧右端顶在框架 6 上,框架 6 与左制动臂固接在一起。推杆 5 与右制动臂连系在一起。上闸制动时,主弹簧的压力左推推杆 5、右推框架 6。从而带动左右制动臂及其瓦块压向制动轮,实现制动。当机构工作时,机构电动机通电,与电动机相连系的电磁铁 7 也通电而产生磁力,磁铁吸引衔铁 8 绕铰点作反时针转动,并压迫推杆向右移动,使主弹簧进一步压缩,这时在副弹簧及电磁铁自重偏心的作用下,左右制动臂张开,制动器松闸。如果一旦发生事故,电机断电,制动器也立即上闸,这是一种常闭式的制动器。这种短行程制动器的松闸装置(电磁铁)直接装在制动臂上,使制动器结构紧凑、制动快。但由于电磁铁尺寸限制,其制动力矩较小(制动轮直径一般不大于 300 mm),并且在工作时冲击及响声较大。

图 4.30 为液压电磁铁块式制动器。这是一种长行程制动器。它采用弹簧上闸,而松闸装置液压电磁推杆则布置在制动器的旁侧,通过杠杆系统与制动臂联系而实现松闸。

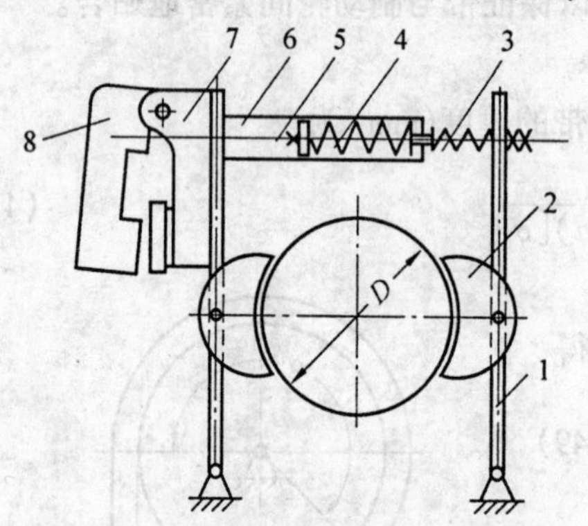

图 4.29 短行程交流电磁铁块式制动器

1—制动臂;2—制动瓦块;3—副弹簧;4—主弹簧;5—推杆;6—框架;7—电磁铁;8—衔铁

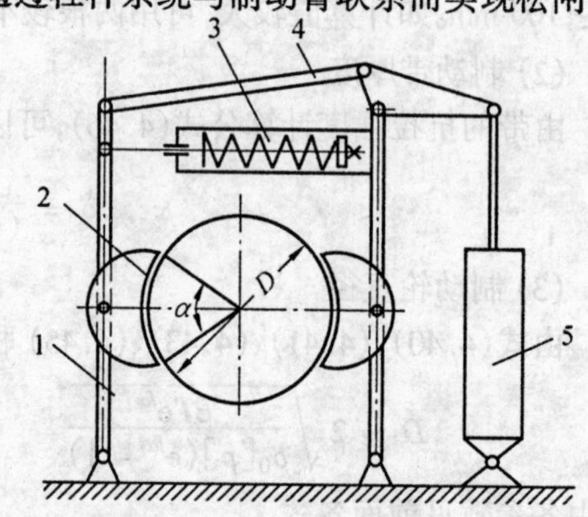

图 4.30 液压电磁铁块式制动器

1—制动臂;2—制动瓦块;3—上闸弹簧;4—杠杆;5—液压电磁推杆松闸器

2. 块式制动器的松闸装置

(1)制动电磁铁

制动电磁铁根据激磁电流的种类分为直流电磁铁与交流电磁铁,使用时分别与直流电机或交流电机配套。

根据行程的大小,制动电磁铁有长程与短程之分。

制动电磁铁的优点是构造简单,工作安全可靠。但在动作时产生猛烈冲击,引起传动机构的机械振动。同时由于起重机机构的启动、制动次数频繁,电磁铁吸上和松开时发出较大的撞击响声。电磁铁的使用寿命较低,经常需要修理和更换。

(2)电动液压推杆

电动液压推杆是通过电动机带动离心泵使工作油推动活塞及推杆而实现松闸的,它是一个独立的部件,如图 4.31 所示。它的驱动电动机电源与机构电动机联锁,当机构的电动机通电时,液压推杆的电动机也通电。电动机带动离心泵打油,将油缸上部的油吸人送至下部的压力油腔,从而推动活塞并带动推杆向上运动,使制动器松闸。断电后,离心泵停止转动,活塞在自重及弹簧力作用下迅速回到原位,使制动器上闸。工作油则从翼片间隙中回到上部油腔。它的电动机的转轴是空心的,端部装有联轴节与活塞杆相联。活塞杆为方形轴,方轴在空心轴内可上下滑动并能通过联轴节传递扭矩。

电动液压推杆的优点是动作平稳、无噪声,允许每小时接合次数较多(可达600次/小时),可与电动机联合进行调速。其缺点是上闸缓慢,用于起升机构时制动行程较长。

(3)液压电磁推杆

液压电磁推杆具有电磁铁及电动液压推杆两者的优点,动作迅速平稳,无噪声,寿命长。并能自动补偿由于制动片磨损而出现的空行程。其构造如图4.32所示。在动铁芯3与静铁芯9之间形成工作间隙,工作油可经通道由单向齿形阀片16、17进人工作间隙。当线圈通电后,动铁芯3被静铁芯9吸起向上运动,工作腔内压力增高,齿形阀片关闭通道,工作油则推动活塞12及推杆5向上运动,制动器松闸。当线圈断电后,电磁力消失,制动器主弹簧迫使推杆及动铁芯一齐下降,制动器上闸。随着工作中制动片的不断磨损,活塞推杆上闸时最终静止位置也将下移一段微小的距离,这段距离称为补偿行程。这时由于活塞下移而排出的油,是在每次上闸时当动铁芯被释放落下后通过底部单向阀流出的。

这种制动装置采用直流电源。当用于交流电源时必须配备整流设备。目前生产厂已有配套的硅整流器供使用。

(4)电动离心推杆

电动离心推杆的工作与电动液压推杆相似。它是由电动机驱动一套相互铰结的杠杆系统,杠杆系统的旋转离心力迫使推杆向上运动,使制动器实现松闸,如图4.33所示。电动离心推杆结构简单,制造方便,但由于杠杆系统具有较大的惯性,使松闸及上闸动作迟缓,不宜用于起升机构。目前这种松闸器

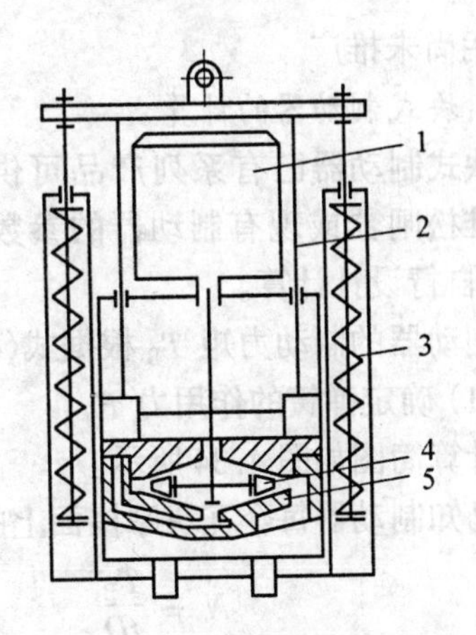

图4.31 电动液压推杆

1—电动机;2—推杆;3—弹簧;4—离心泵;5—活塞

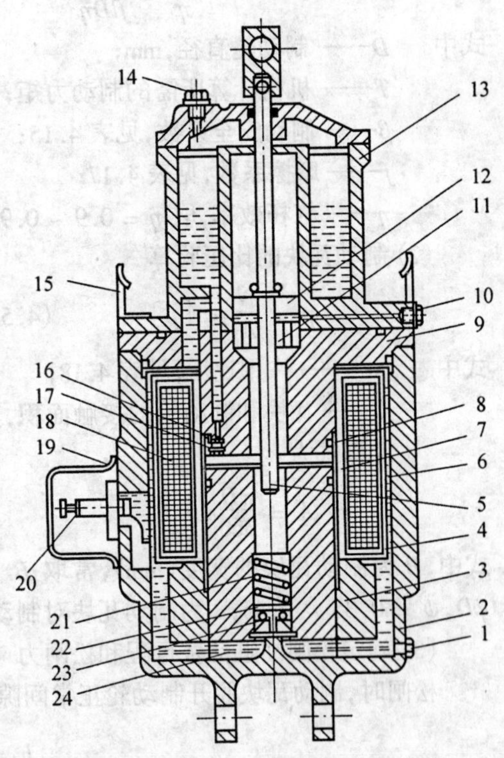

图4.32 液压电磁推杆

1—放油螺塞;2—底座;3—动铁芯;4—绝缘圈;5—推杆;6—密封环;7—垫;8—引导套;9—静铁芯;10—放气螺塞;11—轴承;12—活塞;13—油缸;14—注油螺塞;15—吊耳;16—齿形阀片;17—齿形阀片;18—线圈;19—接线盖;20—接线柱;21—弹簧;22—弹簧座;23—下阀片;24—下阀体

的应用尚未推广。

3.块式制动器的计算

块式制动器已有系列产品可供选用。当采用非标准松闸器或现有制动器的参数不能满足需要时,需自行设计计算。

制动器的制动力矩 T_B 根据式(4.40)确定。

(1) 确定弹簧的作用力 P

计算简图如图 4.34 所示。

已知制动器每个瓦块摩擦面上的正压力为

$$N = \frac{T_B}{fD} \tag{4.51}$$

则弹簧作用力为

$$P = \frac{l_1}{l} \cdot \frac{N}{\eta} = \frac{\beta l_1 T}{fD\eta} \tag{4.52}$$

式中 D—— 制动轮直径,mm;

T—— 机构计算所需的制动力矩;

β—— 制动安全系数,见表 4.15;

f—— 摩擦系数,见表 4.17;

η—— 杠杆效率,取 $\eta = 0.9 \sim 0.95$。

(2) 制动瓦块的比压验算

$$p = \frac{N}{A} \leqslant [p] \tag{4.53}$$

式中 $[p]$—— 许用比压,见表 4.18;

A—— 瓦块和制动轮的接触面积,其计算式为

$$A = \frac{\pi D}{360}\alpha \cdot B$$

式中,B 为制动瓦块的宽度(mm),常取 $B = \psi D$,$\psi = 0.35 \sim 0.45$;α 为制动瓦块对制动轮的包角,一般取 $\alpha = 70°$。

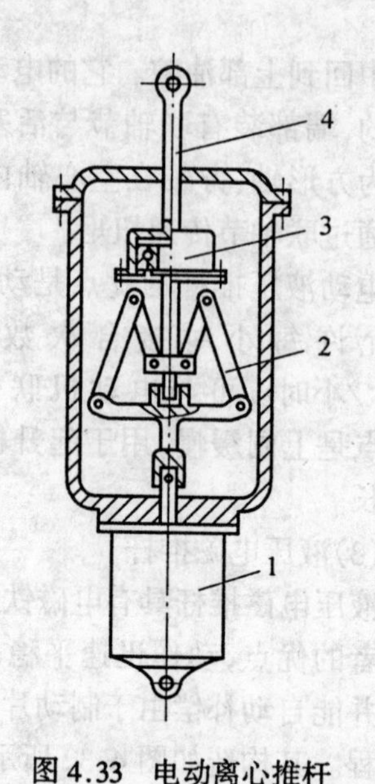

图 4.33 电动离心推杆

1—电动机;2—连杆;3—旋转推杆;4—不旋转推杆

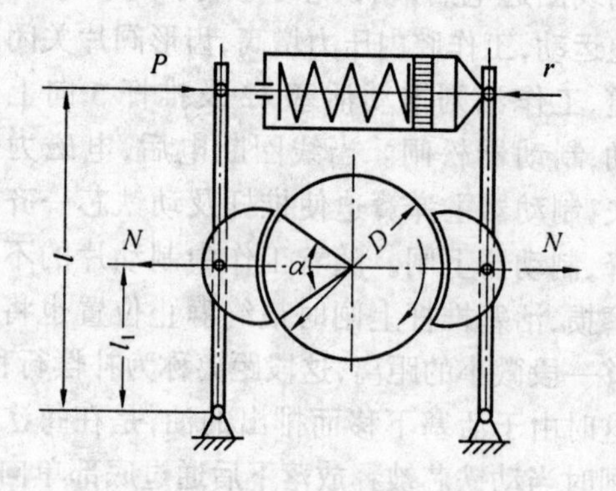

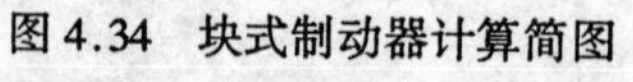

图 4.34 块式制动器计算简图

(3) 确定松闸油缸活塞行程和松闸力

松闸时,制动瓦块脱开制动轮正常间隙 ε 时的行程为

$$h_1 = \frac{2l\varepsilon}{l_1 K}$$

考虑制动片磨损后的补偿行程,则总行程为

$$h_1 = \frac{2l\varepsilon}{(0.5 \sim 0.6)l_1 K} \tag{4.54}$$

式中 ε—— 瓦块和制动轮间的松开间隙,见表 4.20;

K—— 行程利用系数,考虑铰链磨损后的余隙,制动臂的变形等,通常取 0.85 ~ 0.9。

表 4.20 瓦块与制动轮间的松开间隙

制动轮直径 D/mm	100	200	300	400	500	600	700	800
间隙 ε/mm	0.6	0.8	1	1.25	1.25	1.5	1.5	1.75

松闸时,活塞杆的推力为

$$P_0 = P + Ch = \frac{l_1 \beta T}{lfD\eta} + Ch \tag{4.55}$$

式中 P—— 上闸弹簧作用力;

C—— 弹簧刚度。

4. 块式制动器产品选用

现以 YWZ2 型制动器为例说明。YWZ2 型是一种电动液压块式制动器,它为新型常闭式外抱双瓦块制动器。由 MYT3 型、MYT18 型电动液压推动器和 ZDJ1 型制动架组成。适用于交流 50 Hz、额定电压 380 V 的电网中,主要用于各种起重运输机械及其他机械的制动装置。其型号含义见表 4.21,基本参数见表 4.22。图 4.35 为其结构形式,图 4.36 为结构尺寸图,表 4.23 为具体型号相对应的主要尺寸。

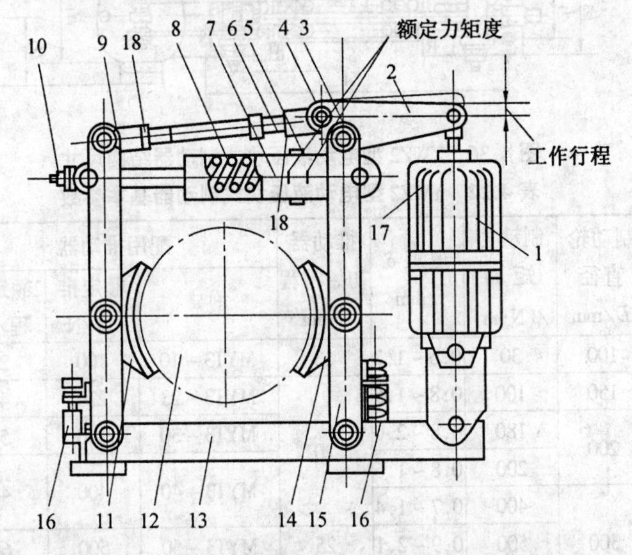

图 4.35 YWZ2 型电动液压块式制动器结构简图

1—推动器;2—杠杆;3、4—销轴;5—弹簧座;6、10—拉杆;7—U 形弹簧架;8—主弹簧;9—左制动臂;11、14—摩擦衬垫;12—制动轮;13—底座;15—右制动臂;16—打开间隙调整机构;17—推杆;18—锁紧螺母

表 4.21 YWZ2 型制动器型号含义

YWZ	2	-	n	/	n	-	n
电动液压块式制动器	设计序号		制动轮直径/mm		配用推动器的额定推力代号		配用推动器的派生规格代号

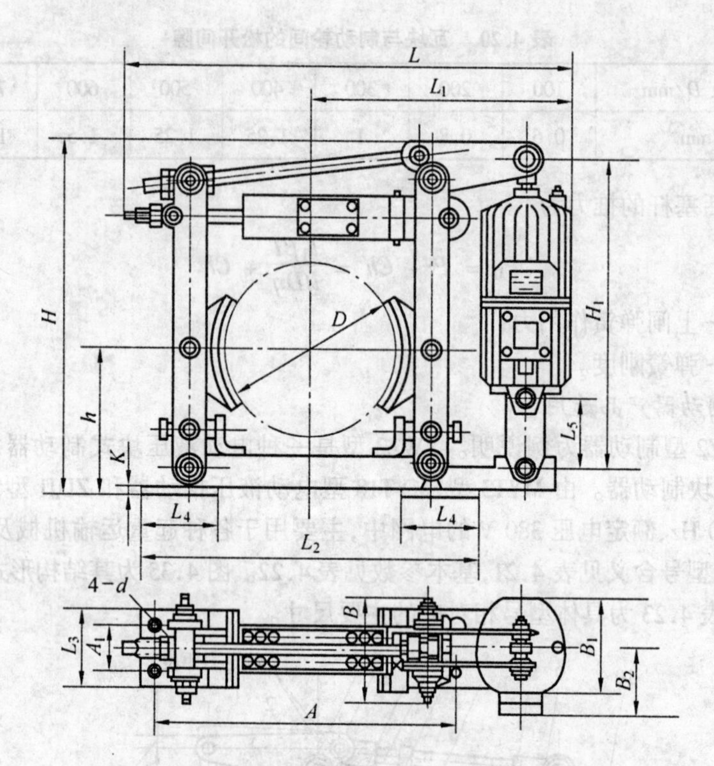

图 4.36　YWZ2 型电动液压块式制动器结构尺寸

表 4.22　YWZ2 型电动液压块式制动器基本参数

制动器型号	制动轮直径 D/mm	制动力矩 T_f /(N·m)	退矩 δ /mm	推动器初始行程 /mm	配用推动器			配用制动架型号
					型号	额定推力/N	额定行程/mm	
YWZ2－100/10	100	30	0.6～1.2	13	MYT3－10	100	25	ZDJ1－100/10
YWZ2－150/23	150	100	0.8～1.5	20	MYT3－23	220	40	ZDJ1－150/23
YWZ2－200/30	200	180	0.8～2.0		MYT3－30	300	50	ZDJ1－200/30
YWZ2－200/40		200	0.8～1.6		MYT3－40	400	40	ZDJ1－200/40
YWZ2－300/40	300	400	0.7～1.4					ZDJ1－300/40
YWZ2－300/50		500	0.9～2.1	25	MYT3－50	500	60	ZDJ1－300/50
YWZ2－300/70		630	0.7～1.8	20	MYT3－70	700	50	ZDJ1－300/70
YWZ2－400/70	400	1000	0.8～1.6	25				ZDJ1－400/70
YWZ2－400/80		1250	1.0～2.0	30	MYT3－80	800		ZDJ1－400/80
YWZ2－400/125		1600	1.0～2.8				60	ZDJ1－400/125
YWZ2－500/125	500	2500	1.0～1.8	34	MYT18－125	1250		ZDJ1－500/125
YWZ2－600/200	600	5000			MYT18－200	2000		ZDJ1－600/200
YWZ2－700/300	700	7100	1.4～2.2	33	MYT18－300	3000		ZDJ1－700/300
YWZ2－800/300	800	8000						ZDJ1－800/300

注：1. 退距值中前者是初始值，对应于推动器的初始行程；后者是最终值，对应于推动器的额定行程。

2. 若制动轮直径或制动力矩不符合标准可特殊定货。

3. MYT3－30、40、50、70、80、MYT18－125、200、300 各种工作制通用，MYT3－10、23 适用于断续周期工作制。

表 4.23 YWZ2 型电动液压块式制动器主要尺寸

<table>
<tr><th rowspan="2">制动器型号</th><th colspan="2">组成产品型号</th><th colspan="17">主要尺寸/mm</th><th rowspan="2">质量/kg</th></tr>
<tr><th>推动器</th><th>制动架</th><th>A</th><th>A_1</th><th>B</th><th>B_1</th><th>B_2</th><th>D</th><th>d</th><th>H</th><th>H_1</th><th>h</th><th>K</th><th>L</th><th>L_1</th><th>L_2</th><th>L_3</th><th>L_4</th><th>L_5</th></tr>
<tr><td>YWZ2 - 100/10</td><td>MYT3 - 10</td><td>ZDJ1 - 100/10</td><td>220</td><td>40</td><td>75</td><td>130</td><td>89</td><td>100</td><td>13</td><td>370</td><td rowspan="2">311</td><td>100</td><td rowspan="2">6</td><td>366</td><td>243</td><td>250</td><td>75</td><td>75</td><td rowspan="2">0</td><td>19</td></tr>
<tr><td>YWZ2 - 150/23</td><td>MYT3 - 23</td><td>ZDJ1 - 150/23</td><td>300</td><td>60</td><td>121</td><td>144</td><td>130</td><td>150</td><td>16</td><td>381</td><td>140</td><td>472</td><td>307</td><td>300</td><td>90</td><td>100</td><td>25</td></tr>
<tr><td>YWZ2 - 200/30</td><td>MYT3 - 30</td><td>ZDJ1 - 200/30</td><td rowspan="2">350</td><td rowspan="2">60</td><td rowspan="2">130</td><td rowspan="3">170</td><td rowspan="8">147</td><td rowspan="2">100</td><td rowspan="2">17</td><td>472</td><td>402</td><td rowspan="2">170</td><td rowspan="2">8</td><td rowspan="2">630</td><td rowspan="2">410</td><td rowspan="2">390</td><td rowspan="2">100</td><td rowspan="2">115</td><td rowspan="2">0</td><td rowspan="2">37.5</td></tr>
<tr><td>YWZ2 - 200/40</td><td rowspan="2">MYT3 - 40</td><td>ZDJ1 - 200/40</td><td>470</td><td>395</td></tr>
<tr><td>YWZ2 - 300/40</td><td>ZDJ1 - 300/40</td><td rowspan="3">500</td><td rowspan="3">80</td><td rowspan="3">176</td><td rowspan="3">300</td><td rowspan="6">22</td><td>602</td><td>517</td><td rowspan="3">240</td><td rowspan="3">10</td><td>805</td><td>505</td><td rowspan="3">550</td><td rowspan="3">130</td><td rowspan="3">150</td><td>132</td><td>66</td></tr>
<tr><td>YWZ2 - 300/50</td><td>MYT3 - 50</td><td>ZDJ1 - 300/50</td><td rowspan="2">190</td><td>605</td><td>520</td><td rowspan="2">815</td><td rowspan="2">515</td><td rowspan="2">65</td><td rowspan="2">72</td></tr>
<tr><td>YWZ2 - 300/70</td><td rowspan="2">MYT3 - 70</td><td>ZDJ1 - 300/70</td><td>620</td><td>525</td></tr>
<tr><td>YWZ2 - 400/70</td><td>ZDJ1 - 400/70</td><td rowspan="3">650</td><td rowspan="3">130</td><td rowspan="3">214</td><td rowspan="2">190</td><td rowspan="3">400</td><td rowspan="3">762</td><td>657</td><td rowspan="3">320</td><td rowspan="3">12</td><td rowspan="2">990</td><td rowspan="2">605</td><td rowspan="3">706</td><td rowspan="3">180</td><td rowspan="3">160</td><td>202</td><td rowspan="2">132</td></tr>
<tr><td>YWZ2 - 400/80</td><td>MYT3 - 80</td><td>ZDJ1 - 400/80</td><td>640</td><td>160</td></tr>
<tr><td>YWZ2 - 400/125</td><td rowspan="2">MYT18 - 125</td><td>ZDJ1 - 400/125</td><td rowspan="5">252</td><td>675</td><td>1015</td><td>630</td><td>0</td><td>151</td></tr>
<tr><td>YWZ2 - 500/125</td><td>ZDJ1 - 500/125</td><td>760</td><td>150</td><td>252</td><td rowspan="4">140</td><td>500</td><td>26</td><td>939</td><td>804</td><td>400</td><td>16</td><td>1163</td><td>720</td><td>810</td><td>200</td><td>160</td><td>114</td><td>201</td></tr>
<tr><td>YWZ2 - 600/200</td><td>MYT18 - 200</td><td>ZDJ1 - 600/200</td><td>950</td><td>170</td><td>306</td><td>600</td><td>33</td><td>1090</td><td>935</td><td>475</td><td>18</td><td>1394</td><td>820</td><td>1000</td><td>220</td><td>240</td><td>245</td><td>336</td></tr>
<tr><td>YWZ2 - 700/300</td><td rowspan="2">MYT18 - 300</td><td>ZDJ1 - 700/300</td><td>1080</td><td>200</td><td>402</td><td>700</td><td rowspan="2">27</td><td>1260</td><td>1035</td><td>550</td><td rowspan="2">33</td><td>1575</td><td>948</td><td>1150</td><td>270</td><td>260</td><td>360</td><td>485</td></tr>
<tr><td>YWZ2 - 800/300</td><td>ZDJ1 - 800/300</td><td>1040</td><td>240</td><td>430</td><td>800</td><td>1313</td><td>1005</td><td>600</td><td>1630</td><td>1050</td><td>1100</td><td>280</td><td>340</td><td>242</td><td>645</td></tr>
</table>

注:生产单位为天水长城控制电器厂,上海奉城制动器厂。

4.6 回转支承装置

工程起重机将起重物送到指定工作范围内的任意空间位置,除了依靠起升机构实现重物的垂直位移外,回转运动是实现水平位移的方法之一,同时增加了灵活性,故在大多数工程起重机中被采用,而且一般还都设计成全回转式的,即可在左右方向任意进行回转。在实现回转运动时,起重机的回转部分与非回转部分之间的传力装置称为回转支承装置。该回转支承装置相当于滚动轴承,它通过主要元件间的滚动接触来支撑转动起重机,具有摩擦阻力小、效率高、容易启动、润滑简便、易于互换等优点。

由于回转支撑装置已经标准化,并由相应单位制造,因此使用者的任务主要是熟悉标准、载荷计算、正确选择回转支撑装置的类型和尺寸等。

4.6.1 基本概念

1.回转支撑的结构

回转支撑产品的外部形式如图 4.37 所示,其内部基本结构见图 4.38,它是由外圈、内圈、滚动体和密封圈四部分组成。内圈通过高强度螺栓穿过内圈螺栓孔与起重机的回转部分连接，外圈同样通过高强度螺栓穿过外圈螺栓孔与起重机的非回转部分连接，然后通过回转部分上的小齿轮与外圈上的齿圈啮合驱动回转部分转动。

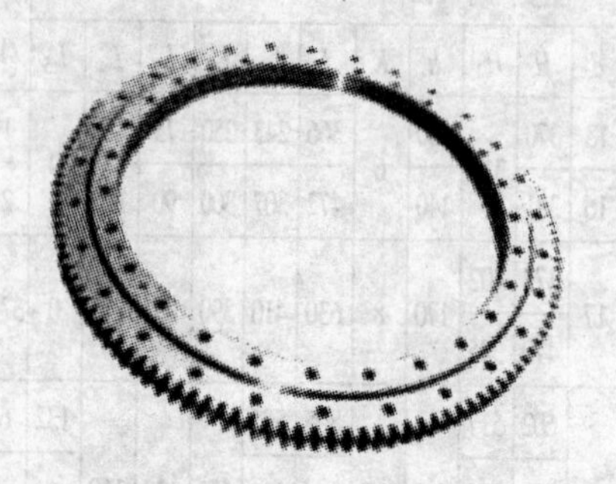

图4.37 回转支撑

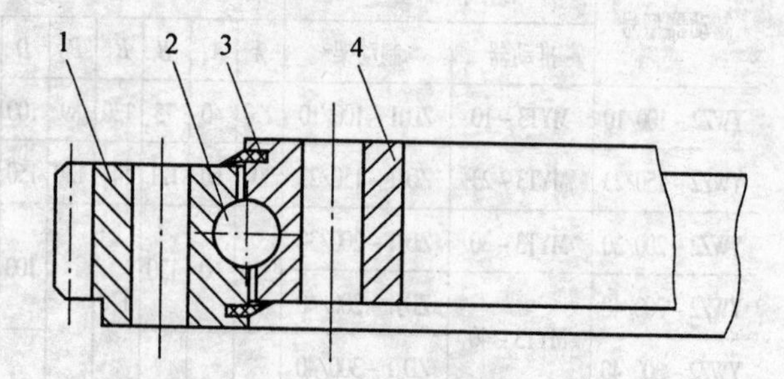

图4.38 回转支撑的基本结构

1—外圈；2—滚动体；3—密封圈；4—内圈

2. 回转支撑的基本功能

图4.39为回转支撑的受力简图，F_a可以承受起重机回转部分及起重物品的轴向载荷；M为起重物品及回转时离心惯性力引起的弯矩；F_r为离心惯性力引起径向载荷。同时，内、外圈的相对转动满足起重机在360°范围内起重物品的要求。

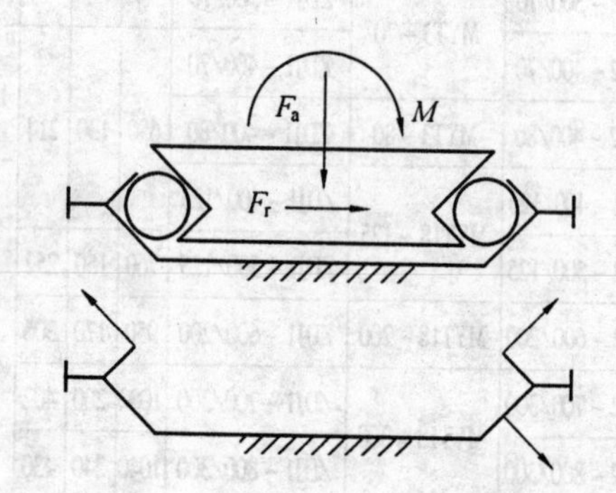

图4.39 回转支撑的受力情况

4.6.2 失效形式

回转支撑装置中，滚动体及滚道表面在重压下所产生的塑性变形(永久变形)超过一定限度时，整个装置工作性能变坏。这种情况属于静态(强度)失效。

回转支撑工作时，可以是外圈固定、内圈转动，也可以是内圈固定、外圈转动。如图4.39所示，对于固定套圈，处在承载区内的各接触点，按其所在位置的不同，将受到不同的载荷。对于每一个具体的点，每当一个滚动体滚过时，便承受一次载荷，其大小是随吊重物品的重量的大小而变化的，因此固定套圈承受非稳定的脉动循环载荷的作用。载荷变动的频率快慢取决于滚动体中心的圆周速度。长期处于脉动循环挤压下的滚动体表面或滚道表面会发生材料脱落现象，导致回转支撑装置不能正常工作。这种情况属于动态(疲劳)失效。

此外，回转支撑装置上使用的高强度连接螺栓，在超载使用时也会发生塑性变形，或在没有达到预期的使用年限时过早发生疲劳断裂。

4.6.3 回转支承标准产品

1. 型号标记

表4.24为回转支承的机械工业部部颁标准(JB/T 2300—1999)型号编制。由六部分组成，以下分别介绍各部分的含义。

表4.24　回转支撑型号编制

××	×	·	××	·	××××	·	×	×
(1)	(2)		(3)		(4)		(5)	(6)

(1)回转支承结构型式代号

表4.25给出了回转支撑的结构代号及其内部结构形式。

表4.25　回转支撑结构型式

01	11	02	13
单排球式	单排交叉滚柱式	双排异径球式	三排滚柱式

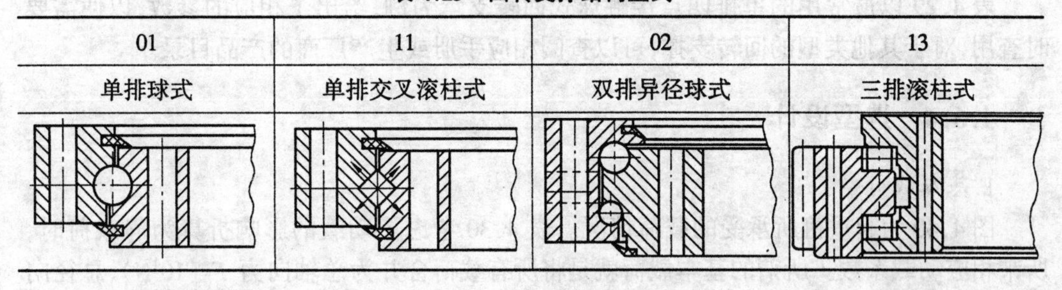

(2)传动型式代号

表4.26给出了回转支撑的传动型式代号及其内部结构形式。

表4.26　回转支撑传动型式

无齿圈	有齿			
	外齿圈		内齿圈	
	小模数	大模数	小模数	大模数
0	1	2	3	4

(3)滚动体直径,mm

(4)滚道中心直径,mm

(5)安装配合型式代号

表4.27给出了回转支撑的安装配合型式代号。

表4.27　回转支撑安装配合型式

标准型		特殊型
无止口	有止口	
0	1	2

(6)安装孔型式代号

表4.28给出了回转支撑的安装孔型式代号。

表 4.28 回转支撑安装孔型式

外圈	内圈	外圈	内圈	外圈	内圈	外圈	内圈
通孔	通孔	螺孔	螺孔	通孔	螺孔	螺孔	通孔
0		1		2		3	

2.产品参数

表 4.29 以最常用的单排四点接触球式回转支承为例,给出了相应的参数,以便需要时查用,对于其他类型的回转支撑,可以查阅相应手册或生产厂商的产品目录。

4.6.4 选型设计

1.基本载荷

图 4.40 为起重机所承受的载荷情况。表 4.30 考虑了动载的影响折算为静载荷时,所乘相应动载系数。所谓的基本载荷就是将所有载荷合并为总轴向力 F_a(10^4N)、总径向力 F_r(10^4N)和总倾翻力矩 M(10^4N·m)。然后按静态工况下所承受的作用力选型并校核安装螺栓强度,按动态工况下所承受的作用力校核寿命。

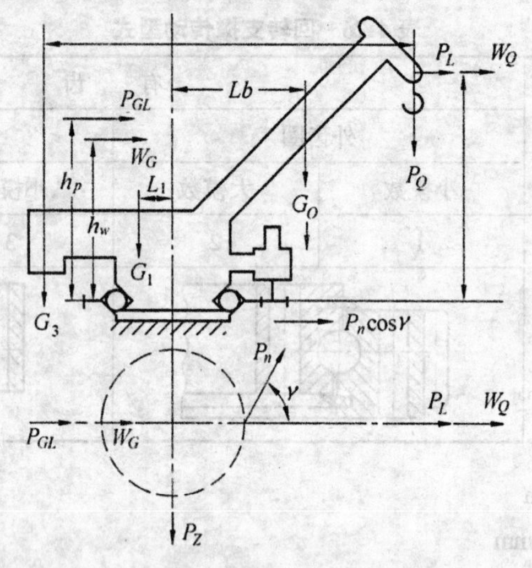

图 4.40 起重机载荷图

例如对于图 4.40 所示起重机其基本载荷为

$$F_a = kP_Q + G_b + G_1 + G_3 \tag{4.56}$$

$$M = kP_QR + G_bL_b + W_Gh_W + P_Q\mathrm{tg}\alpha_{\mathrm{II}}h - G_1L_1 - G_3L_3 \tag{4.57}$$

$$F_r = P_L + W_Q + W_G + \varphi_5\varphi_8P_n\cos\gamma \tag{4.58}$$

2.当量载荷

当量载荷就是将总的轴向载荷和总的径向载荷转化为轴向载荷以及考虑一定的安全裕度时的计算轴向力和计算弯矩,见表 4.31。

010　　011、012　　013、014

表 4.29　单排四点接触球式回转支承(01系列)

承载曲线图编号	基本型号 无齿式 D_L /mm	外齿式 D_L /mm	内齿式 D_L /mm	外形尺寸 D /mm	d /mm	H /mm	安装尺寸 D_1 /mm	D_2 /mm	n	ϕ /mm	结构尺寸 n_1	D_3 /mm	d_1 /mm	H_1 /mm	h /mm	齿轮参数 b /mm	x	m /mm	外齿参数 D_0 /mm	x	内齿参数 D_0 /mm	z	齿轮圆周力 正火 Z /10^4N	调质 T /10^4N	参考重量 /kg
1	010.30.50	011.30.500	013.30.50	602	398	80	566	434	20	18	4	501	498	70	10	60	+0.5	5	629	123	367	74	3.7	5.2	85
		012.30.500	014.30.500															6	628.8	102	368.4	62	4.5	6.2	
1′	010.25.500	011.25.500	013.25.500	602	398	80	566	434	20	18	4	501	499	70	10	60	+0.5	5	629	123	367	74	3.7	5.2	8.5
		012.25.500	014.25.500															6	628.8	102	368.4	62	4.5	6.2	
2	010.30.560	011.30.560	013.30.560	662	458	80	626	494	20	18	4	561	558	70	10	60	+0.5	5	689	135	427	86	3.7	5.2	95
		012.30.560	014.30.560															6	688.8	112	428.4	72	4.5	6.2	
2′	010.25.560	011.25.560	013.25.560	662	458	80	626	494	20	18	4	561	559	70	10	60	+0.5	5	689	135	427	86	3.7	5.2	95
		012.25.560	014.25.560															6	688.8	112	428.4	72	4.5	6.2	
3	010.30.630	011.30.630	013.30.630	732	528	80	696	564	24	18	4	631	628	70	10	60	+0.5	6	772.8	126	494.4	83	4.5	6.2	110
		012.30.630	014.30.630															8	774.4	94	491.2	62	6.0	8.3	
3′	010.25.630	011.25.630	013.25.630	732	528	80	696	564	24	18	4	631	629	70	10	60	+0.5	6	772.8	126	494.4	83	4.5	6.2	110
		012.25.630	014.25.630															8	774.4	94	491.2	62	6.0	8.2	
4	010.30.710	011.30.710	013.30.710	812	608	80	776	644	24	18	4	711	708	70	10	60	+0.5	6	850.8	139	572.4	96	4.5	6.2	120
		012.30.710	014.30.710															8	854.4	104	571.2	72	6.0	8.3	

续表 4.29

承载曲线图编号	基本型号			外形尺寸			安装尺寸				结构尺寸					齿轮参数		外齿参数			内齿参数		齿轮圆周力		参考重量
	无齿式 D_L /mm	外齿式 D_L /mm	内齿式 D_L /mm	D /mm	d /mm	H /mm	D_1 /mm	D_2 /mm	n	ϕ /mm	n_1	D_3 /mm	d_1 /mm	H_1 /mm	h /mm	b /mm	x	m /mm	D_0 /mm	x	D_0 /mm	z	正火 Z /10^4N	调质 T /10^4N	/kg
4′	010.25.710	011.25.710	013.25.710	812	608	80	776	644	24	18	4	711	709	70	10	60	+0.5	6	850.8	139	572.4	96	4.5	6.2	120
		012.25.710	014.25.710															8	854.4	104	571.2	72	6.0	8.9	
5	010.40.800	011.40.800	013.40.800	922	678	100	878	722	30	22	6	801	798	90	10	80	+0.5	8	966.4	118	635.2	80	8.0	11.1	220
		012.40.800	014.40.800															10	968	94	634	64	10.0	14.0	
5′	010.30.800	011.30.800	013.30.800	922	678	100	878	722	30	22	6	801	798	90	10	80	+0.5	8	966.4	118	635.2	80	8.0	11.1	220
		012.30.800	014.30.800															10	968	94	634	64	10.0	14.1	
6	010.40.900	011.40.900	013.40.900	1022	778	100	978	822	30	22	6	901	898	90	10	80	+0.5	8	1062.4	130	739.2	93	8.0	11.1	240
		012.40.900	014.40.900															10	1068	104	734	74	10.0	14.0	
6′	010.30.900	011.30.900	013.30.900	1022	778	100	978	822	30	22	6	901	898	90	10	80	+0.5	8	1062.4	130	739.2	93	8.0	11.1	240
		012.30.900	014.30.900															10	1068	104	734	74	10.0	14.0	
7	010.40.1000	011.40.1000	013.40.1000	1122	878	100	1078	922	36	22	6	1001	998	90	10	80	+0.5	10	1188	116	824	83	10.0	14.0	270
		012.40.1000	014.40.1000															12	1185.6	96	820.8	69	12.0	16.7	
7′	010.30.1000	011.30.1000	013.30.1000	1122	878	100	1078	922	36	22	6	1001	998	90	10	80	+0.5	10	1188	116	824	83	10.0	14.0	270
		012.30.1000	014.30.1000															12	1185.6	96	820.8	69	12.0	16.7	
8	010.40.1120	011.40.1120	013.40.1120	1242	998	100	1198	1042	36	22	6	1121	1118	90	10	80	+0.5	10	1298	127	944	95	10.0	14.0	300
		012.40.1120	014.40.1120															12	1305.6	106	940.8	79	12.0	16.7	
8′	010.30.1120	011.30.1120	013.30.1120	1242	998	100	1198	1042	36	22	6	1121	1118	90	10	80	+0.5	10	1298	127	944	95	10.0	14.0	300
		012.30.1120	014.30.1120															12	1305.6	106	940.8	79	12.0	16.7	
9	010.45.1250	011.45.1250	013.45.1250	1390	1110	110	1337	1163	40	26	5	1252	1248	100	10	90	+0.5	12	1449.6	118	1048.8	88	13.5	18.8	420
		012.45.1250	014.45.1250															14	1453.2	101	1041.6	75	15.8	21.9	
9′	010.35.1250	011.35.1250	013.35.1250	1390	1110	110	1337	1163	40	26	5	1251	1248	100	10	90	+0.5	12	1449.6	118	1048.8	88	13.5	18.8	420
		012.35.1250	014.35.1250															14	1453.2	101	1041.6	75	15.8	21.9	
10	010.45.1400	011.45.1400	013.45.1400	1540	1260	110	1487	1313	40	26	5	1402	1398	100	10	90	+0.5	12	1605.6	131	1192.8	100	13.5	18.8	480
		012.45.1400	014.45.1400															14	1607.2	112	1195.6	86	15.5	21.9	

续表 4.29

承载曲线图编号	基本型号			外形尺寸			安装尺寸				结构尺寸					齿轮参数		外齿参数			内齿参数		齿轮圆周力		参考重量 /kg
	无齿式 D_L /mm	外齿式 D_L /mm	内齿式 D_L /mm	D /mm	d /mm	H /mm	D_1 /mm	D_2 /mm	n	ϕ /mm	n_1	D_3 /mm	d_1 /mm	H_1 /mm	h /mm	b /mm	x	m /mm	D_0 /mm	x	D_0 /mm	z	正火 Z /10^4N	调质 T /10^4N	
10′	010.35.1400	011.35.1400	013.35.1400	1540	1260	110	1487	1313	40	26	5	1401	1398	100	10	90	+0.5	12	1605.6	131	1192.8	100	13.5	18.8	480
		012.35.1400	014.35.1400															14	1607.2	112	1195.6	86	15.8	21.9	
11	010.45.1600	011.45.1600	013.45.1600	1740	1460	110	1687	1513	45	26	5	1602	1598	100	10	90	+0.5	14	1817.2	127	1391.6	100	15.8	21.9	550
		012.45.1600	014.45.1600															16	1820.8	111	1382.4	87	18.1	25.0	
11′	010.35.1600	011.35.1600	013.35.1600	1740	1460	110	1687	1513	45	26	5	1601	1598	100	10	90	+0.5	14	1817.2	127	1391.6	100	15.8	21.9	550
		012.35.1600	014.35.1600															16	1820.8	111	1382.4	87	18.1	25.0	
12	010.45.1800	011.45.1800	013.45.1800	1940	1660	110	1887	1713	45	26	5	1802	1798	100	10	90	+0.5	14	2013.2	141	1573.6	113	15.8	21.9	610
		012.45.1800	014.45.1800															16	2012.8	123	1574.4	99	18.1	25.0	
12′	010.35.1800	011.35.1800	013.35.1800	1940	1660	110	1887	1713	45	26	5	1801	1798	100	10	90	+0.5	14	2013.2	141	1573.6	113	15.8	21.9	610
		012.35.1800	014.35.1800															16	2012.8	123	1574.4	99	18.1	25.0	
13	010.60.2000	011.60.2000	013.60.2000	2178	1825	144	2110	1891	48	33	8	2002	1998	132	12	120	+0.5	16	2268.8	139	1734.4	109	24.1	33.3	1100
		012.60.2000	014.60.2000															18	2264.4	123	1735.2	97	27.1	37.5	
13′	010.40.2000	011.40.2000	013.40.2000	2178	1825	144	2110	1891	48	33	8	2001	1998	132	12	120	+0.5	16	2268.8	139	1734.4	109	24.1	33.3	1100
		012.40.2000	014.40.2000															18	2264.4	123	1735.2	97	27.1	37.5	
14	010.60.2240	011.60.2240	013.60.2240	2418	2065	144	2350	2131	48	33	8	2242	2238	132	12	120	+0.5	16	2492.8	153	1990.4	125	24.1	33.3	1250
		012.60.2240	014.60.2240															18	2498.4	136	1987.2	111	27.1	37.5	
14′	010.40.2240	011.40.2240	013.40.2240	2418	2065	144	2350	2131	48	33	8	2241	2238	132	12	120	+0.5	16	2492.8	153	1990.4	125	24.1	33.3	1250
		012.40.2240	014.40.2240															18	2498.4	136	1987.2	111	27.1	37.5	
15	010.60.2500	011.60.2500	013.60.2500	2678	2325	144	2610	2391	56	33	8	2502	2498	132	12	120	+0.5	19	2768.4	151	2239.2	125	27.1	37.5	1400
		012.60.2500	014.60.2500															20	2276	136	2228	112	30.1	41.8	
15′	010.40.2500	011.40.2500	013.40.2500	2678	2325	144	2610	2391	56	33	8	2501	2498	132	12	120	+0.5	18	2768.4	151	2239.2	125	27.1	37.5	1400
		012.40.2500	014.40.2500															20	2776	136	2228	112	30.1	41.8	
16	010.60.2800	011.60.2800	013.60.2800	2978	2625	144	2910	2691	56	33	8	2802	2798	132	12	120	+0.5	18	3074.4	168	2527.2	141	27.1	37.5	1600
		012.60.2800	014.60.2800															20	3076	151	2528	127	30.1	41.8	

续表 4.29

承载曲线图编号	基本型号			外形尺寸			安装尺寸				结构尺寸					齿轮参数			外齿参数		内齿参数		齿轮圆周力		参考重量
	无齿式 D_L /mm	外齿式 D_L /mm	内齿式 D_L /mm	D /mm	d /mm	H /mm	D_1 /mm	D_2 /mm	n	ϕ /mm	n_1	D_3 /mm	d_1 /mm	H_1 /mm	h /mm	b /mm	x	m /mm	D_0 /mm	x	D_0 /mm	z	正火 Z /10^4N	调质 T /10^4N	/kg
16′	010.40.2800	011.40.2800	013.40.2800	2978	2625	144	2910	2691	56	33	8	2802	2798	132	12	120	+0.5	18	3074.4	168	2527.2	141	27.1	37.5	1600
		012.40.2800	014.40.2800															20	3076	151	2528	127	30.1	41.8	
17	010.75.3150	011.75.3150	013.75.3150	3376	2922	174	3286	3014	56	45	8	3152	3147	162	12	150	+0.5	20	3476	171	2828	142	37.7	52.2	2800
		012.75.3150	014.75.3150															22	3471.6	155	2824.8	129	41.5	57.4	
17′	010.50.3150	011.50.3150	013.50.3150	3376	2922	174	3286	3014	56	45	8	3152	3147	162	12	150	+0.5	20	3476	171	2828	142	37.7	52.2	2800
		012.50.3150	014.50.3150															22	3471.6	155	2824.8	129	41.5	57.4	
18	010.75.3550	011.75.3550	013.75.3550	3776	3322	174	3686	3414	56	45	8	3552	3547	162	12	150	+0.5	20	3876	191	3228	162	37.7	52.2	3200
		012.75.3550	014.75.3550															22	3889.6	174	3220.8	147	41.5	57.4	
18′	010.50.3550	011.50.3550	013.50.3550	3776	3322	174	3686	3414	56	45	8	3552	3547	162	12	150	+0.5	20	3876	191	3228	162	37.7	52.2	3200
		012.50.3550	014.50.3550															22	3889.6	174	2220.8	147	41.5	57.4	
19	010.75.4000	011.75.4000	013.75.4000	4226	3772	174	4136	3864	60	45	10	4002	3997	162	12	150	+0.5	22	2329.6	194	3660.8	167	41.5	57.4	3600
		012.75.4000	014.75.4000															25	4345	171	3660	147	47.1	65.2	
19′	010.50.4000	011.50.4000	013.50.4000	4226	3772	174	4136	3864	60	45	10	4002	3998	162	12	150	+0.5	22	4329.6	194	3660.8	167	41.5	57.4	3600
		012.50.4000	014.50.4000															25	4345	171	3660	147	47.1	65.2	
20	010.75.4500	011.75.4500	013.75.4500	4726	4272	174	4636	4364	60	45	10	4502	4497	162	12	150	+0.5	22	4835.6	217	4166.8	190	41.5	57.4	4000
		012.75.4500	014.75.4500															25	4845	191	4160	167	47.1	65.2	
20′	010.50.4500	011.50.4500	013.50.4500	4726	4272	174	4636	4364	60	45	10	4502	4497	162	12	150	+0.5	22	4835.6	217	4166.8	190	41.5	57.4	4000
		012.50.4500	014.50.4500															25	4845	191	4160	167	47.7	65.2	

注:1. n_1 为润滑油孔数,均布:油杯 M10×1, JB/T 7904.1～7904.3—1995。

2.安装孔 $n-\phi$ 可改用螺孔;宽 b 可改为 $H-h$。

3.表内齿轮圆周力为最大圆周力,额定圆周力取其 1/2。

4.外齿修顶系数为 0.1,内齿修顶系数为 0.2。

5.生产厂:徐州回转支承公司。

表4.30 起重机基本载荷

类别				应用	
工作头载荷	吊钩	静载荷		P_Q(起升载荷)	$\varphi_2 P_Q$
		动载荷	冲振	φ_2(起升动载系数)对于轮胎式起重机可取 $\varphi_2 = 1.25$	
			惯性	P_Z(回转启制动惯性力) P_L(回转离心力)	$P_Q \mathrm{tg}\alpha_{\mathrm{II}}$ α 为偏摆角
	齿圈	静载荷		P_n 啮合力	$\varphi_5 \varphi_8 P_n \cos\gamma$
		动载荷	冲振	φ_5(弹性动载系数)*	
			惯性	φ_8(刚性动载系数)*	
自重载荷	静载荷			G_b, G_1, G_3	G_b, G_1, G_3
	动载荷	惯性		P_{GZ}, P_{GL}	0
		冲振		φ_1(起升冲击系数) $\varphi_1 = 1 \pm \alpha; 0 \leqslant \alpha \leqslant 0.1$	$\varphi_1 = 1$
环境载荷	重物			W_Q	$P_Q \mathrm{tg}\alpha_{\mathrm{II}}$
	机身			W_G	W_G

表4.31 起重机当量载荷计算式

		α	01	11	02	13
当量轴向力 F_a'	动态	45°	$(1.225F_a + 2.676F_r)f_d$	$(F_a + 2.05F_r)f_d$	$F_a f_d$	$F_a f_d$
		60°	$(F_a + 5.046F_r)f_d$			
	静态	45°	$(1.225F_a + 2.676F_r)f_S$	$(F_a + 2.05F_r)f_S$	$F_a f_S$	$F_a f_S$
		60°	$(F_a + 5.046F_r)f_S$			
当量倾翻力矩 M'	动态	45°	$1.225Mf_d$	Mf_d	Mf_d	Mf_d
		60°	Mf_d			
	静态	45°	$1.225Mf_S$	Mf_S	Mf_S	Mf_S
		60°	Mf_S			

表4.31中的安全系数见表4.32。

表 4.32　安全系数

回转支承型式代号			01		02		11,13	
			f_S	f_d	f_S	f_d	f_S	f_d
建筑用塔式起重机	上回转式	$M_f \leqslant 0.5M$	1.25	1.36	1.25	1.00	1.25	1.00
		$0.5M < M_f < 0.8M$	1.25	1.55	1.25	1.15	1.25	1.13
		$M_f \geqslant 0.8M$	1.25	1.71	1.25	1.26	1.25	1.23
	下回转式		1.25	1.36	1.25	1.00	1.25	1.07
轮式起重机			1.10	1.36	1.10	1.00	1.10	1.00

3. 选型图表

根据以上计算出的当量轴向力 F_a' 和当量倾覆力矩 M' 值在所选回转支撑的承载能力曲线图中(如图 4.41)找点，当该点位于承载能力曲线以下时，说明该回转支撑满足要求。其中曲线 1 为静态承载能力曲线，曲线 2 为动态承载能力曲线，曲线 8.8、10.9、12.9 为螺栓材料为 8.8 级、10.9 级、12.9 级时的承载能力曲线，此时安装螺栓的预紧力应达到螺栓材料屈服强度的 0.7 倍。

编号 1

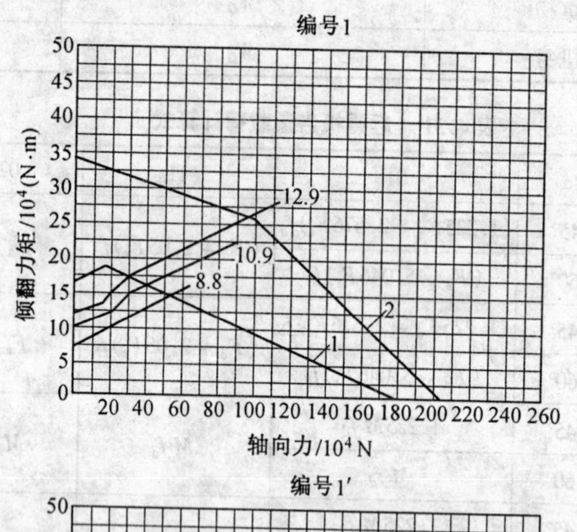

编号 1′

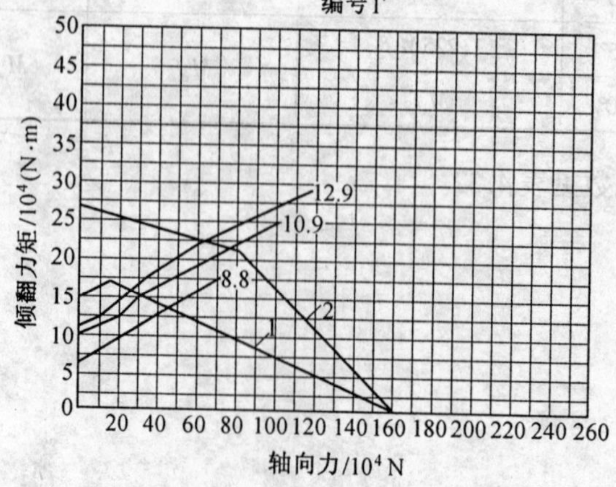

图 4.41　编号 1 和编号 1'01 系列回转支承承载能力曲线

4.7 液力变矩器

液力变矩器和液力耦合器都是以液体为工作介质,利用液体的动能转换来传递能量的。由于两者在结构上的差异,使得功能不同。液力耦合器实质上为液体柔性联轴器,在稳定运转的条件下,若忽略功率损失其输入输出力矩相等。而液力变矩器在输入转矩不变的情况下,其输出转矩随外载荷而变化。但两者都是通过液力传动来工作的,如图 4.42 所示,该传动是一组离心泵 – 涡轮机系统,离心泵 1 作为主动件带动液体高速旋转,不断地将油液从油池吸人,然后输送出去,输出的高速液体推动涡轮机 2(从动件) 旋转,实现机械能的传递。由于液力传动的能量较大,具有可变刚性传动的特点,与机械传动相比其特点见表 4.33 所示。

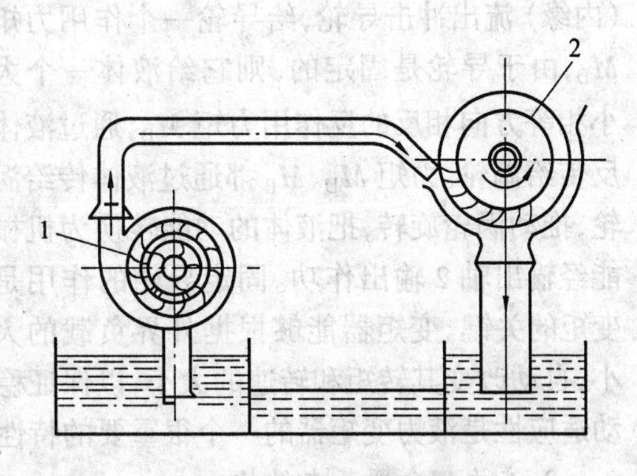

图 4.42 液力传动原理

表 4.33 液力传动特点

		成　因	直接结果	间接结果
评价	优点	间接驱动	不熄火	可靠性
			缓冲	舒适性,寿命,可靠性
			减振	
		自动适应	改善工作性能	提高生产率
			简化操作	
	缺点	间接驱动	传动效率低	能耗大
			自重大	成本高
			构造较复杂	
应用实例		越野车辆,土方机械,高级轿车		

4.7.1 基本结构

1.液力变矩器基本结构

图 4.43 为液力变矩器结构原理图。它实际上是离心泵和涡轮机的组合,由泵轮 B、涡轮 T和导轮 D组成,其中导轮是固定的。动力由输入轴1传给泵轮,通过泵轮将机械能转换为液体的动能。其过程是:充满泵轮内的工作液体随泵轮旋转产生的离心惯性力,使液体沿工作轮弯曲叶片之间按图示箭头方向作复杂的螺管运动(轴截面上表示为环流运动),

使其速度环量(动量矩)变化(增加)并进入涡轮(工作轮对液体的作用力矩即在于改变液流的速度环量)。当高速液流流经涡轮时,它便给涡轮一个方向与泵轮力矩 M_B 相同的力矩 M_T,将能量传给涡轮,液流从涡轮出口(内缘)流出冲击导轮,给导轮一个作用力矩 M_D,由于导轮是固定的,则它给液体一个大小相等方向相反的反作用力矩 M_D,通过液体反传给涡轮。力矩 M_D、M_B 都通过液体传给涡轮,推动涡轮旋转,把液体的动能转换为机械能经输出轴 2 输出作功。固定导轮的作用是变矩的关键。变矩器能够根据外界负载的大小,自动改变其转矩和转速的大小,以保证稳定的工作状态,这种性能称为自动适应性,自动适应性是液力变矩器的一个很重要的特性。

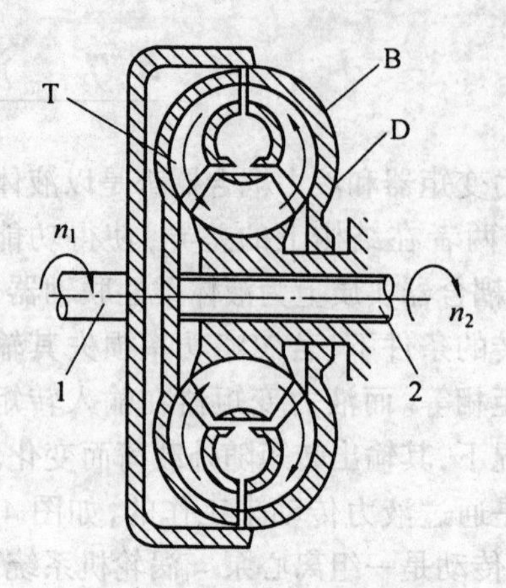

图 4.43　液力变矩器结构

2. 液力耦合器基本结构

液力偶合器是在液力变矩器之后应用的一种比较简单的液力传动装置,图 4.44 为液力偶合器结构原理图。它由泵轮和涡轮两个工作轮组成,其叶片系统结构较为简单,叶片是平面径向布置的。由于没有固定的导轮,所以它只能传递转矩而不能改变转矩。

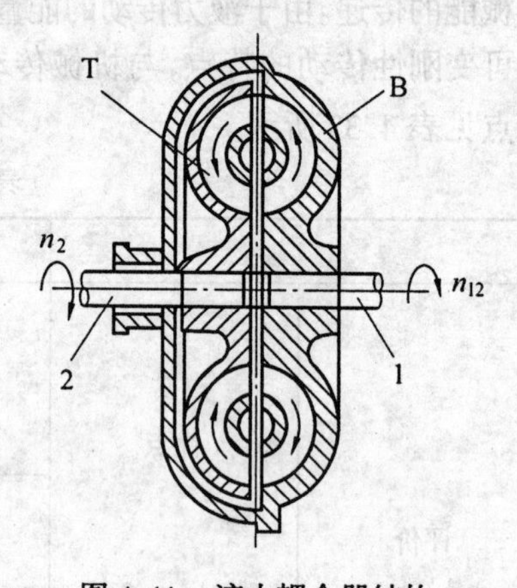

图 4.44　液力耦合器结构

4.7.2　液力变矩器工作原理及特性曲线

1. 流体动量矩定理

图 4.45 为密度为 ρ、流量为 Q 的液体以速度 v_2 流入弯管,以速度 v_1 流出弯管。假想该弯管企图绕点 O 转动,则流入、流出弯管的动量分别为

$$I_2 = \rho Q v_2$$

$$I_1 = \rho Q v_1$$

规定对点 O 顺时针的动量矩为负,逆时针的动量矩为正,由图 4.45 可见,液体流入、流出弯管时,弯管所获得的动量矩为液体流入和流出弯管的动量矩之差,即

$$M_0 = -\rho Q v_2 r_2 - \rho Q v_1 r_1$$

整理得

$$M_0 = -\rho Q(v_2 r_2 + v_1 r_1) \tag{4.59}$$

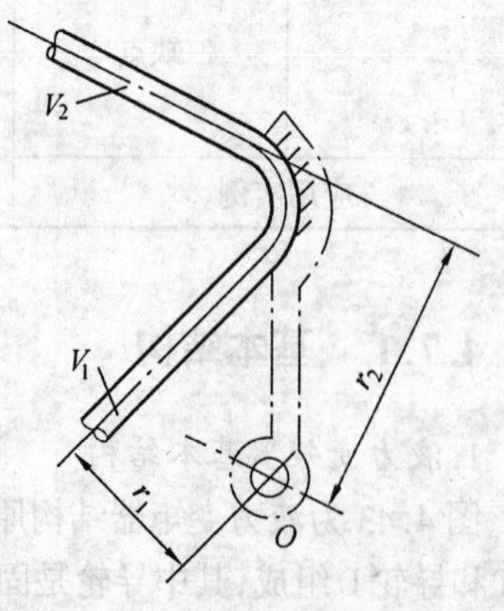

图 4.45　液体流过固定弯管动量矩

如被冲击的物体本身也在运动，情况就有所不同。如图4.46所示，液体进入叶片的绝对速度为 v_1；叶片本身也以圆周速度 u 在运动。液流相对叶片的速度为 w_1。w_1 的大小和方向将由进口处的速度三角形来决定；液流离开叶片的相对速度为 w_2，因叶片具有圆周速度 u，则液流绝对速度 v_2 的大小和方向将由出口处的速度三角形来决定。

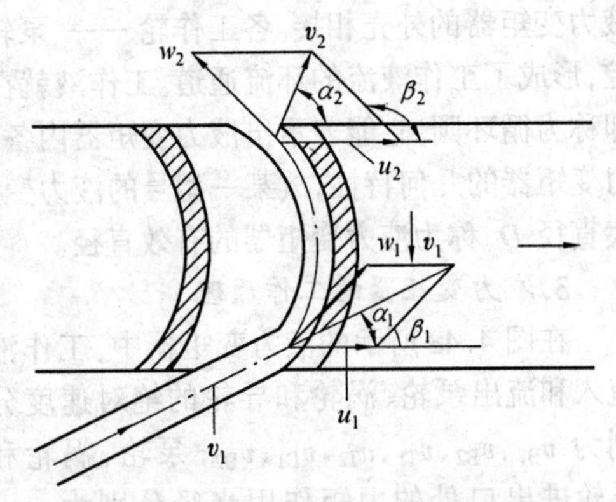

图4.46 液体流过运动着的曲面叶片

设液流在叶片入口和出口处的半径分别为 r_1 和 r_2，则液流穿过旋转叶轮时对叶轮产生的动量矩等于液流在叶轮入口和出口处的动量矩的变化量，由图4.46可得

$$M_0 = -\rho Q(v_2\cos\alpha_2 r_2 - v_1\cos\alpha_1 r_1) \tag{4.60}$$

式中负号表示叶轮顺时针转动。

如图4.46所示，液流出口绝对速度和入口绝对速度在叶轮转动圆周速度 u 方向上的投影记为

$$v_{2u} = v_2\cos\alpha_2 \qquad v_{1u} = v_1\cos\alpha_1$$

则式(4.60)可以写成

$$M_0 = -\rho Q(v_{2u}r_2 - v_{1u}r_1) \tag{4.61}$$

因为所有叶片间的液流情况相同，若表示整个工作轮的流量，M 表示液流对所有工作轮叶片的力矩之和。根据作用力矩与反作用力矩大小相等方向相反的原理，液流所受的力矩与上述的力矩之和大小相等，方向相反。

为方便起见，将式(4.61)等号右边加上正负号来表示液力传动的基本方程式，称为流体动量矩方程式，即

$$M = \pm\rho Q(v_{2u}r_2 - v_{1u}r_1) \tag{4.62}$$

该动量矩方程式表明了液流流经工作轮时，液流与工作轮叶片间的相互作用的力矩关系。

2. 液力变矩器的结构简图

液力变矩器和液力耦合器相比在循环圆内多了一个油液导向装置 —— 导轮。另外，为了保证液力变矩器具有一定的性能，使油液在循环圆中很好地作循环流动，各工作轮采用弯曲成一定形状的叶片，并且各工作轮均带有内环。

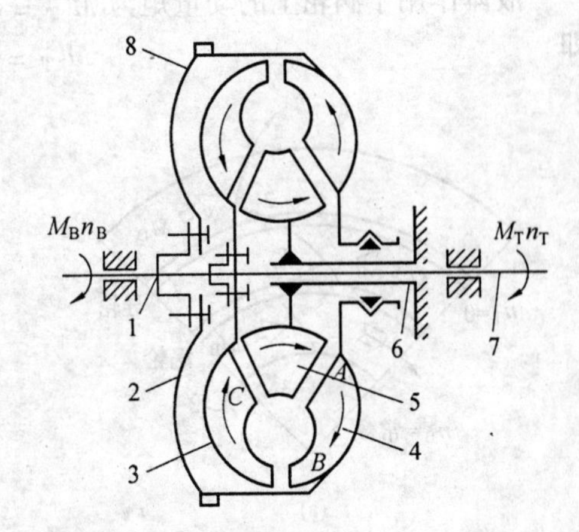

图4.47 液力变矩器的结构示意图

1— 发动机曲轴；2— 变矩器壳；3— 涡轮；4— 泵轮；5— 导轮；6— 导轮固定套筒；7— 从动轴；8— 启动齿圈

如图4.47所示，液力变矩器是由泵轮、涡轮、导轮等组成。导轮5通过导轮固定座与

液力变矩器的外壳相接。各工作轮——泵轮、涡轮、导轮的内外环构成相互衔接的封闭空腔,形成了工作液流的环流通道。工作液就在环流通道内作循环流动。此封闭的环流通道即称为循环圆。它能表示出液力变矩器内各工作轮的相互位置和几何尺寸,说明了一个液力变矩器的几何特性,故某一型号的液力变矩器一般就用它的循环圆来表示。循环圆的最大直径 D,称为液力变矩器的有效直径。

3.液力变矩器的工作原理

在图4.48所示的液力变矩器中,工作液流入和流出泵轮、涡轮和导轮的绝对速度分别为 v_{B1}、v_{B2}、v_{T1}、v_{T2}、v_{D1}、v_{D2};泵轮、涡轮和导轮进出口处的力矩作用半径分别为 r_{B1}、r_{B2}、r_{T1}、r_{T2}、r_{D1}、r_{D2};泵轮、涡轮和导轮作用于液体的力矩分别为 M_B、M_T、M_D,则由动量矩方程式得

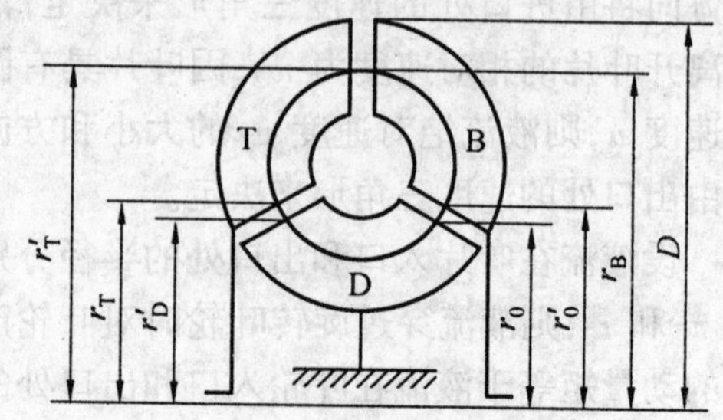

图4.48 三工作轮液力变矩器示意图

$$M_B = \rho Q(v_{B2}r_{B2} - v_{B1}r_{B1}) \tag{4.63}$$

$$-M_T = \rho Q(v_{T2}r_{T2} - v_{T1}r_{T1}) \tag{4.64}$$

$$M_D = \rho Q(v_{D2}r_{D2} - v_{D1}r_{D1}) \tag{4.65}$$

由于工作轮之间,液体不受外力作用,故外力矩 $\sum M = 0$,因而有

$$v_{B1}r_{B1} = v_{D2}r_{D2} \tag{4.66}$$

$$v_{B2}r_{B2} = v_{T1}r_{T1} \tag{4.67}$$

$$v_{T2}r_{T2} = v_{D1}r_{D1} \tag{4.68}$$

代入式(4.63)、式(4.64)、式(4.65)并相加得

$$M_B + M_T + M_D = 0 \tag{4.69}$$

或

$$M_T = -(M_B + M_D)$$

液体作用于涡轮上的动量矩为 $M'_T = -M_T$

即

$$M'_T = M_B + M_D \tag{4.70}$$

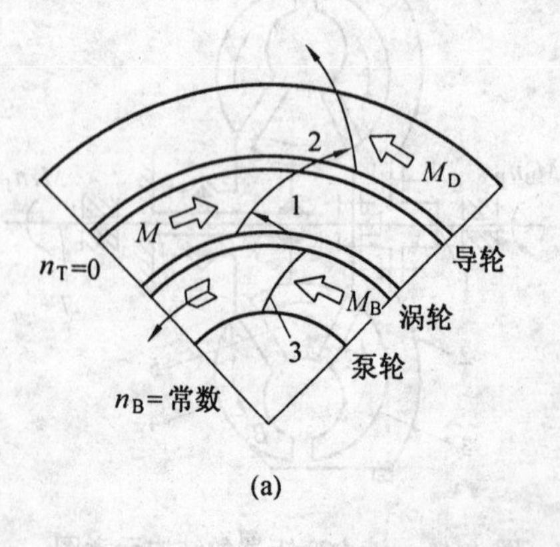

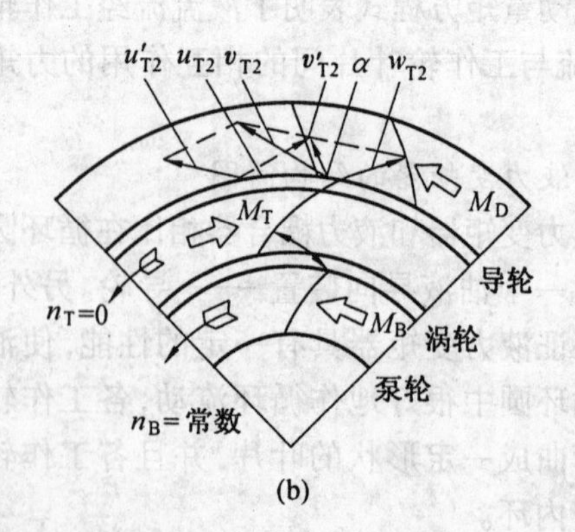

图4.49 液力变矩器展开时的液流作用简图

可见,如果导轮对液体产生反作用力矩 $M_D \neq 0$,则涡轮输出转矩 M_T 与泵轮输人转矩

M_B不再相等，而是增大了，所增加的转矩正好等于导轮的反作用转矩 M_D。如果导轮不产生反作用转矩（$M_D = 0$），则 $M_T = M_B$，此时液力变矩器就相当于液力耦合器。在一般的情况下，$M_D \neq 0$，所以 $M_T \neq M_B$。

将式(4.63)、式(4.65)和式(4.68)代入式(4.70)，并联立式(4.66)得

$$M'_T = \rho Q(v_{B2} r_{B2} - v_{T2} r_{T2}) \tag{4.71}$$

v_{B2} 和 v_{T2} 分别可以表示成使泵轮和导轮有效转动方向的分量，即

$$v_{B2} = \omega_B r_{B2} \tag{4.72}$$

$$v_{T2} = \omega_T r_{T2} \tag{4.73}$$

将式(4.72)和式(4.73)代入式(4.71)得

$$M'_T = \rho Q(\omega_B r_{B2}^2 - \omega_T r_{T2}^2) \tag{4.74}$$

当涡轮的载荷增大时，将导致涡轮转速 ω_T 降低。由式(4.74)可以看出涡轮的输出转矩 M'_T 增大，使输出转速增加；相反当涡轮的载荷减小时，将导致涡轮转速 ω_T 增加。由式(4.74)可以看出涡轮的输出转矩 M'_T 减小，使输出转速减小。液力变矩器这种随负荷变化自动调整工作速度的性能，称液力变矩器的自动适应性。

根据相似理论，同一系列变矩器，在相似工况下工作时，泵轮和涡轮的转矩为

$$M_B = \lambda_B \rho n_B^2 D_B^5 \tag{4.75}$$

$$M_T = \lambda_T \rho n_T^2 D_T^5 \tag{4.76}$$

式中 ρ——液体的密度；

n_B、n_T——泵轮、涡轮的转速；

D_B、D_T——泵轮、涡轮的有效直径；

λ_B、λ_T——泵轮、涡轮的转矩系数。

4.液力变矩器的基本特性

(1) 传动比：液力变矩器的涡轮转速与泵轮转速之比叫做液力变矩器的传动比 i，即

$$i = \frac{n_T}{n_B} \tag{4.77}$$

(2) 变矩系数：液力变矩器的变矩能力用变矩系数表示。变矩系数是指液力变矩器涡轮转矩与泵轮转矩的比值，即

$$K = \frac{M_T}{M_B} = \frac{M_B \pm M_D}{M_B} \tag{4.78}$$

液力变矩器的变矩系数 K 又称为变矩比，变矩系数 K 不是常数，是传动比 i 的函数，一般当 i 减小时 K 增大。$i = 0$ 时 K 达到最大值，以 K_0 表示，叫做制动变矩系数。

(3) 液力变矩器的效率：液力变矩器的效率是指液力变矩器的输出功率与输入功率之比，即

$$\eta = \frac{M_T n_T}{M_B n_B} = Ki \tag{4.79}$$

5.液力变矩器的特性曲线

液力变矩器的性能，一般用曲线表示。下面介绍这些曲线。

(1) 输出特性曲线

输出特性也称外特性，是指液力变矩器各参数与涡轮转速 n_T 之间的关系，即 $M_B = f_1(n_T)$；$M_T = f_2(n_T)$；$n_B = f_3(n_T)$；$\eta = f_4(n_T)$。它们是由试验和计算得出来的。图4.50(a)和(b)分别为泵轮的输入转矩 M_B 等于常数和泵轮的输入转速 n_B 等于常数时，相应外特性曲线。

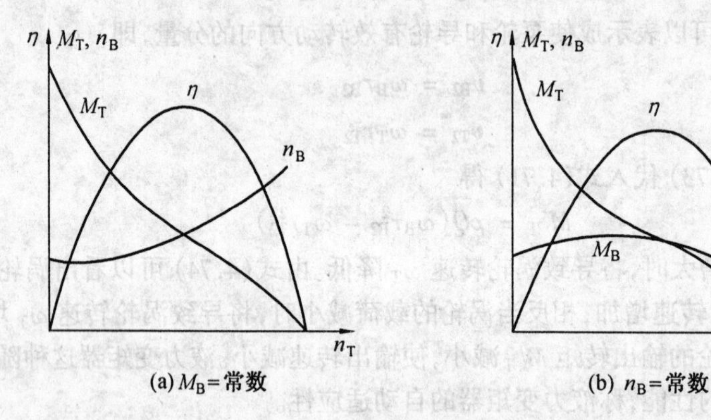

图 4.50 液力变矩器输出特性曲线

按变矩器在不同涡轮转速范围内所起的作用，把输出特性又分成牵引特性，反转制动特性，超越制动特性和反转特性。变矩器涡轮转速在由零到空载转速范围内起牵引作用，通常所说的变矩器输出外特性不是指整个输出外特性，而是指牵引特性这一部分。

(2) 原始特性曲线

原始特性也称为无因次特性，无因次特性是表示在循环圆内液体具有完全相似稳定流动现象的若干变矩器之间共同特性的函数曲线。所谓完全相似流动现象指两个变矩器中液体稳定流动的几何相似、运动相似和动力相似(雷诺数相等)。

根据相似理论，可以建立以变矩器传动比 i 为自变量，泵轮转矩系数 λ_B、变矩系数 K 和变矩器效率 η 随 i 而变化的关系，即

$$\lambda_B = \lambda_B(i) \tag{4.80}$$

$$K = K(i) \tag{4.81}$$

$$\eta = \eta(i) \tag{4.82}$$

由以上三式绘出的曲线称为原始特性曲线或无因次特性曲线，见图 4.51 所示。因为同一系列的所有变矩器的原始特性曲线都一样，它能本质地反映该系列变矩器的性能，所以有了原始特性曲线，就可以作出该系列的任一变矩器的输出特性曲线，而不需要每一个都去作试验。

(3) 输入特性曲线(称负荷抛物线)

输入特性是指输入轴(泵轮轴)的转矩 M_B 与它的转速 n_B 之间的关系。因泵轮的转矩又是加给发动机的负荷，故也称为发动机的负荷特性。由式(4.75)可知，对于给定的变矩器、油液、工况条件，D_B、ρ、λ_B 等于常数，因此输入特性曲线为一条通过坐标原点的抛物线；当工况改变，即式(4.80)中 λ_B 随之变化时，则输入特性曲线为一组抛物线束，如图 4.52 所示，抛物线束的变化宽度由 λ_B 的变化幅度决定。

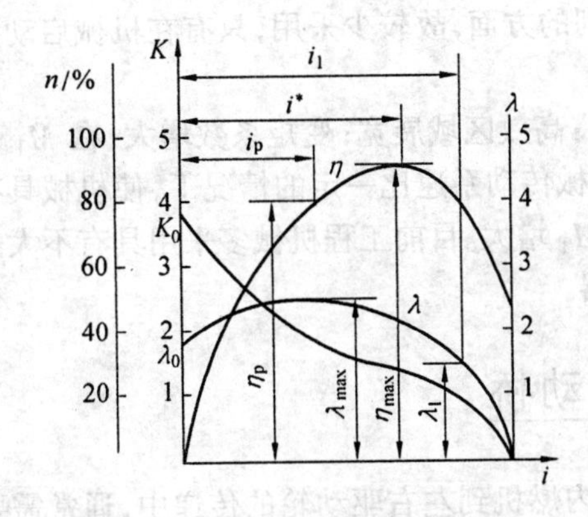

图 4.51 液力变矩器原始特性曲线

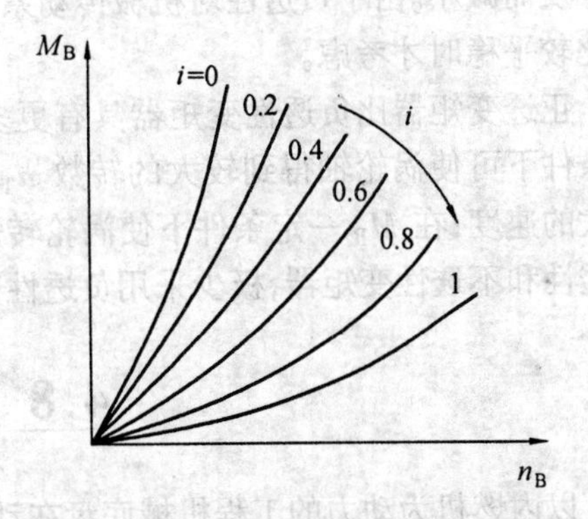

图 4.52 液力变矩器输入特性曲线

评价变矩器性能常以特性曲线上三个典型工况点为依据，如图 4.51 所示。

① 制动工况：也称为启动工况，即 $i=0$；各参数下角标用"0"表示，此时 $n_0=0$、$\eta_0=0$，涡轮转矩 M_{T0} 数值最大。

② 最高效率工况：各参数右上角标用"*"表示，此时 $i=i^*$。

③ 偶合工况：此时涡轮转矩与泵轮转矩相等，变矩系数 $K=1$，各参数常用下角标"1"标注，此时 $i=i_1$。

但上述三个工况还不足以评价变矩器的全部特性，尚要引进工作变矩系数 K_p 及工作变矩系数相应于机械主要运转工况所允许的最低效率值。如图 4.51，工程机械通常取 $\eta=75\%$，汽车通常取 $\eta=80\%$。

这样，K_0、K_p、K^*（变矩性能），η_{max}、i_1（经济性能）以及 λ_{B0}、λ_{Bmax}、λ_{B1} 和穿透性系数 $\prod$（负荷特性）是变矩器的特性的主要评价参数。这些参数除 $\prod$ 外，一般越高越好，而且高效率（$\eta>75\%$）的范围要宽。

(4) 透穿性

变矩器输出轴负荷对输入特性的影响程度叫做变矩器的透穿性。透穿性用透穿系数 $\prod$ 来度量，即

$$\prod=\frac{\lambda_{B0}}{\lambda_{B1}} \tag{4.83}$$

式中 λ_{B0}—— 为启动工况，泵轮力矩系数；

λ_{B1}—— 为耦合工况，泵轮力矩系数。

λ_B 不随 i 而变化的特性（$\prod=1$）称谓具有不透性。不透性变矩器对适应性范围较小的发动机，能可靠地防止因其过载而引起的发动机熄火。

λ_B 随 i 的减小而增大的特性（$\prod>1$）称为正透性，即泵轮转矩 M_B 随涡轮 M_T 的增加而增高。正透性变矩器可使主机在轻载、高速的工况下获得发动机的最大功率来满足最大速度的需要；而在重载、低速的工况下，又使发动机能输出最大转矩来保证最大牵引力之需要。工程机械上多采用正透性的变矩器。

λ_B 随 i 的减小而减小的特性（$\prod<1$）称为负透性，即泵轮转矩 M_B 随涡轮转矩 M_T 的

增加反而减小。由于负透性对机械传动系有不利的方面,故较少采用,只有在机械启动要求比较平稳时才考虑。

正透变矩器比负透性变矩器具有更多优点:高效区域展宽;变矩系数增大;在 M_T 一定条件下可使涡轮轴得到较大的转数 n_T;在机械传动系速比一定的情况下,使机械具有较大的速度;在 M_B 一定条件下使涡轮转矩值 M_T 增大。目前工程机械多采用具有不大的正透性和不透性变矩器,极少采用负透性变矩器。

4.8 驱动桥

以内燃机为动力的工程机械底盘在动力从内燃机到左右驱动轮的传递中,通常需要解决以下几个基本问题。

1. 减速

为了控制内燃机的体积与重量,车用内燃机的功率输出通常采用小转矩高转速的策略,致使内燃机输出转速比驱动轮转速高出十几倍到几十倍。为使驱动轮正常转动,从功能原理组成结构方面来说,减速模块是必不可少的。

2. 直角传动

左右驱动轮输入轴分别处于相差180°两个方向上,通常行驶发动机只有一台,为了操纵方便发动机通常布置在前方,靠近司机。这样,发动机的输出轴通常与驱动轴垂直,为此在原理上需要一个直角传动模块。

3. 分动

驱动轮至少有左右两个,发动机通常只有一个,为使左右驱动轮都能获得动力,在原理上需要一个使动力分开的分动模块。

4. 差速

在转弯或不平陆面行驶时,在相同时间段内,左右两侧驱动轮走过的路程是不一样的。如果此时,左右车轮以同样的转速行驶,车轮与陆面之间将产生较大的摩擦,造成功率浪费、轮胎磨损的不良后果。为此,在原理上希望有一个差速模块。

上述功能模块在长期的演进过程中,或分解、或合并,再补加上其他功能模块,终于形成今天的驱动桥产品。

驱动桥是功能复杂的装置,具有减速、直角传动、分动、自动差速和制动等多项功能。其基本组成要件包括主传动、差速器、左右半轴、轮边减速器、制动器、桥壳等,见图 4.53 所示。

这里主传动相当于减速模块的一个分块与直角传动和分动模块合并而成的一个模块;差速器则是分动与差速模块的合成模块;轮边减速器是减速模块的另一个分模块;制动器是后加的一个功能模块;桥壳是该装置的支承模块;左右半轴是差速器与轮边减速器之间的连接模块。

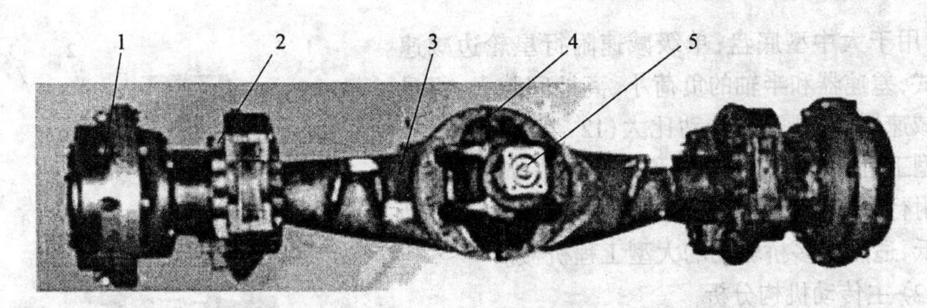

图4.53 驱动桥结构

1— 轮边减速器;2— 制动器;3— 驱动桥壳;4— 差速器;5— 动力输入轴

4.8.1 主传动与差速器

1.主传动基本构造与机构分析

(1) 主传动基本构造

主传动是指将动力输入给驱动桥的传动,如图4.54所示,来自变速箱的动力通过传动轴传递给主动齿轮,通过主动齿轮与从动齿轮的啮合,再传递给从动齿轮,然后再传递给差速器。图4.55为该主传动的传动过程剖视图。工程机械的主传动一般多采用锥齿轮传动,其作用是传递动力并改变动力的方向。通过锥齿轮的传动使主传动的动力垂直分成两路给两侧车轮。锥齿轮的齿型分为直齿、螺旋齿、弧齿、延伸外摆线、双曲线等形式。在工程机械中一般不采用直齿锥齿轮,因其重叠系数小故而强度低易引起根切。轮胎式车辆多采用弧齿锥齿轮。

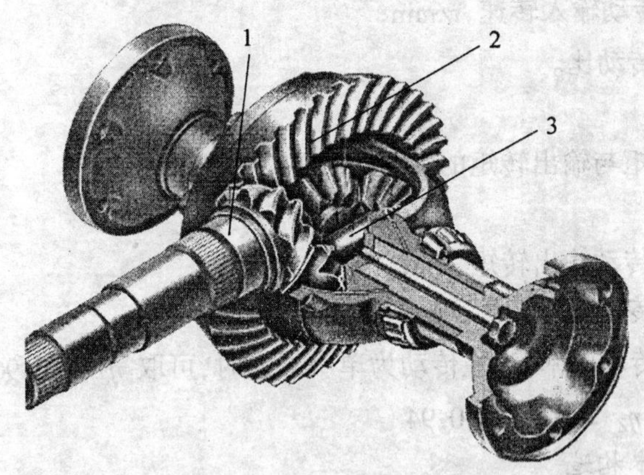

图4.54 主传动结构图

1— 主动齿轮;2— 从动齿轮;3— 差速器

不同类型的工程机械主传动的减速形式是不同的,主要减速形式及其特点介绍如下。单级减速形式,具有结构简单、重量轻、体积小的特点,一般传动比小于7,适用于中小型工程机械底盘;前置锥齿轮双级减速形式,可获得较大的传动比(5 ~ 11)和离地间隙,桥的纵向尺寸大,传动轴的夹角大,适用于中大型汽车起重机底盘;上置锥齿轮双级减速形式,传动装置布置较高,便于传动轴通过,但车身较高,适用于多桥驱动的汽车起重机底盘;单级减速附外啮合轮边减速形式,差速器和半轴的负荷小、尺寸小、体积小,离地间隙大,适用于大中型底盘;单级减速附行星轮边减速器形式,差速器和半轴的负荷小、离地间隙大,行星轮边减速器结构紧凑、传动比大(12 ~ 38),适用于大中型工程机械,如装载机和汽车起重机等;双级减速附行星轮边减速形式,减速比大,转矩大,车辆重心低,适用于多桥驱动的大型工程机械。

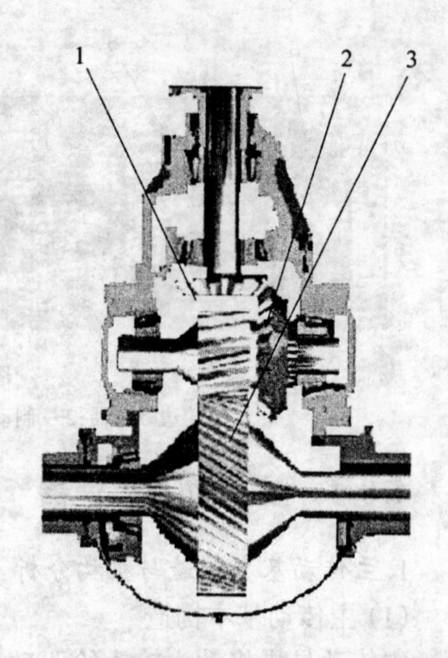

图 4.55 主传动的传动过程剖视图

1— 主动轮;2— 从动轮;3— 差速器

(2) 主传动机构分析

1) 接口功率

主传动输入功率与输出功率的关系为

$$N_o = \eta_Z N_i \tag{4.84}$$

式中 N_o—— 主传动输出功率,kW;

N_i—— 主传动输入功率,kW;

η_Z—— 主传动效率,当主传动为单级减速时,可取 $\eta_Z = 0.96$;当主传动为双级减速时,可取 $\eta_Z = 0.93$。

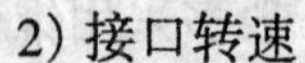

2) 接口转速

主传动输入转速与输出转速的关系为

$$n_o = n_i / i_Z \tag{4.85}$$

式中 n_o—— 主传动输出转速,r/min;

n_i—— 主传动输入转速,r/min;

η_Z—— 主传动比。

3) 接口转矩

主传动输入转矩与输出转矩的关系为

$$M_o = M_i i_Z \eta_Z \tag{4.86}$$

式中 M_o—— 主传动输出转矩,Nm;

M_i—— 主传动输入转矩,Nm;

η_Z—— 主传动效率,当主传动为单级减速时,可取 $\eta_Z = 0.96$;当主传动为双级减速时,可取 $\eta_Z = 0.93 \sim 0.94$

2. *差速器的基本构造*

由于车辆在转弯时两轮的转速不同,以及在路况较差的情况下,两轮的转速也不相同,为了使两轮处于纯滚动状态,故而设置差速器以解决滑移、滑转的问题,减小轮胎的磨损和功率的消耗。引起车轮滑动的主要原因:一是车轮转向时,在相同的时间内,要求内外两侧车轮的转速、行使距离不同;二是车辆行驶在不平路面上时,在相同的时间内,要求两侧车轮的转速和行使距离不同;三是车辆即使行驶在平坦路面上时,由于两侧车轮的负荷、气压、磨损不同,在相同的时间内,也要求两侧车轮的转速不同。以上原因都将导致车轮的滑移和滑转。为解决这些问题,在轮间或桥间安装差速器、差速锁以满足对车轮转速、附着力的要求。

差速器分为牙嵌式、摩擦片式、轴间差速器三种。

差速器位于与主传动锥齿轮啮合的大锥齿轮的内部，即主传动从动齿轮的中部，见图4.54。差速器的内部平面结构视图见图4.56，其组成零部件见图4.57。

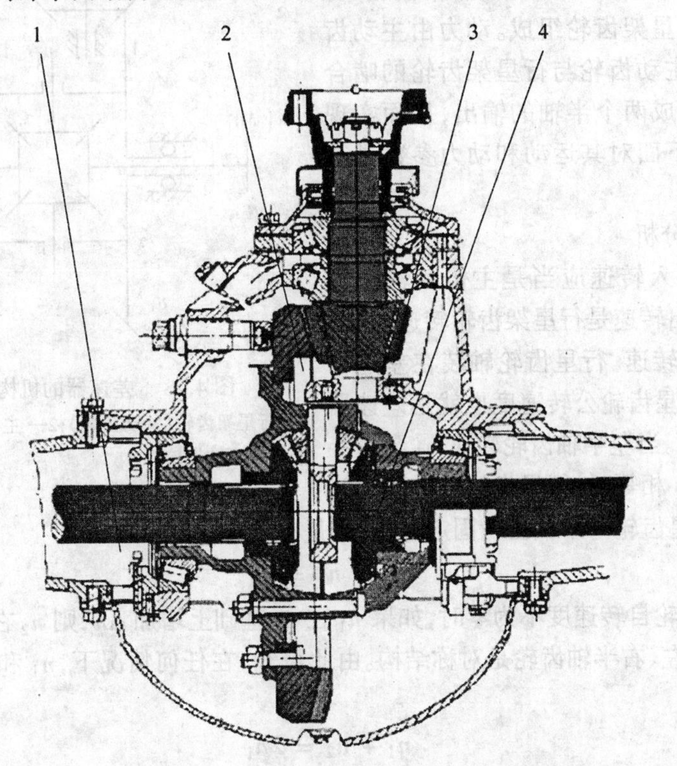

图4.56　差速器内部结构剖视图

1— 半轴；2— 从动齿轮；3— 主动齿轮；4— 差速器

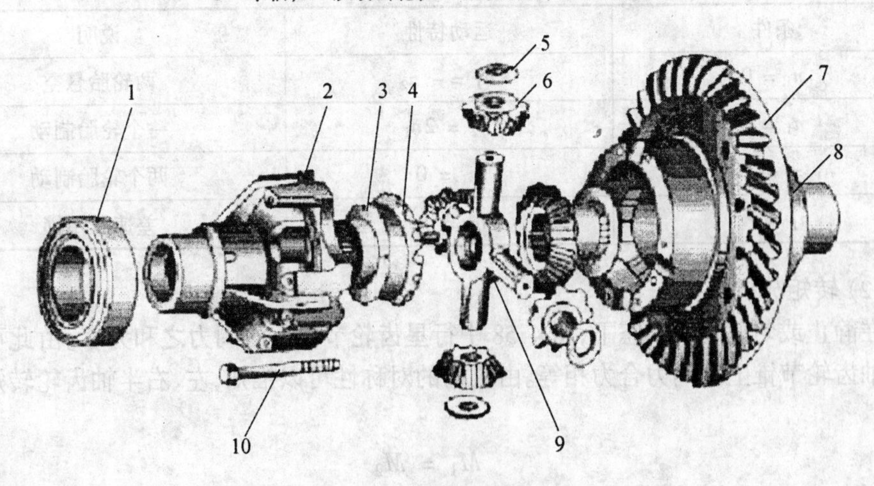

图4.57　差速器组成分解图

1— 轴承；2— 左外壳；3— 垫片；4— 半轴齿轮；5— 垫片；6— 行星齿轮；7— 从动齿轮；8— 右外壳；9— 行星齿轮轴；10— 螺栓

3. 差速器机构分析

图 4.58 为差速器的机构运动简图，它是两自由度的周转轮系，由两个半轴锥齿轮、行星齿轮以及行星架齿轮组成。动力由主动齿轮输入，通过主动齿轮与行星架齿轮的啮合和差速器转变成两个半轴的输出，从而实现运动的分解。下面对其运动和动力参数进行分析。

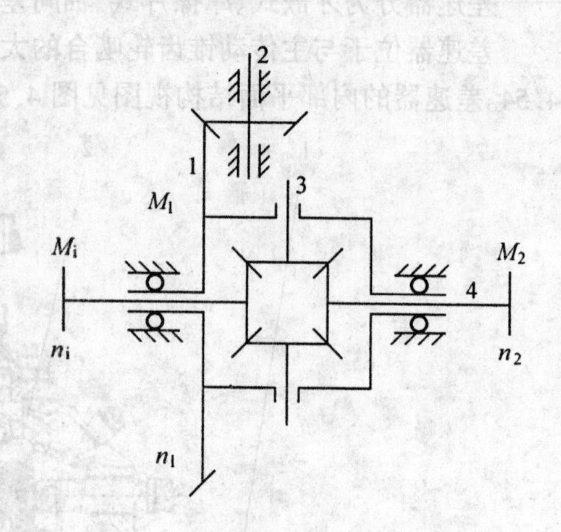

图 4.58 差速器的机构运动简图

1— 行星架齿轮(从动齿轮)；2— 主动齿轮；3— 行星齿轮；4— 半轴齿轮

(1) 速度分析

差速器输入转速应当是主传动输出转速。主传动输出转速是行星架齿轮转速，也就是差速器壳的转速。行星齿轮轴装在差速器壳上，因此，行星齿轮公转速度也就是差速器的输入转速 n_i。当左半轴齿轮转速 n_1 与右半轴齿轮转速 n_2 相等时，行星齿轮自转速度为零，相当于行星齿轮与半轴齿轮固定连接，于是有

$$n_i = n_1 = n_2 \tag{4.87}$$

当行星齿轮自转速度不为零时，如果 n_1 在 n_2 基础上增加 Δn，则 n_2 在 n_1 基础上减少 Δn。这是因为左、右半轴齿轮是对称结构。由此可知，在任何情况下，n_1 和 n_2 之和是个常数，即

$$n_1 + n_2 = 2n_i \tag{4.88}$$

表 4.34 给出差速器其他情况下轮胎状态。

表 4.34 差速器的特殊工况

条件	运动特性	说明
$n_i = 0$	$n_1 = -n_2$	两轮胎悬空
$n_1 = 0$	$n_2 = 2n_i$	一个轮胎制动
$n_1 = n_2 = 0$	$n_i = 0$	两个轮胎制动
$n_1 = n_i$	$n_2 = n_i$	差速器闭锁

(2) 转矩分析

在静止或匀速运动状态下，图 4.58 中行星齿轮节锥上圆周力之和为零。由此可知，左右半轴齿轮节锥上圆周力合力相等。由机构的对称性可以推知，左、右半轴齿轮转矩相等，即

$$M_1 = M_2 \tag{4.89}$$

在不考虑功率损失时，有

$$N_1 + N_2 = N_i \tag{4.90}$$

式中 N_1—— 左半轴齿轮输出功率，kW；

N_2—— 右半轴齿轮输出功率,kW;

N_i—— 输入功率,kW。

上式可以写成

$$n_1N_1 + n_2N_2 = n_iN_i \tag{4.91}$$

联立式(4.89)、式(4.90)和式(4.91)可得

$$M_1 = M_2 = 0.5M_i \tag{4.92}$$

由此可以推知,当 M_1、M_2 或 M_i 其中一个为零时,其他转矩也同时为零(不考虑机构功率损失)。

4.差速器工作过程

(1)驱动力与驱动轮转矩

图4.59为轮胎的受力分析,车辆以 V 的速度向前匀速行驶,半轴驱动轮胎的转矩 M_K 转化为地面驱动轮胎的驱动力的关系为

$$rP_K = M_K \tag{4.93}$$

因此,有

$$P_K = M_K/r$$

式中 P_K—— 驱动力;

M_K—— 驱动轮转矩;

r—— 驱动轮动力半径。

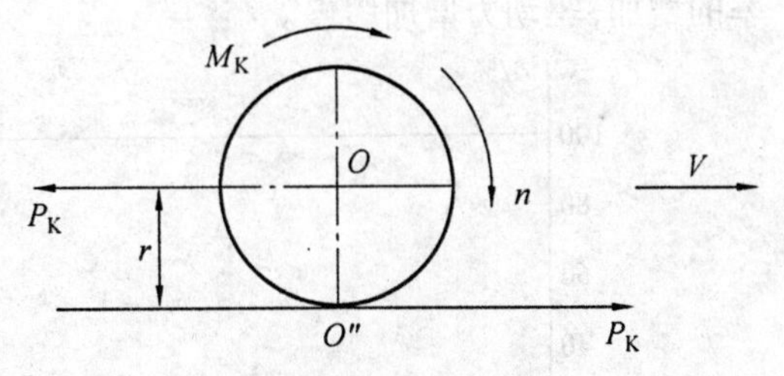

图4.59 轮胎驱动力受力分析

(2)滑转与滑转率

关于轮胎的滑转和滑移的概念,用图4.60来说明。假设刚性连接在一起的三个轮胎,绕某一点 O' 转动,则三个轮胎的中心的速度分别为 V_1、V、V_2(V_1、V、V_2 的大小与三个轮胎到点 O' 的距离成比例),假定中间轮胎作纯滚动,如图4.60(b),即轮胎与地面的接触点 O 的速度为零,则外侧轮胎与地面的接触点 O_1 的速度向前,称此时的轮胎状态为滑移;内侧轮胎与地面的接触点 O_2 的速度向后,称此时的轮胎状态为滑转。滑移一般发生在刹车

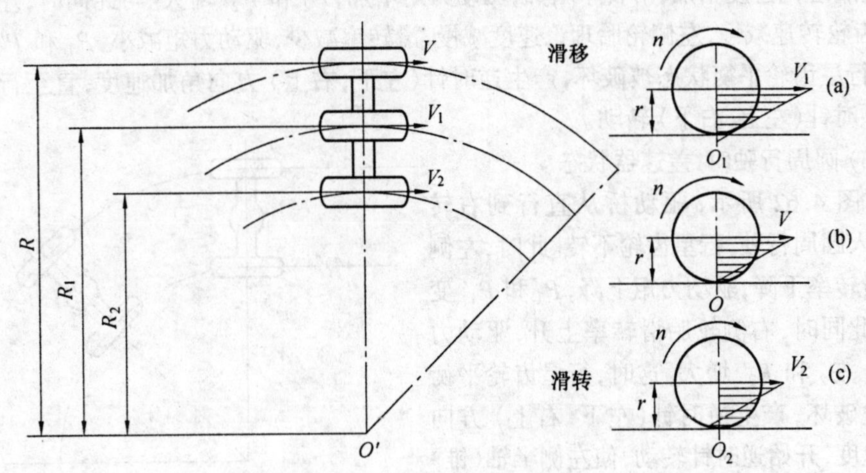

图4.60 轮胎的滑转与滑移

和下坡，由于车辆的惯性和重力为驱动力时出现。而滑转是车辆正常行驶时出现的现象，轮胎的滑转大小用滑转率来表示，它直接影响驱动能力。

滑转率的大小定义为

$$\delta = (V - V_2)/V = 1 - V_2/V \tag{4.94}$$

式中 δ—— 轮胎的滑转率，%；

V—— 纯滚动时，轮胎速度；

V_2—— 滑转时，轮胎速度。

(3) 滑转率与驱动力

图 4.61 给出了轮胎的滑转率与轮胎驱动力的关系，从图中可以看出驱动力与滑转率在前段成线性关系，虽滑转率的增大而增大；后段驱动力与滑转率成非线性关系，随滑转率的增加，驱动力增加缓慢。

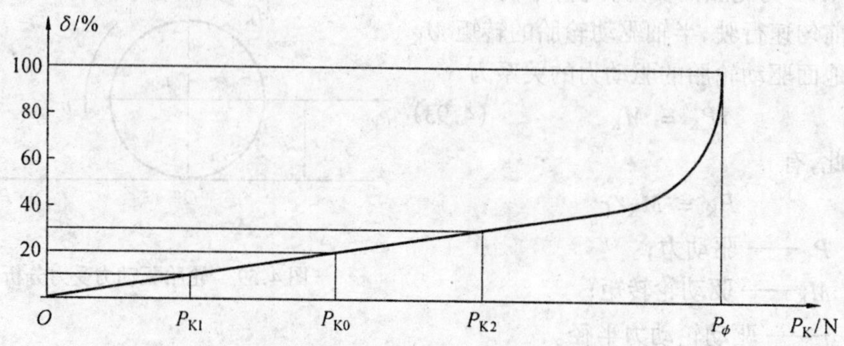

图 4.61 轮胎的滑转率与驱动力的关系

(4) 直线行驶时，差速器状态

设想在开始时，差速器闭锁，直线行驶时两侧轮胎的路况和轮况相同，则两侧轮胎的滑转率也相等。此时，设想差速器开锁，两侧轮胎的驱动力矩相等，行星齿轮处于平衡状态，保持原态。现在假设行星轮顺时针(左上，右下) 转动，则右侧半轴(锥) 齿轮转速加快，右侧轮胎理论速度增加，滑转率增加，驱动力矩增加，P_2 和 P_2' 增大。与此同时，左侧半轴(锥) 齿轮转速减慢，左侧轮胎理论速度减慢，滑转率减少，驱动力矩减小，P_1 和 P'_1 变小。此时，行星齿轮平衡状态被破坏，产生逆时针(左下，右上) 方向角加速度，直至行星齿轮停止顺时针(左上，右下) 转动。

(5) 圆周行驶时，差速器状态

如图 4.62 所示，驱动桥从直行到右转弯，进入圆周行驶，行星齿轮不转。此时，左侧轮胎滑转率下降，驱动力矩下降，P_1 和 P_1' 变小。与此同时，右侧轮胎滑转率上升，驱动力矩上升，P_2 和 P_2' 增大。这时，行星齿轮平衡状态被破坏，产生逆时针(左下，右上) 方向角加速度，开始逆时针转动，使左侧半轴(锥) 齿轮转速加快，左侧轮胎滑转率回升，而右侧

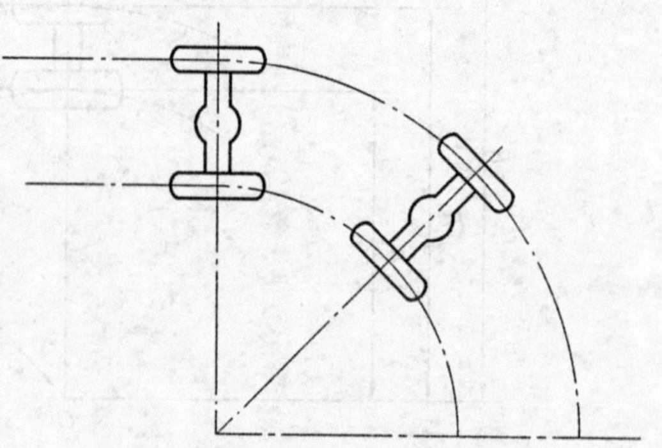

图 4.62 轮胎从直行到圆周行驶状态

轮胎滑转率回落。过程持续到角加速度为零时,行星齿轮的逆时针加速转动状态变成逆时针匀速转动。

4.8.2 轮边减速

轮边减速又称轮边传动,一般采用单排行星轮减速器,其作用是减速、增大转矩,以适应车轮的行驶要求。轮边行星减速器的结构见图4.63所示,其部件拆分图见图4.64所示。采用了轮边减速后,可以减少主传动的负荷,减少主传动的传动比,缩小主传动的尺寸。轮边传动大都采用单排内、外啮合行星排传动,有两种方案:

一是太阳轮主动、齿圈用花键和驱动桥壳体固定连接,行星架和车轮轮毂用螺栓连接。这种方案的传动比为$(1+\alpha)$,α为齿圈和太阳轮的齿数之比。

二是太阳轮主动、行星架和桥壳固定连接而齿圈和车轮轮毂连接。这种方案的传动比为$-\alpha$。

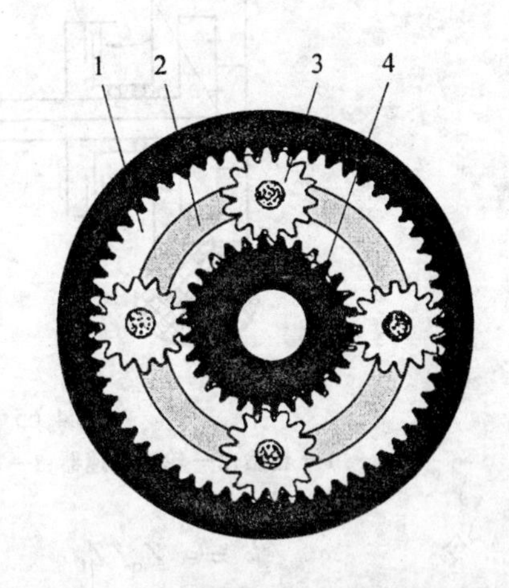

图4.63 轮边行星减速器结构

1—齿圈;2—行星架;3—行星齿轮;4—太阳轮

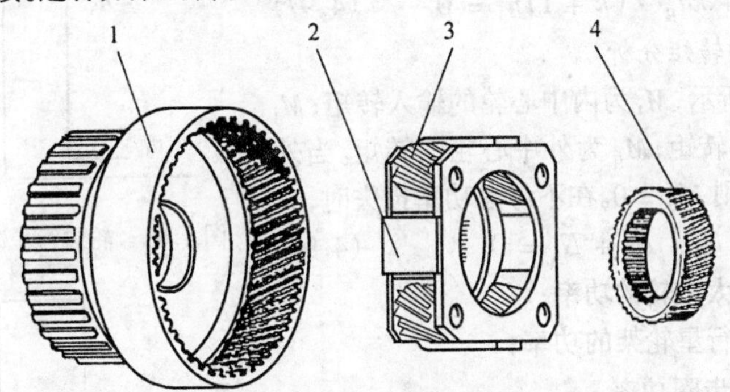

图4.64 轮边行星减速器拆分图

1—齿圈;2—行星架;3—行星齿轮;4—太阳轮

工程机械大都采用第一种方案。整个驱动桥图4.53的机构运动简图,如图4.65所示。

1.行星机构运动分析

图4.66为轮边行星减速器的运动简图,由该图可知轮边减速器为一个差动轮系。由机械原理可得

$$(n_t - n_j)/(n_q - n_j) = -Z_q/Z_t k \tag{4.95}$$

式中 n_t—— 内中心轮转速;

n_j—— 行星架转速;

n_q—— 外行星轮转速;

Z_t—— 内中心轮齿数;

Z_q—— 外中心轮齿数。

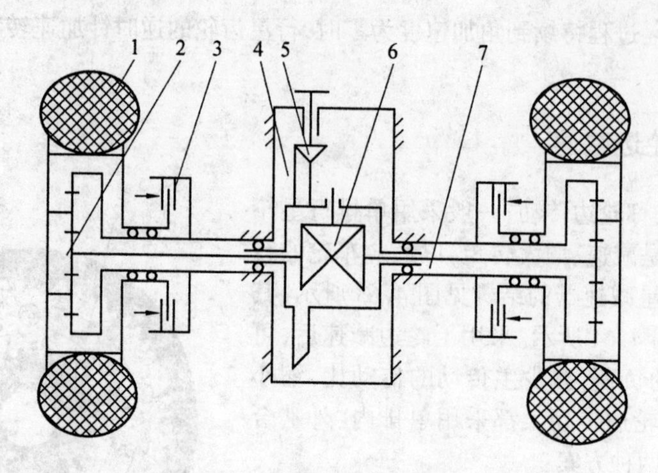

图 4.65 驱动桥及轮边传动简图

1— 轮胎;2— 轮边减速器;3— 制动器;4— 从动齿轮;5— 主动齿轮;6— 差速器;
7— 半轴

令
$$k = -Z_q/Z_t \tag{4.96}$$

由式(4.95)和(4.96)得两个中心轮和行星架转速的关系为

$$n_t + kn_q - (k+1)n_j = 0 \tag{4.97}$$

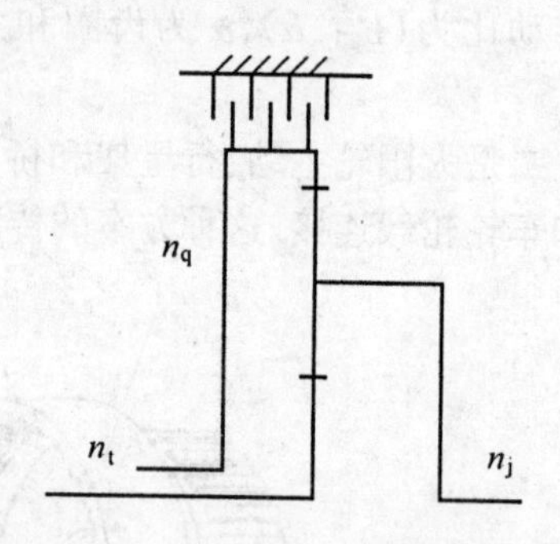

图 4.66 轮边行星减速器运动简图

2.行星机构转矩分析

如图 4.67 所示,M_t 为内中心轮的输入转矩;M_j 为行星架的输出转矩;M_q 为外中心轮的转矩。当外中心轮制动时,则 $M_q = 0$。在不考虑功率损失时,有

$$N_t + N_q + N_j = 0 \tag{4.98}$$

式中 N_t—— 太阳轮的功率;

N_j—— 行星轮架的功率;

N_q—— 齿圈功率。

上式可写成

$$n_tM_t + n_qM_q + n_jM_j = 0 \tag{4.99}$$

式中 M_t—— 太阳轮转矩;

M_j—— 行星轮架转矩;

M_q—— 齿圈转矩。

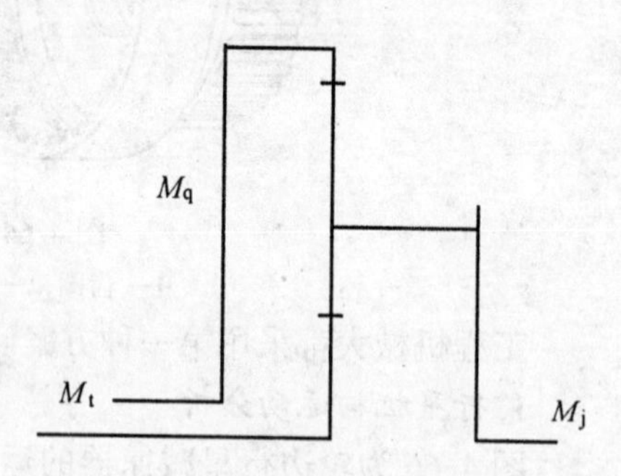

图 4.67 轮边行星减速器作用力

由行星轮的平衡可得

$$M_t + M_q + M_j = 0 \tag{4.100}$$

联立式(4.97)、式(4.99)和式(4.100)可得

$$M_t = M_q/k = -M_j/(k+1) \tag{4.101}$$

3.行星机构效率分析

行星机构传动效率为

$$\eta = 1 - (1 - \eta_c) \mid N_c/N_i \mid \tag{4.102}$$

式中 η_c—— 齿轮啮合效率,通常取 $\eta_c = 0.97$;

N_i—— 输入功率;

N_c—— 行星排啮合功率,计算式为

$\mid N_c \mid = \mid M_t(\omega_t - \omega_j) \mid = \mid M_q(\omega_q - \omega_j) \mid$,这里 ω 为角速度。

4.轮边减速器分析

(1) 轮边减速器传动比

如图4.66所示,当 $n_q = 0$,即外齿轮制动时,内中心轮为主动轮,行星架为运动输出。轮边减速器的传动比,由式(4.97)得

$$i_f = n_t/n_j = k + 1 \tag{4.103}$$

(2) 轮边减速器传动效率

1) 输入功率

$$N_i = M_t\omega_t \tag{4.104}$$

2) 啮合功率

$$\mid N_c \mid = \mid M_t(\omega_t - \omega_j) \mid = \mid M_t\omega_t(1 - \omega_j/\omega_t) \mid = \mid M_t\omega_t(1 - 1/i_f) \mid = \mid M_t\omega_t[1 - 1/(k + 1)] \mid \tag{4.105}$$

3) 效率

$$\eta = 1 - (1 - \eta_c) \mid N_c/N_i \mid = 1 - (1 - \eta_c)[1 - 1/(k + 1)] = (1 + k\eta_c)/(k + 1) \tag{4.106}$$

4.8.3 驱动桥分析

1.驱动桥运动分析

综合主传动、差速器和轮边减速器运动分析结果,可得

$$n_1 + n_2 = 2n_i/i_D \tag{4.107}$$

式中 n_1—— 左侧驱动轮转速,r/min;

n_2—— 右侧驱动轮转速,r/min;

n_i—— 输入锥齿轮转速,r/min;

i_D—— 驱动桥传动比,$i_D = i_Z i_f$。

2.驱动桥转矩分析

驱动桥输入输出接口转矩关系为

$$M_1 = M_2 = -0.5M_i i_D \eta_D \tag{4.108}$$

式中 M_1—— 左侧驱动轮转矩,Nm;

M_2—— 右侧驱动轮转矩,Nm;

M_i—— 输入锥齿轮转矩,Nm;

η_D—— 驱动桥传动效率,可近似取 $\eta_D = 0.87 \sim 0.9$;当主传动为双级减速时,取小值;当没有轮边减速时,效率可适当提高。

3.驱动桥功率分析

驱动桥输入输出接口功率关系为

$$N_1 + N_2 = N_i \eta_D \tag{4.109}$$

式中 N_1—— 左侧驱动轮功率,kW;

N_2—— 右侧驱动轮功率,kW;

N_i—— 输入锥齿轮功率,kW。

4.8.4 驱动桥选用要点

驱动桥的功用是将来自变速箱的动力经降速增扭并改变方向后,分配给左右驱动轮,并且允许左右驱动轮以不同转速旋转。

轮式工程机械的驱动桥主要有整体式和转向式驱动桥两类。如 ZL40B 型装载机即为整体式驱动桥,WYL-60 型液压挖掘机即是应用转向驱动桥。

对于双桥轮胎式车辆来说,有单桥驱动和双桥驱动之分。高速且主要行使在高等级路面的车辆采用单桥驱动;需要低速度、大扭矩且工作路面条件差的车辆采用双桥驱动。

履带式工程机械常用常规驱动桥,如履带式推土机、履带式装载机等即应用了常规驱动桥。这种驱动桥的结构简单,而且其驱动链轮的位置较低,简化了行走装置的结构,因而得到了广泛的应用。但这种结构转向时一边履带的工作能力不能充分发挥,且转向时的运动轨迹往往是折线,很难控制,拆装困难维修不便。

驱动桥作为一个部件,现已系列化了,我们在设计底盘时,可以根据需要进行选择。

驱动桥的选用原则:

1)满足传动比的要求,保证车辆的动力性;

2)满足最小离地间隙的要求,保证车辆的牵引性能;

3)结构合理,有足够的强度,寿命长,工作可靠;

4)安装维修方便;

5)符合工程机械种类特性的要求。

如图 4.53 和图 4.68 为两种驱动桥的外形。根据所传递的转矩、传动比及有关的连接尺寸,按表 4.35 选择相应的产品型号。

图 4.68 驱动桥实体

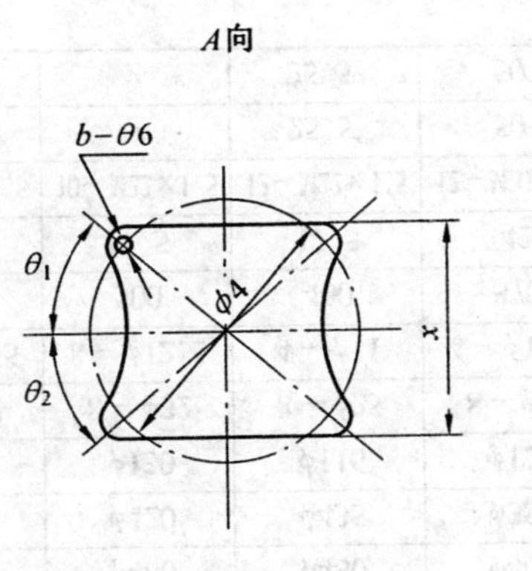

表 4.35 驱动桥

序号	1	2	3	4	5	6	7	8	9	10	11
型号	YZ12	ZL30	ZL40	ZL50	YZ16B	YZ18B	ZLS50	ZL50E	YZ20	CPCD60BT	QC25C
$i_{总}$	20.9523	20.9523	23.257	23.257	23.2	23.2	23.2	23.433	37	26.586	16.21
$i_{主}$	4.44	4.44	5.2857	5.2857	5.286	5.286	5.286	4.625	6.1667	6.33	4.4
$i_{边}$	4.7143	4.7143	4.4	4.4	4.4	4.4	4.4	5.067	6	4.2	3.6
$M_{主}$	2500	2500	3030	3700	3700	3700	3700	4500	140	2450	1300
$M_{制}$	26310/100	26310/100	17550/100	20000/100	17550/100	17550/100	20000/100	20000/100	4560/100	22400/100	10000/100
W_1	19	19	27	27	23	23	/	27	/	16	/
Q	710	740									
A	2098	2098	2264	2482	2200	2200	2710	2488	2246	1860	1456
B	1722	1722	2030	2248	1740	1740	2248	2248	1740	1530	1206
C	1302	1302	1420	1522	1402	1402	/	1526	1405	1144.5	830
E	422	422	427.5	427.5	462.5	462.5	427.5	427.5	462.5	357.5	299.5
F	443	443	462.5	462.5	497.5	497.5	462.5	462.5	497.5	441.5	320.5
G	865	865	890	890	960	960	890	890	960	799	620
H	327	327	355	355	355	355	355	355	364	370	346

续表 4.35

序号	1	2	3	4	5	6	7	8	9	10	11
型号	YZ12	ZL30	ZL40	ZL50	YZ16B	YZ18B	ZLS50	ZL50E	YZ20	CPCD60BT	QC25C
I	205	205	232	232	232	232	232	232	232	220	210
J	77	95	0	0	72.5	72.5	0	0	72.5	100	92
K	160	160	260/400	260/400	210	210	260/400	260/400	210	200	190
L	124	124	/	/	140	140	188	/	140	220	
M	72	72	73	73	73	73	73	79	73	92	35
N	203	203	230	230	230	230	230	240	230	215	203
O	90	90	0	0	−20	−20	0	0	−20		95
P	90	90	55	55	130	130	55	55	130	110	95
Q	172	172	192	192	172	172	/	189	190	168	68.5
R	86	86	96	96	86	86	/	94.5	95	91.5	31.25
X	71	105	125	125	125	125	125	$\phi150$	71	$\phi150$	$\phi152$
Y	227.5	255	265	265	261.5	261.5	265	265	261.5	225	168
$\phi1$	$\phi406$	$\phi406$	$\phi460$	$\phi460$	$\phi460$	$\phi460$	$\phi460$	$\phi480$	$\phi460$	$\phi430$	$\phi406$
$\phi2$	$\phi404$	$\phi460$	$\phi480$	$\phi480$	$\phi480$	$\phi480$	$\phi480$	$\phi480$	$\phi480$	$\phi404$	$\phi300$
$\phi3$	$\phi352$	$\phi389.8$	$\phi420$	$\phi420$	$\phi435$	$\phi435$	$\phi420$	$\phi420$	$\phi435$	$\phi352$	$\phi258$
$\phi4$	$\phi116$	$\phi120$	$\phi120$	120	$\phi120$	$\phi120$	$\phi120$	$\phi130$	$\phi116$	$\phi120$	$\phi120$
$a-\phi5$	$8-\phi25$	$8-\phi25$	$8-\phi32$	$8-\phi32$	$8-\phi25$	$8-\phi25$	$8-\phi32$	$8-\phi32$	$8-\phi25$	$8-\phi26$	$8-\phi21$
$b-\phi6$	$4-\phi11$	$4-\phi14$	$4-\phi14.5$	$4-\phi14.5$	$4-\phi14.5$	$4-\phi14.5$	$4-\phi14.5$	$8-\phi12.5$	$4-\phi11$	$4-\phi14.5$	$4-\phi14.5$
$\phi7$	460	460	500	500	460	460	/	500	460	370	432
Z	10.5	10.5	17.5	17.5	17.5	17.5	17.5	17.5	17.5	42	10.5
Γ	12 − M22 × 1.5	12 − M22 × 1.5	12 − M20 × 1.5	12 − M20 × 1.5	12 − M22 × 1.5	12 − M22 × 1.5	12 − M22 × 1.5	10 − M22 × 1.5	12 − M22 × 1.5	12 − M20 × 1.5	6 − M20 × 1.5
θ_1	25.5°	40°	40°	40°	40°	40°	40°	/	25.5°	50°	50°
θ_2	25.5°	40°	40°	40°	40°	40°	40°	/	25.5°	50°	50°

第5章 工作机构设计

工程机械通常有多个工作机构，每个工作机构往往是一个完整的机械系统，在设计中，把工作机构作为一个未来系统来考虑。工作机构的设计主要包括功能原理设计和实体设计两大部分。工作机构功能原理设计与整机总体功能原理设计比较，既有相同点，也有不同之处。总体功能原理设计开始时，通常需要进行需求分析，以使功能与需求匹配。然而，对工作机构的需求不是直接来自社会，而是源于总体功能原理设计的结果。工作机构的基本功能，也不是由功需匹配来确定，而是由总体功能原理设计来决定。因此工作机构功能原理设计开始阶段首先要做的工作不是需求分析和功需匹配，而是对总体功能原理给定的工作机构设计任务进行分析。此外，工作机构基本功能与整机目标功能比较，已经简单了许多，通常可以直接找到若干原理解。因此，在总体功能原理设计阶段通常需要专门进行的功能原理匹配工作，在工作机构功能原理设计阶段可以进行组成原理设计。因此可知，工作机构功能原理设计有两项基本工作，即设计任务分析与组成原理设计。

功能原理设计的成果主要有目标机构原理简图和原理框图，以及设计要件列表。这里的设计要件是因为工作机构功能原理和组成原理的需要而引出的机构组成要件。当功能原理设计完成之后，可以进行要件的实体设计。

由于载荷是实体设计的关键赋值参数，故在实体设计前期应进行载荷分析。一般地，工作机构由多个要件组成，要件的设计顺序的安排将影响设计周期和质量，故在实体设计开始时，应首先寻求正确的要件设计路径，再根据设计路径进行设计。

在实体设计中，为提高机构效率、降低成本、减少体积或提高机构寿命，往往需要优化设计参数。经验、类比或试凑等方法的工作效率低，而且很难得到最优结果。最优化设计方法是参数寻优的一种理想方法，在工作机构设计中得到广泛应用。

本章以液压轮胎式起重机的起升机构为载体，对工作机构设计的主要过程进行系统的分析，同时，介绍实体设计的最优化设计方法。

5.1 功能原理设计

接受设计任务书后，首先要对设计任务进行技术分析，确定目标机构（要设计完成的机构）要实现的功能要求（目标功能），并找到尽可能多的设计约束。然后，根据功能要求和设计约束，确定本系统的功能模块划分方案，并对功能模块形态进行分析和筛选，在此基础上确定目标机构的构造原理，明确组成目标机构的功能原理要件，为实体设计提供前提基础。

5.1.1 设计任务分析

工作机构设计任务书给定了设计输入条件,通常包括基本功能要求和基本性能要求。基本功能是指工作机构的工作头(不一定是整机工作头)的动作功能。目标机构构造原理的确定与机构工作头要完成的基本动作有关。功能原理设计阶段的第一项工作就是要明确总体功能原理设计对工作机构提出了什么样的基本功能要求,且以此为基础进行功能分析。基本性能要求有时也会对机构功能原理设计产生影响,在进行设计任务分析时注意发现机构工作性能与机构工作原理之间的内在关系,在进行功能原理设计时加以考虑。

在进行工作机构功能原理设计时,还需要关注总体设计任务书的内容,注意那些可能会影响到工作机构设计的基本要求,并且在功能原理设计阶段就应给予足够重视。此外,还需要关心总体方案设计的进展情况和其他子系统的设计方案。

通常设计任务分析工作包括以下功能分析和约束分析两项基本内容。

1.功能分析

在进行功能分析时,除了要明确机构的基本功能之外,还应当分析并确定在正常使用条件下机构的操纵功能,此外,其他与可靠性、安全性、经济性、竞争性等主客观要求相关的机构功能也需要在这个阶段进行分析与筛选。

(1)明确基本功能

基本功能通常是指工作机构的工作头必须保证实现的动作功能。例如,起重机起升机构的工作头是吊具,起升机构的基本功能是吊具的升降运动功能;起重机回转机构的工作头是回转平台,回转机构的基本功能是回转平台的转动功能。

塔式起重机爬升机构的工作头是爬升外套架,爬升机构的基本功能是爬升外套架的爬升功能。

(2)使用功能

工作机构工作头的运动是在使用者的操控下进行的。操作项目通常包括启动与停止、正向动作与反向动作、增速与减速、加力与减力等,其中,启动与停止,以及正向动作功能是任何工作机构都必须具备的功能。有些工作头为转动的工作机构,可能不需要逆转;增减速和加减力功能不是每个工作机构都需要专门设置的。

(3)完善功能

完善功能是指可以提高工作机构的品质与质量的功能,这些功能不是必须具备的功能。例如,在起重机的起升机构中,加上卷筒排绳功能或钢丝绳润滑功能可以有效提高钢丝绳的使用寿命;加上过载保护、过卷保护和过放保护等功能可以使安全性能大大提高;加上自动控制功能后可以全面改善使用特性。

(4)目标功能

在为工作机构确定的目标功能中,必须具备的功能包括基本功能、使用功能中的启动与停止功能,以及设计任务书中要求的其他功能。

此外,是否增加其他功能,要由设计者根据实际情况确定。通常功能的增加总是以成本的增加为代价的,因此,在决定功能取舍时,除了考虑产品的使用性能之外,对产品的经济性、性价比、竞争力等商业特性也应当作必要的分析。

2.约束分析

约束是指除了目标功能之外,对目标机构提出的其他设计要求或条件。这些要求有的明确地写在设计任务书中,有的是潜在的,需要设计者自己去分析确定。

没有写进设计任务书的约束条件,通常来自总体设计任务书、设计规范、总体设计过程、与用户的交流,以及设计者的分析判断。一般来说,设计工作初期约束条件发现得越多,设计工作的返复设计越少,工作效率越高。

例如,对于"25 t液压式轮胎起重机起升机构设计"这样的设计任务,虽然没有明确给出起重机的臂架类型,但是,设计规范要求不小于24 m的起升高度和不大于12 m的行驶轮廓长度,已经暗示臂架可能采用现场组装、现场折叠和现场伸缩三种类型。由于是液压式起重机,完全有条件采用现场架设速度最快的、最方便的液压伸缩式臂架。臂架型式的确定为钢丝绳总长度和卷绕长度的计算提供了明确条件。然而,对于同一个设计题目,如果起重机的使用场所是港口、码头,用户通常会要求采用桁架式臂架,并且采用固定不变的臂架长度,以便更好地适应昼夜不停,长时间满负荷的工作要求。

此外,由于是液压式轮胎起重机,在总体设计中,整机驱动方案通常会采用"内燃机-液压驱动"。这样,各工作机构采用液压驱动方案就是顺理成章的选择。因此,目标机构的动力元件不是液压马达就是液压油缸。采用这个约束条件,会给起升机构和动力模块形态的确定节省许多时间。

5.1.2 功能模块划分

工作机构是由若干个功能模块组成,并在各个功能模块协调工作下完成指定任务。一般地,工作机构功能模块可包括动力模块、传动模块、执行模块、操控模块、连结模块和支承模块。动力模块是工作机构的动力源;传动模块是把动力模块的动力和运动传递给执行模块的中间装置;执行模块是直接完成系统任务的部分;操控模块是指操纵模块和控制模块,是为了使动力模块、传动模块、执行模块协调运行,并准确地完成工作机构功能的装置;连接模块是把各个模块(或模块间的部件)连接起来,形成一个完整的机械系统;支承模块是把工作机构与支座连接起来,具有对工作机构的固定、定位或导向作用。为了适应目标机构的功能要求和约束条件,并给分析和设计带来方便,对上述功能模块的划分可作必要的调整。根据实际情况,通过对功能模块的补充、分析或合并等方法,确定出适合目标机构的功能模块划分方案。

例如,对于液压起重机的起升机构,通常有高速和低速两种液压马达可供选择。如果选用低速马达,就可以省略减速器。这时,单独设立传动模块已经没有必要。比较恰当的处理方法是将动力模块与传动模块合并成一个驱动模块。这样,没有减速器的低速马达方案就可以作为驱动模块的一种可能形态保留下来,不至于被丢失。

通常,不同的操作功能在原理上有很大区别,不适宜放在一个统一的操控模块中去考虑,方便的作法是将操控模块分解,使每一项操作功能单独占有一个模块。例如,对于起升机构,操控模块通常可以分解成制动模块和调整模块。一般情况下,启动与停止功能可以与驱动功能共同占有驱动模块,只是在启动功能原理过于复杂的情况下,才单独建立启动停止模块。

功能模块分析的工作通常包括功能模块可能形态搜索与评价，以及目标机构组成原理方案筛选等内容。

1.目标机构功能模块可能形态搜索

功能模块形态是指能够实现目标模块功能的技术系统的存在形式。

(1)动力模块

工程机械常用的基本动力源主要有电动机和内燃机两种，整机常用的基本传动形式包括机械式传动，电力传动和液压传动三种形式。对于机械式传动系统，工作机构的动力元件通常是动力(分)轴；对于电传动系统，工作机构的动力元件通常为电动机或其他电力驱动元件；对于液压传动系统，工作机械的动力元件主要是液压马达或液压油缸。

(2)传动模块

工作机构的传动模块是指动力元件输出口到执行机构输入口之间的传动部分。当动力以转速和转矩的形式输出时，传动模块的可能形态主要有减速器、变速器或变矩器。这些不同类型部件是传动模块的可能形态。当动力是以低速、大转矩的形式输出时，动力元件的输出轴可能与执行机构输入轴直接(或通过联轴器)连接，此时，传动模块消失，或认为与动力模块合并成驱动模块。当动力是以直线运动形式输出时(如油缸)，输出动力也可能直接作用于执行机构，或直接作用在工作头上，这时也没有传动模块。

(3)执行模块

执行模块是指直接带动工作头完成动作功能的机构。当执行机构由多个简单机构串联组成时，有时也可将其中远离工作头部分的简单机构划归传动模块。

执行模块形态搜索的实质是对目标机构的基本功能进行功能原理匹配，找出尽可能多的功能和原理匹配方案。与整机目标功能相比，工作机构的基本功能相对比较简单，容易找到相匹配的原理解。具体操作时，可参照总体功能原理设计部分介绍过的功能类比，功能分解，以及原理筛选等方法。搜索到的各种形态，通常是以原理简图的形式给出，并配以必要的文字说明。

(4)操控模块

在实际设计中，操控模块通常按照操作功能的区别进一步细分。常见有启动模块、离合模块、制动模块、换向模块、调速模块、加力模块等。

按照操控对象的不同，操控模块有动力操控、传动操控、执行操控以及混合操控等四种形态。通常，一个具体的操控模块本身也包含了动力、传动、执行、支承甚至高阶控制模块(对操控系统本身的控制模块)。由此可知，操控模块的可能形态是多种多样的。实际设计时，可优先搜索在技术上较为成熟的操控形态。

(5)连接模块

连接模块形态是指在功率流动(传递)路线上，各功能模块功率之间的连接方式。不同的连接点可以建立不同的连接模块。

通常连接模块相对简单，往往将所有的功率连接点划归一个连接模块进行统一分析。按接口件的运动形式，连接模块可有转动、平动、平面运动和空间运动等四种连接形态。每一个连接形态都有各种不同的类型，应当搜索技术成熟的连接形态。

(6)支承模块

支承模块形态是指目标系统(目标机构)各功能模块与外系统之间的无功率接口的连接形式。无功率接口的含意是只传递作用(力,力矩)不传递运动的接口。

按被支承的运动状态,支承模块通常有转动支承、平动支承、固定支承和复合支承(如轴承加轴承座)四种类型。其中,转动支承技术发展已经相当成熟,有各种各样的轴承和回转支承装置可供选择。固定支承在结构上有铸造和焊接两种形式。焊接结构又可分为框架式、桁架式、筋板式、箱板式、框板式以及混合式等六种结构形式。

此外,支承件的接口形式也是多种多样的,如法兰式接口、轴销式接口、嵌入式接口、焊接式接口等等。

2.功能模块形态评价与筛选

如果用矩阵模型的某一行与目标机构的某个功能模块相对应,并且该行的某一列与这功能模块的某个形态相对应,当所有的功能模块及其形态都在该矩阵模型中依次找到自己位置时,就生成了目标机构的形态阵。

目标机构的形态阵在数学上与普通矩阵有两个基本区别。普通矩阵每一行的列数(元素个数)都相等,形态阵各行向量中的元素数量通常不相等。最大区别在于普通矩阵列向量的数目等于矩阵列数;列向量的组成元素是各行中在该列位置上的元素。而形态阵都不是这样,形态阵列向量的组成元素可以是各行中任意列位置上的元素,因此,形态阵列向量的数目等于各行向量数目的积,或者说,形态阵列向量的数目等于各行的列数之积。

目标机构形态阵的每个列向量都对应着一个目标机构组成原理的可能形态。由此可知,目标机构组成原理可能方案的数量通常是个庞大的数字。按一般说法,设计者需对为数众多的组成原理的可能方案(即形态阵列向量)逐一分析,综合比较,择优选取。但是,在许多情况下,这是一件不可能完成的工作。实际设计中,常用的方法是在构成形态阵列向量之前,首先对行向量中的元素进行筛选,使各行向量中的元素数量尽可能减少。当各行向量中的元素只剩下一个时,目标机构就只剩下一个可行的组成原理方案。

形态阵行向量的缩减工作应当以功能模块形态评价为基础。在进行评价与筛选工作时,除了考虑机械产品设计的一般性要求(如功能要求、性能要求、可靠性要求、安全性要求、经济性要求、外观要求等)外,还应当注意以下要点。

(1)动力模块筛选要点

通常,动力模块形态筛选主要考虑与整机传动方案的匹配问题。当整机为机械式传动时,工作机构若采用电动机或液压马达作为动力元件,则必须为工作机构配置电站或液压泵站,这样的动力转换模块会造成能量损失,增加设备成本。当整机为电(液压)传动时,若选择液压马达(电动机)作为机构动力元件,也会产生同样的问题。

但是也有例外,例如,塔式起重机整机通常为电传动,然而,塔式起重机的爬升机构大多采用油缸为动力元件,并为此配置专用液压泵站。这是因为与其他方案相比较,油缸爬升机构具有体积小、工作方便、平稳、可靠、拆装维修方便等多重优点,性价比与竞争性具佳。

(2)传动模块筛选要点

随着低速、大转矩马达,多极电动机和电动机调频调速技术的出现,在许多情况下可以选择不用减速的驱动方案。这样的选择有利于减少能量损失,缩小体积,减轻自重,提高可靠性和维修性能,还可能降低成本。但是,有些场合用减速器结构会更加紧凑。例如,起重机起升机构通常采用钢丝绳卷筒结构,若选用行星减速器,并将其布置在卷筒内部,机构占用空间会大大减小,给总体布置带来很大方便。再如,在传递功率不大,并且载荷拖动会造成严重后果的情况下,选用带有自锁功能的蜗轮蜗杆传动可以省略制动模块,提高安全性能。此外,在长期满载连续运行条件下,选用标准减速器对于提高可靠性和寿命,增强维修性,更加有利。

(3)执行模块筛选

在确保实现目标机构基本功能的前提下,执行机构的工作原理和组成原理应当尽可能简单明了。对于创新性的原理方案,应当进行充分的前期论证和必要的试验。对于非创新性的原理方案则应当优先考虑在技术上比较成熟的、应用比较广泛的常用机构或装置。

(4)操控模块筛选

操控模块与工作机构的使用性能密切相关,使用者与机械系统的连接是通过操控模块来实现的。确定操控方案首先要保证可靠性,在此基础上,要注意人机系统的合理与协调,对于创新性的操控方案应当进行前期试验。通常情况下,应当尽可能选择技术成熟的配套产品。

(5)连接模块筛选

功率高是工程机械工作机构的一个特点,在选择连接件时,首先应当注意传动效率和补偿特性。在布置空间较小的情况下,可以考虑设计接口方式。

(6)支承模块筛选

支承模块通常需要自己动手设计,重点注意连接的可靠性和布置的可行性。在此基础上力求结构形式简单,力(或力矩)的传递路线明确、简捷、计算方便。还应注意美观大方,对于外形庞大的结构件应注意减轻自重,并且优先选择焊接结构,对于小型支架、台座,在匹量生产时,可考虑采用铸造结构。

5.1.3 功能原理方案

目标机构形态阵的各行向量中元素经过筛选之后,数量会减少许多,剩余元素构成若干组成原理方案。经过进一步的综合比较,可选定其中一个或几个方案作为目标机构功能原理设计的备选方案。

通常,功能原理方案包括以下基本内容。

1.目标机构原理框图

机构原理框图通常包括以下要素:

(1)目标机构所包含的所有功能模块;

(2)各功能模块的选定形态;

(3)各功能模块之间的连接顺序与方式。

2.目标机构原理简图

机构原理简图通常包括的内容有:

(1)各功能模块选定形态的原理简图;

(2)各简图模块之间的相对位置,连接顺序与方式;

(3)目标机构功能原理形态的组成要件编号。

3.目标机构功能原理要件清单。

4.必要的文字说明。

5.1.4 功能原理设计实例

【例5.1】 25 t液压汽车起重机起升机构功能原理设计。

1.设计题目分析

(1)功能目标分析

一般地,起升机构的功能如表5.1所示。作为实例,为方便起见,只考虑起升机构的必要功能,即目标起升机构的功能目标确定为:能够满载或空载升降;当暂停操作时,提升到空中的重物能够可靠地停留在原处;空载升降速度能够达到满载升降速度的2倍以上。

表5.1 起升机构的各种功能

起升机构的功能	必要功能	基本功能	起升运动,下降运动,空中停留
		附加功能	调速(轻载高速)
	非必要功能		过卷保护,过放保护,自动排绳,自动控制

(2)题目约束分析

1)臂架形态约束

汽车起重机行驶状态的轮廓尺寸界限为12 m(长)×2.6 m(宽)×4 m(高);25 t汽车起重机最大起升高度不应小于24 m。为了同时满足最大起升高度,行驶轮廓尺寸界限,以及架设方便快捷等项要求,汽车起重机的臂架通常采用伸缩式结构。

2)驱动方式约束

液压起重机起重作业系统的驱动方式通常采用“内燃机–液压驱动”,起升机构的动力装置应当采用液压驱动元件。

2.功能模块分析

(1)升降模块分析

1)升降模块形态搜索

在内燃机–液压驱动的条件下,实现重物升降运动的可用形态见图5.1。

2)升降形态筛选

当屏障高度相同时,摆臂升降的臂架长度约为卷绳升降的两倍,导致自重和行驶状态臂架折叠高度的增大。

当采用油缸升降时,油缸全伸长度约为臂架全伸长度的两倍,导致自重增加。为了满足行驶状态长度要求,油缸伸缩节的数目约为臂架伸缩节数目的两倍,导致油缸结构复杂。

当采用螺杆或齿条升降时,螺杆或齿条的长度与臂架全伸长度相近,导致自重增加。

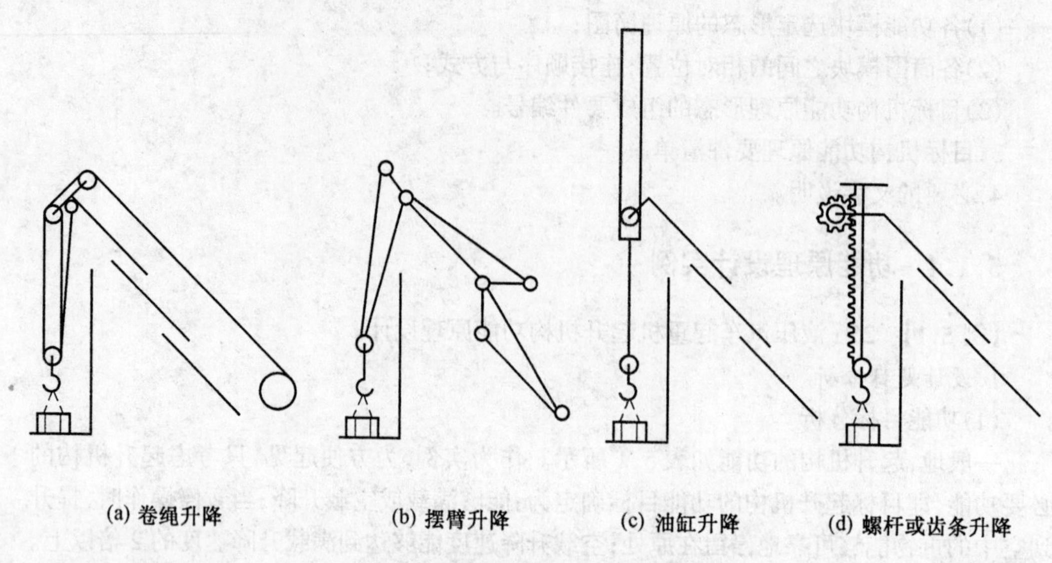

图 5.1 实现重物升降运动的可用形态

行使状态下,螺杆或齿条需要折叠收放,导致起重作业的准备时间延长。

综上所述,目标起升机构决定采用卷绳升降方法。

(2)驱动模块分析

1)驱动模块形态搜索

在内燃机－液压驱动的条件下,卷(绳)筒的可用驱动型式见图 5.2。

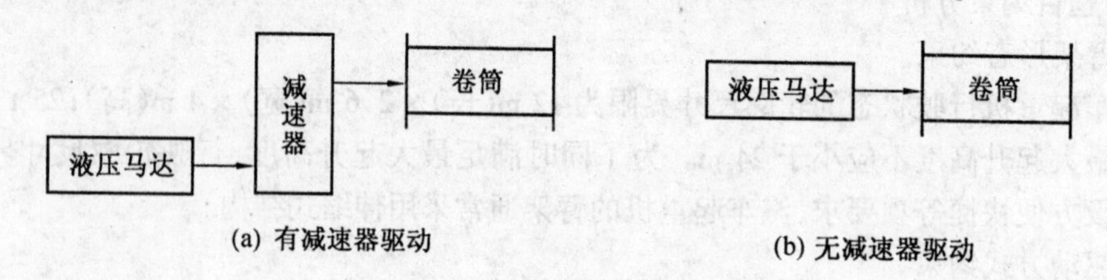

图 5.2 卷筒可用驱动型式

2)驱动形态筛选

由于在高速马达＋减速器驱动方案中,高速马达重量轻、体积小、容积效应高;并且减速器可采用标准减速器,成本低,故选择高速马达＋标准减速器方案。

(3)制动模块分析

1)制动位置选择

制动位置通常有高速轴制动和低速轴制动两种情况,见图 5.3。

高速轴制动力矩小,制动器的自重和尺寸也小,但是在制动轴与重物之间要比低速轴制动时多出减速器、连接(2)、卷筒等三个环节,从而降低了制动的可靠性。

为了提高制动的可靠性,目标起升机构决定采用低速轴制动方案。

2)制动方法分析

制动方法形态搜索与筛选详见表 5.2。

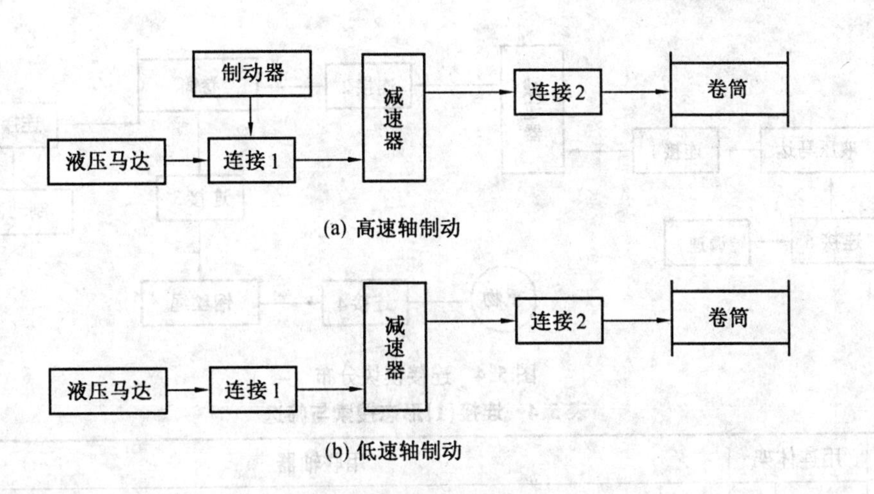

(a) 高速轴制动

(b) 低速轴制动

图 5.3 制动模块位置可选形态

表 5.2 制动方法形态搜索与筛选

<table>
<tr><td rowspan="3">制动方法
可用形态</td><td colspan="6">机械制动</td><td rowspan="3">液压闭锁</td></tr>
<tr><td colspan="4">摩擦机理</td><td colspan="2">其他机理</td></tr>
<tr><td>带式</td><td>盘式</td><td>块式</td><td>蹄式</td><td>磁粉</td><td>涡流</td></tr>
<tr><td>评价要点</td><td>简单可靠</td><td colspan="3">构造较复杂,自重较大</td><td colspan="2">时间有限,构造较复杂</td><td>容易实现</td></tr>
<tr><td>取舍</td><td>取</td><td colspan="3">舍</td><td colspan="2">舍</td><td>取</td></tr>
</table>

为了提高制动的可靠性,目标起升机构决定同时采用带式制动器制动和液压闭锁制动等两种制动方法。

(4)调速模块分析。在内燃机-液压驱动的条件下,可用的调速型式与筛选见表5.3。

表 5.3 调速方法形态搜索与筛选

<table>
<tr><td rowspan="3">调速方法
可用形态</td><td rowspan="3">内燃机油
门调速</td><td colspan="3">机械调速</td><td colspan="3">液压调速</td></tr>
<tr><td rowspan="2">离合器+摩
擦制动器</td><td rowspan="2">摩擦制动器</td><td rowspan="2">变速器</td><td rowspan="2">节　流</td><td colspan="2">容　积</td></tr>
<tr><td>变量</td><td>多泵</td></tr>
<tr><td>评价要点</td><td>内燃机自
带功能</td><td>磨损大
构造复杂</td><td>磨损大,只
能限速</td><td>自重较大
成本高</td><td>只能限速</td><td>增速方便</td><td>性能较差</td></tr>
<tr><td>取舍</td><td>取</td><td colspan="3">舍</td><td colspan="2">取</td><td>舍</td></tr>
</table>

为了提高调速性能,目标起升机构决定采用内燃机油门调速、换向阀节流限速和变量液压马达增速等三种方法并用的调速模式。

(5)连接模块分析

图 5.4 为起升机构连接模块分布图。

1)连接(1)形态分析。连接(1)是指液压马达输出轴与标准减速器输入轴之间的连接。连接(1)形态搜索与筛选详见表 5.4。

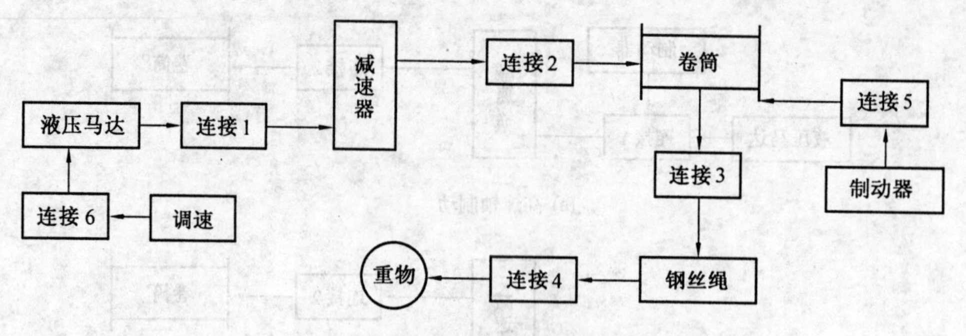

图 5.4 连接模块分布

表 5.4 连接(1)形态搜索与筛选

连接(1)的可用形态	用连体架			用联轴器							
					机械式						
	平键式	花键式	鼓形齿键式	液力式	刚性	弹性					
						无弹性件					有弹性件
						滚子链	齿式	滑块	十字滑块	十字轴万向	
评价要点	不适合标准减速器			效率低	无补偿	易损坏	补偿性好 效率高	补偿性较差	转速低	效率低 轮廓大	效率低
取舍	舍			舍			取	舍			

综合比较后，连接(1)的形态确定为采用齿式联轴器。

2)连接(2)形态分析。连接(2)是指标准减速器输出轴与卷筒轴之间的连接。连接(2)形态搜索与筛选详见表 5.5。

表 5.5 连接(2)形态搜索与筛选

连接方式	联轴器	开式齿轮	三支点轴	附加轴
简图				
评价要点	轴向尺寸较大，自重较大	径向尺寸较大，自重大，效率低	工艺要求较高	尺寸小，自重小，构造简单
取舍	舍			取

综合比较后，连接(2)的形态确定为采用附加轴连接方式。

3)连接(3)形态分析。连接(3)是指卷筒与钢丝绳头的连接。连接(3)形态搜索与筛选详见表 5.6。

表 5.6 连接(3)形态搜索与筛选

连接(3)的可用形态	压板式			楔形块式
	卷筒外表压绳	卷筒内槽压绳	卷筒侧板压绳	
评价要点	适合于单层卷绕	适合于铸造卷筒	可用于多层卷绕	适合于铸造卷筒
取舍	舍		取	舍

综合比较后,连接(3)的形态确定为采用卷筒侧板压绳的连接方式。

4)连接(4)形态分析。连接(4)是指钢丝绳与重物的连接。形态搜索与筛选详见表5.7。

表 5.7 连接(4)形态搜索与筛选

连接(4)的可用形态	用吊具			不使用吊具,钢丝绳与重物直接相连
	与吊具直接相连	通过承重滑轮与吊具相连	通过动滑轮与吊具相连	
评价要点	仅适合于倍率为一的情况		可用于多倍率	不适合频繁作业
取舍	舍		取	舍

综合比较后,连接(4)的形态确定为采用钢丝绳通过动滑轮与吊具相连的连接方式。

5)连接(5)是指卷筒与制动器的连接。其连接形式只能是摩擦连接。

6)连接(6)是指调速模块与液压马达的连接。连接形式详见表5.8。

表 5.8 调速模块与液压马达的连接

序号	调速模式	连接路径	备注
1	内燃机油门调速	油门踏板→油门→内燃机→油泵→液压马达	
2	换向阀节流限速	换向阀手柄→换向阀阀芯→油流→液压马达	
3	变量液压马达增速	液压系统实际压力→液压马达自带变量机构	自动调速

(6)支承模块分析

图5.5为起升机构模块分布图。

1)支承(1)是指液压马达的支承。支承(1)采用焊接支架,与回转台螺栓连接。

2)支承(2)是指减速器的支承。减速器与回转台螺栓连接。

3)支承(3)形态分析。支承(3)是指卷筒的支承。卷筒的一端搭在减速器的输出轴上,另一端的支承模式详见表5.9。

表 5.9 卷筒支端的支承模式与筛选

可用形态	球轴承				滚子轴承				滚针轴承
	角接触	深沟	调心	推力	圆柱	调心	圆锥	推力调心	
评价要点	补偿性较差		尺寸较大	方向不对	补偿性较差	补偿好尺寸小	补偿性较差	方向不对	补偿性较差
取舍	舍					取	舍		

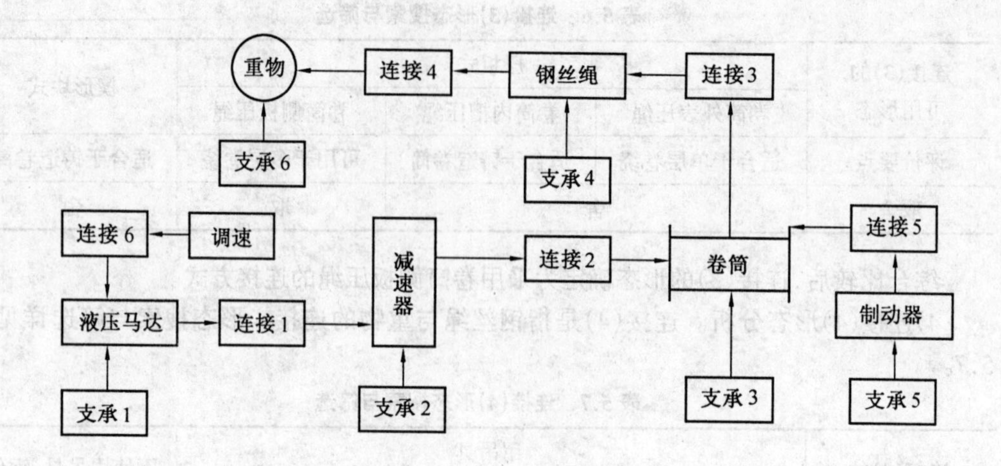

图 5.5 支撑模块分布

综合比较后,支承(3)的形态确定为采用调心滚子轴承,轴承座与回转台为螺栓连接。

4)支承(4)是指钢丝绳的支承。支承(4)采用滚动轴承式导向滑轮,装在臂架上。

5)支承(5)是指制动器的支承。支承(5)采用焊接支架,与回转台螺栓连接。

6)支承(6)形态分析

支承(6)是指对重物的支承,也就是连接(4)中的吊具。支承(6)的形态搜索与筛选详见表 5.10。

表 5.10 吊具的可用形态与筛选

可用形态	吊钩		吊环	抓斗		吸盘	集装箱吊具	遥控手
	单钩	双钩		单绳	双绳			
评价要点	通用性好	自重大	使用不便	专用吊具				时间有限
取舍	取	舍						

综合比较后,支承(6)的形态确定为采用单钩式吊钩。

3.功能原理方案

在功能模块分析的基础上,可进行功能原理设计,功能原理设计包括对目标工作机构的功能原理框图制定、功能原理简图绘制和列出功能要件清单。

(1)功能原理框图

综合以上分析,得到如图 5.6 所示的目标起升机构原理框图。

(2)功能原理简图

由目标起升机构原理框图得到的原理简图见图 5.7。目标起升机构液压系统工作油路原理简图见图 5.8。

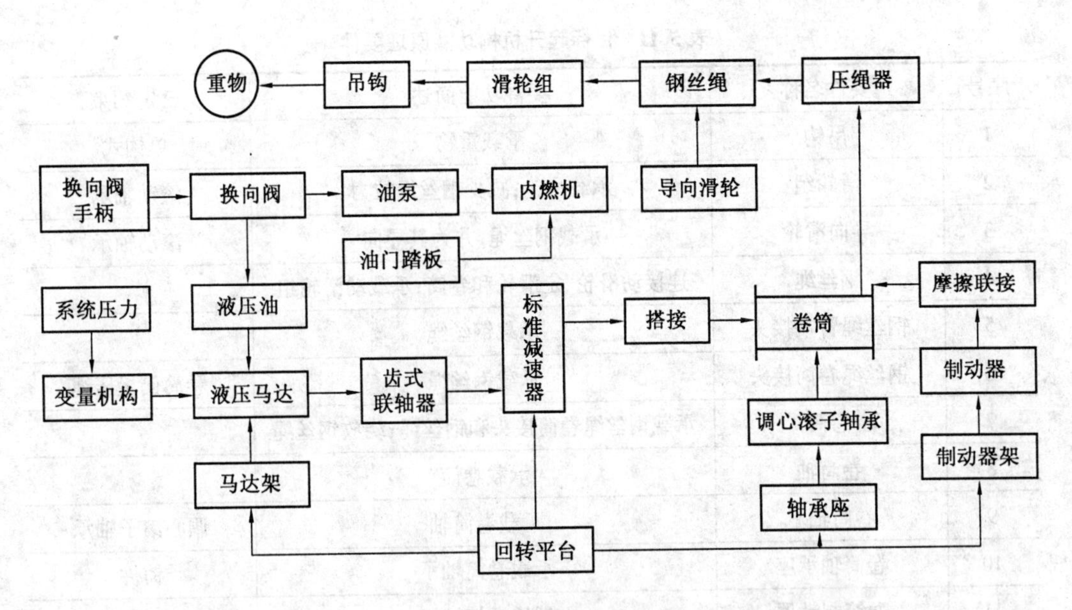

图5.6 目标起升机构原理框图

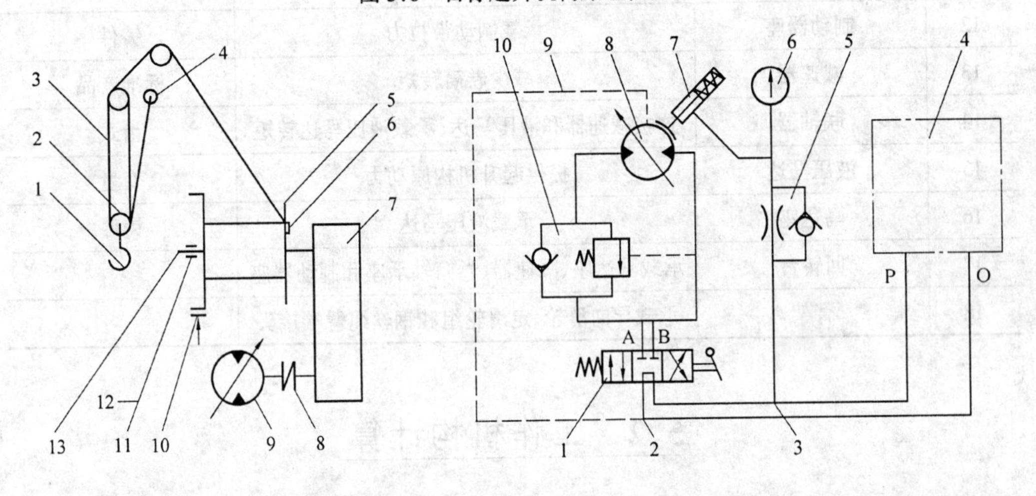

图5.7 目标起升机构原理简图

1—吊钩;2—滑轮;3—钢丝绳;4—钢丝绳接头;5—卷筒;6—压绳板;7—减速器;8—联轴器;9—液压马达;10—制动器;11—轴承;12—轴承座;13—半轴

图5.8 目标起升机构液压系统工作油路原理简图

1—3位4通手动换向阀;2—O管三通;3—P管三通;4—液压系统主油路;5—单向阻尼阀;6—压力表;7—制动器松闸油缸;8—变量液压马达;9—液压马达泄漏油道;10—平衡阀

(3)功能原理要件

根据目标原理框图和原理简图,功能原理设计阶段确定的目标起升机构机械部分要件详见表5.11。

表 5.11 目标起升机构功能原理要件

序号	要件名称	要件功能简述	已定约束
1	吊钩	承载重物	单钩式
2	滑轮组	承载吊钩;减少钢丝绳拉力	滚动轴承
3	导向滑轮	承载钢丝绳,并为其导向	滚动轴承
4	钢丝绳	连接动滑轮、定滑轮和卷筒;承载动滑轮组	
5	钢丝绳臂端接头	承载钢丝绳	
6	钢丝绳卷筒接头	承载钢丝绳	卷筒侧板压绳
7	卷筒	承载钢丝绳卷筒接头和钢丝绳;绕放钢丝绳	
8	卷筒轴	承载卷筒	
9	卷筒轴承	承载卷筒轴	调心滚子轴承
10	卷筒轴承座	承载卷筒轴承	铸件
11	卷筒制动器	抵抗卷筒转矩	带式制动器
12	制动器座	承载制动带拉力	铸件
13	减速器	减少卷筒转矩	标准产品
14	联轴器	连接减速器和液压马达,承载液压马达转矩	齿式
15	液压马达	提供起升机构原动力	变量
16	马达座	承载液压马达	铸件
17	回转台	承载马达座、减速器、卷筒轴承座和制动器座	
18	臂架	承载导向滑轮、定滑轮组和钢丝绳臂端接头	

5.2 工作机构计算

工作机构功能原理设计工作完成之后,目标机构进入功能原理状态,此时,目标机构各组成模块的基本形态、接口关系、原理简图以及基本组成要件等都已经确定,基本具备了进行实体设计的条件。

目标机构实体设计方法很多,常用的两种基本方法是分析计算法和验算修正法,两种设计方法都是以保证要件基本功能为前提,区别在于考虑强度、刚度、精度、加工工艺、接口关系等设计约束的方法不同。分析计算法在要件实体形态确定之前,应充分考虑各种设计约束,进行必要的设计计算和试验,其设计结果往往可以一次通过验算。验算修正法在要件实体形态确定之前,对于设计约束只做一般性考虑。通过经验、类比等设计方法,快速确定要件实体形态的第一方案。然后,再用各种设计约束逐一检验,不断进行修正,直到满足全部设计要求。

无论采用哪种设计方法,当目标机构的功能原理状态演进到准实体状态(用图纸与设计文件记录表达的状态)时,都要经过最终的计算,证明能够满足各种要求之后,才能正式开始样机试制。

机构分析主要包括运动分析、载荷分析(作用力分析)和功率分析。

通常,串联机构功率流的输入输出明确,分析工作可以直接进行。并联机构功率要件之间接口关系比较复杂,仅凭直觉往往难以确定功率流方向,此时,需要进行功率流分析。

此外,载荷分析是否合理关系到设计计算工作是否可靠,工作机构的设计计算应当以正确的载荷分析为基础。

5.2.1 串联机构分析

串联机构是指各功率要件,只有一个接口和一个输出接口的机构。功率要件是既传递作用力(力、力矩)又传递运动(平动、转动等)的要件。动力元件不属于功率要件。

通常,串联机构功率流向清楚,输入输出明确,要件接口关系简单,机构分析的主要工作是确定各要件输入接口与输出接口功率流参数(如力、速度、功率)之间的对应关系,并进行综合表达。

1.运动分析

运动分析是对构件间的运动关系进行分析。运动分析可用两种方法来描述:功率要件接口的输入和输出的运动参数描述和动力要件到某一接口的运动参数描述。

功率要件输入与输出的运动参数关系式为

$$K_{i+1} = f_{Kai}(K_i) \tag{5.1}$$

动力要件输出接口的运动参数与某一接口输出的运动参数关系为

$$K_{i+1} = f_{Kbi}(K_R) \tag{5.2}$$

式中 i—— 第 i 个功率要件;

K_{i+1}—— 功率要件 i 的输出运动参数;

K_i—— 功率要件 i 的输入运动参数;

f—— 函数关系;

K_R—— 动力源运动参数。

2.作用力分析

工程机械的工作机构往往是在克服较大的载荷下进行工作的,即工作机构受有较大的作用力。作用力大小影响到要件的结构尺寸、动力性能和工作寿命,故工程机械工作机构的作用力分析是要件设计的关键过程。

功率要件接口的作用力表达式为

$$F_{i+1} = f_{Fai}(F_i) \tag{5.3}$$

动力要件输出口到某一接口的输出表达式。

$$F_{i+1} = f_{Fbi}(F_R) \tag{5.4}$$

式中 F_i—— 第 i 个功率要件输入作用力;

F_{i+1}—— 第 i 个功率要件输出作用力;

F_R—— 动力源作用力。

3. 功率分析

运动速度和作用力是功率的两个要素，根据运动速度的大小和作用力的大小可确定功率的大小，同时，根据运动速度和作用力的方向可得到功率流动的方向。

功率要件的输入功率和输出功率的关系，可表示为

$$N_{i+1} = f_{Nai}(N_i) \tag{5.5}$$

动力要件输出口的功率到某一接口的输出功率的关系为

$$N_{i+1} = f_{Nbi}(N_R) \tag{5.6}$$

式中 N_i——第 i 个功率要件输入功率；

N_{i+1}——第 i 个功率要件输出功率；

N_R——动力源功率。

功率流向的确定方法可用功率的转速和作用力之积的符号来判断。转速方向以主动件的运动方向为正，用符号“⊕”表示；反之为负，用符号“⊖”表示。力方向以主动件输入力的方向为正，用符号“+”来表示；反之为负，用符号“-”来表示。功率流的方向约定：转矩与转速的符号相同时为正方向，箭头向里；否则，箭头向外。

【例5.2】 图5.9为某25 t轮胎式起重机的起升机构，试分析其功率流。

图5.9所示的起升机构工作原理可用框图表示，见图5.10。在起升机构中，由于通过卷筒的作用，把旋转运动转换为直线运动，故起升机构既有旋转运动要件，又有直线运动要件。

先分析旋转运动部分。假设减速器的输出转速的方向与它的输入转速的方向相同。那么，所有旋转运动的方向均与动力输入方向一致，故在参考点 A 右边，点 B 和 C 的左右均标上“⊕”。联轴器的左端为输入端，作用力方向与动力方向相同，故标上“+”号。如从参点 B 点切开，并使得系统成为左右两部分。根据力学平衡条件可得点 B 左端受力与动力方向相反，故在点 B 左端标上“-”号，故联轴器左端的力矩与转速之积的符号为正(即功率流为正)，功率流箭头指向联轴器；联轴器右端的功率为负，功率流箭头背向联轴器。同理可得点 C 的功率流方向。

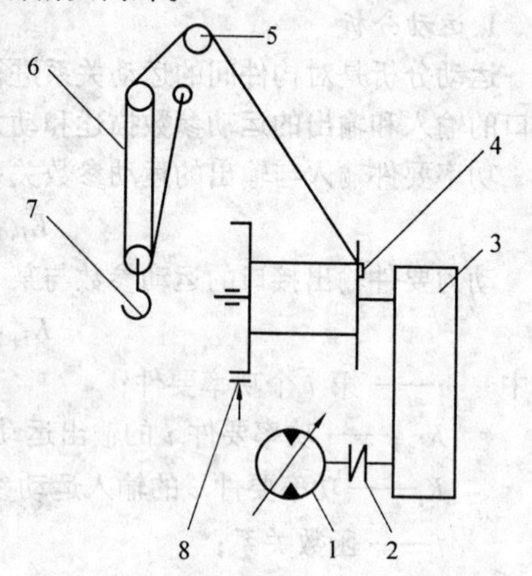

图5.9 起升机构工作简图

1—液压马达；2—联轴器；3—减速器；4—卷筒；5—定滑轮；6—动滑轮组；7—吊钩；8—制动器

D、E 和 F 为直线运动。设点 D 在卷筒表面上，从 D 切开，可得到点 D 左端的作用力对卷筒产生的转矩与卷筒的输入转矩的方向相反，即力矩为负；而其转速与卷筒转速相同，方向为正，故功率为负，箭头背离卷筒。点 D 右端当成直线运动处理，运动方向和作用力方向是一致的，故功率符号为正，箭头指向定滑轮。同理可得 E 和 F 的左右功率方向。

起升机构的功率流图见图5.10；表5.12给出输入功率参数均为单位1时，参考点的左边功率流参数；每个参考点右边的功率和转矩均是左边的功率和转矩的相反数，参考点两

边的速度相同。由于是线性的，故实际功率参数只需在单位功率参数上乘实际输入参数即可。

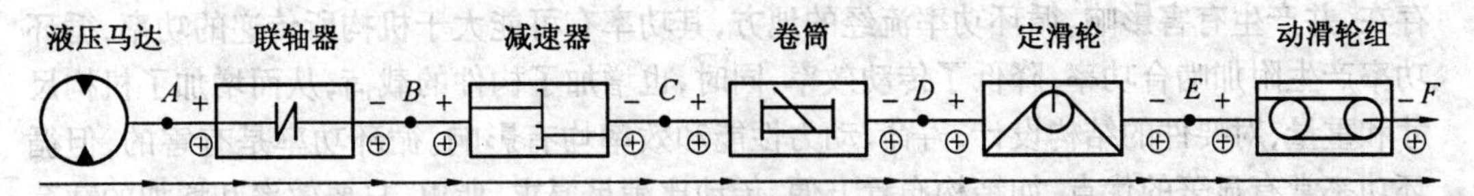

图5.10 起升机构功率流

表5.12 功率流参数

参考点左边	功率(到参考点的效率)	转矩(力)	转速(线速度)
A	1	1	1
B	η_l	η_l	1
C	$\eta_l\eta_i$	$\eta_l\eta_i$	1
D	$\eta_l\eta_i\eta_D$	$\eta_l\eta_i\eta_D/R$	R
E	$\eta_l\eta_i\eta_D\eta_W$	$\eta_l\eta_i\eta_D\eta_W/R$	R
F	$\eta_l\eta_i\eta_D\eta_W\eta_B$	$\eta_l\eta_i\eta_D\eta_W\eta_B a/R$	R/a

表中 η_l、η_i、η_D、η_W 和 η_B 分别为联轴器、减速器、卷筒、定滑轮和动滑轮组等部件的效率；a 和 R 分别为钢丝绳倍率和卷筒有效半径。

5.2.2 并联机构分析

并联机构中存在多个输入或多个输出接口的功率要件，要件接口输出参数(运动、作用力或功率)取决于要件的输入接口的参数，而输出接口往往大于(或等于)2个，而且接口输入要件可能涉及多个要件，故与串联机构相比，并联机构分析比较复杂。

1.运动分析

动力要件输出口到某一接口的运动参数表达式为

$$K_{i+1,j} = f_{Ki,j}(K_R) \tag{5.7}$$

式中 i——第 i 个功率要件；

j——第 i 个要件中第 j 个接口。

2.作用力分析

动力要件输出口到某一接口的作用力表达式为

$$F_{i+1,j} = f_{Fi,j}(F_R) \tag{5.8}$$

3.功率和功率流方向分析

动力要件输出口到某一接口的功率表达式为

$$N_{i+1,j} = f_{Ni,j}(N_R) \tag{5.9}$$

并联机构的功率流向复杂，常常出现功率分流、功率合流和功率循环等现象，故往往不能用直觉就可以判断，在功率流分析之前，必须经过运动速度分析和作用力分析才能准确地判断功率流向。

功率循环是一种寄生功率，它在整个机构的外部平衡中，并不表现出来，然而它确实存在，并产生有害影响。循环功率流经的地方，其功率有可能大于机构所传递的功率，循环功率产生附加啮合功率，降低了传动效率，同时，也增加了构件的载荷，从而增加了机构尺寸和重量，对要件的结构设计、寿命、动力性能和效率均有影响。循环功率是有害的，但循环功率常有显著的优点，如结构布置方便，传动比满足要求，所以，只要效率和增加的载荷符合要求，具有循环功率的方案是可以采用的。对存在功率循环的机构，应客观分析利弊，做出合理的取舍。

【例 5.3】 分析图 5.11 所示的两种行星机构的功率流。

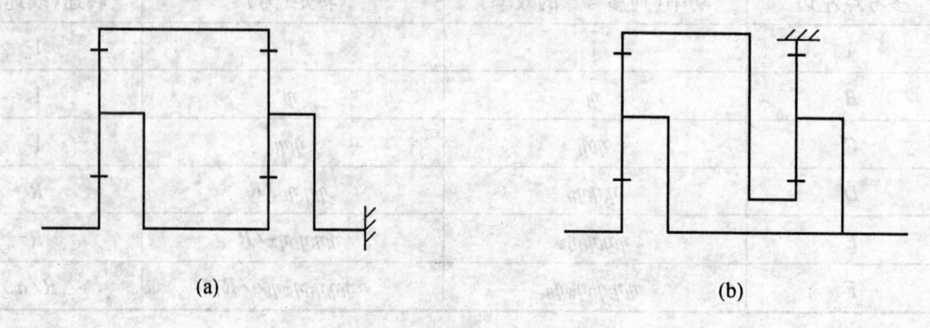

图 5.11 二排行星排的串联和并联

图 5.11(a) 由 2 个行星排组成，第一排太阳轮输入，第二排行星架固定，两排的齿圈共同输出，两排之间的接口有 2 个。如果把单个行星排视为要件，那么机构为一并联机构。

图 5.11(b) 同样由 2 个行星排组成，第一排太阳轮为输入，第二排齿圈固定，两排的行星架连接并共同输出，行星排间有 2 个接口，故为并联机构。

确定图 5.11(a) 的功率流参数。

第一步 转速分析

对多排行星排的转速分析，可列出每个行星排的转速特性方程（每个行星排有 1 个转速方程），然后引入约束条件，从而可得到转速方程组，解方程组即可得到各构件的转速。

a. 行星排的转速特性方程

第一排行星排转速特性方程为

$$n_{s1} + k_1 n_{r1} - (1 + k_1) n_{c1} = 0 \qquad (5.10)$$

第二排行星排转速特性方程为

$$n_{s2} + k_2 n_{r2} - (1 + k_2) n_{c2} = 0 \qquad (5.11)$$

b. 约束条件

两排齿圈转速相同，即 $n_{r1} = n_{r2}$；

第一排行星轮架的转速等于第二排太阳轮转速，即 $n_{c1} = n_{s2}$；

第二排行星轮架固定，即 $n_{c2} = 0$。

c. 方程求解

把约束条件代入转速特性方程，即可得到输入输出的转速关系为

$$i = \frac{n_{s1}}{n_{r1}} = -(K_1K_2 + K_1 + K_2) \tag{5.12}$$

$$n_{c1} = \frac{K_2}{K_1K_2 + K_1 + K_2} n_{s1} \tag{5.13}$$

第二步　力矩分析

$$M_{r1} = K_1\eta_1 M_{s1} \tag{5.14}$$

$$M_{c1} = -(K_1\eta_1 + 1)M_{s1} \tag{5.15}$$

$$M_{s2} = M_{c1} \tag{5.16}$$

$$M_{c2} = (K_1\eta_1 + 1)(K_2\eta_2 + 1)M_{s1} \tag{5.17}$$

$$M_{s2} = -(K_1\eta_1 + 1)M_{s1} \tag{5.18}$$

$$M_{r2} = -(K_1\eta_1 + 1)K_2\eta_2 M_{s1} \tag{5.19}$$

$$M_o = M_{r1} + M_{r2} = (K_1K_2\eta_1\eta_2 + K_1\eta_1 + K_2\eta_2)M_{s1} \tag{5.20}$$

式中　M_o—— 为齿圈输出转矩。

第三步　功率方向确定

如图 5.12 所示，根据转速分析和转矩分析，在工作简图上标上所有受力点的转速和转矩方向。然后，根据功率流的方向约定，标出功率流的方向。

第四步　功率和效率计算

$$N_o = M_o n_{r1} = (K_1K_2\eta_1\eta_2 + K_1\eta_1 + K_2\eta_2)\frac{n_{s1}}{K_1K_2 + K_1 + K_2}M_{s1} \tag{5.21}$$

$$\eta = \frac{N_o}{N_i} = \frac{K_1K_2\eta_1\eta_2 + K_1\eta_1 + K_2\eta_2}{K_1K_2 + K_1 + K_2} \tag{5.22}$$

如此，可分析图 5.11(b) 功率流参数和功率流向，功率流参数见表 5.13，功率流向见图 5.12(b)。

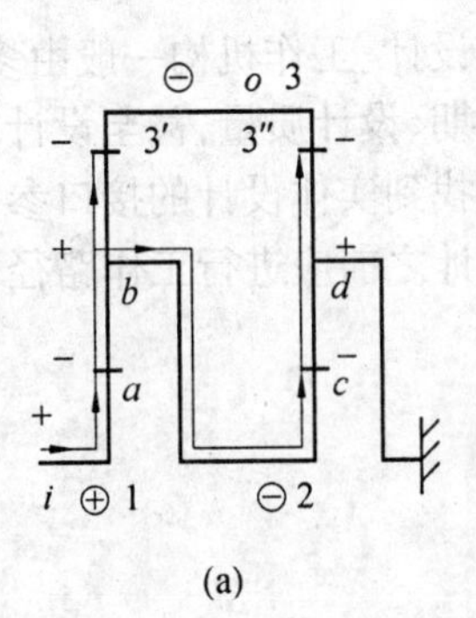

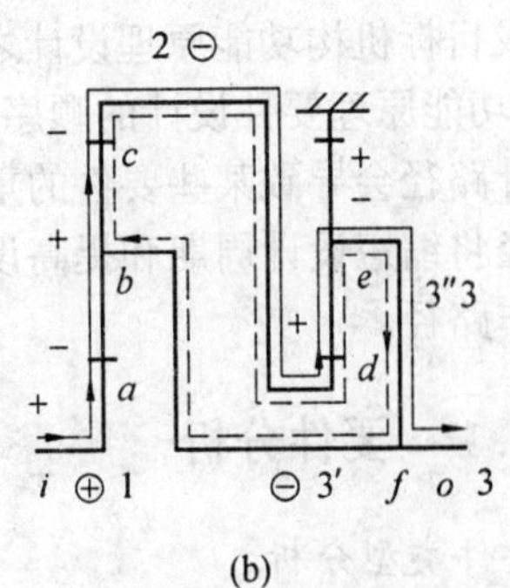

图 5.12　功率流

方案 A 的功率流有两条路径，其中一条路径是：$i \to a \to b \to o$；另一条路径是：$i \to a \to b \to c \to d \to o$。显然，功率在点 b 有功率分流，而在输出构件处功率合流。

方案 B 也有两条路径：其中一条是传动功率流，路径是 $i \to a \to b \to c \to d \to e \to f \to o$；另一功率流路径为：$e \to f \to b \to c \to d \to e$。这条功率路径形成封闭的功率回路，即循环功率流。从表 5.13 可知，在循环回路中的构件 3″ 处的功率比输出功率大，故构件 3″ 受到较大的力矩，从设计上，构件3″需要较大的尺寸。同时，如考虑轴承的摩擦和材料阻尼，必将造成较大的功率损失。可见，循环功率对机构是不利的，但效率和增加的载荷如果符合要求，具有循环功率的方案是可以采用的。

表 5.13　二个方案的功率流参数

方案	构件	转　速	转　矩	功率(效率)	传动比
A	1	1	1	$\frac{K_1K_2\eta_1\eta_2+K_1\eta_1+K_2\eta_2}{K_1K_2+K_1+K_2}$	$-(K_1K_2+K_1+K)$
	2	$\frac{K_2}{K_1K_2+K_1+K_2}$	$-(K_1\eta_1+1)$		
	3	$-\frac{1}{K_1K_2+K_1+K_2}$	$-(K_1K_2\eta_1\eta_2+K_1\eta_1+K_2\eta_2)$		
B	1	1	1	$\frac{(k_1k_2\eta_1\eta_2-1)}{(k_1k_2-1)}$	$1-k_1k_2$
	2	$-\frac{k_1+1}{k_1k_2-1}$	$k_1\eta_1$		
	3	$-\frac{1}{k_1k_2-1}$	$(1-k_1k_2\eta_1\eta_2)$		
	3′	$-\frac{1}{k_1k_2-1}$	$k_1\eta_1(1+k_2\eta_2)$		
	3″	$-\frac{1}{k_1k_2-1}$	$(1+k_1\eta_1)$		

注：表中的输入构件1的转速、转矩均为单位1。构件3、构件3′和构件3″固连一起，构件3′与第一排连接，构件3″与第二排连接，构件3是构件3′和构件3″的输出端。

5.3 工作路径分析

完成目标机构功能原理设计之后，可以进行实体设计。工作机构一般由多个功能要件组成，故功能原理要件设计的顺序安排将影响设计周期、设计质量，甚至设计的成败。不正确的设计路径会导致某些要件的重复设计，甚至无法找到实体设计的接口参数。而合理的设计路径将缩短设计周期和提高设计质量。在实体设计之前应进行工作路径分析，寻求合理的工作路径。

5.3.1 要件分析

1.要件类型分析

在工作机构的功能要件中，有些要件是选型件，即能在市场中能购买到的、成熟的标准零部件，有些是非选型件。选型件往往不需要进行内部结构设计，只需提供接口参数，根据设计手册可直接选取；而非选型件则需要进行具体结构设计。在实体设计之前，对要件类型进行合理分析，确定选型件和非选型件，可避免不必要的参数计算。

2.制图规划

对于一个复杂的工作机构，其图纸存在复杂的关系。对要件来说，有制图要件和非制图要件。制图要件是指要件的结构必须在图纸中出现的要件。非制图要件是指要件结构不必在图纸中出现的要件,只需在图纸中编号。图纸有总装配图、部件装配图和零件图。在制图前,应对制图进行规划。制图规划的合理性将影响制图周期、制图质量,甚至实体设计中的协同合作。制图规划的主要任务包括制图件和非制图件的确定、制图划分(总装配图,部件装配图,零件图等策划)和要件编号位置的确定。

3. 顶层要件确定

在工作机构中,要件之间总是存在一定关系,如连接、支承、力学、运动或结构等关系。这些关系导致某些要件的设计参数受其他要件设计结果的影响,即具有依赖性。而有些要件的设计参数不受其他要件设计结果的影响,即具有独立性,称之为顶层要件。在实体设计之前,应当找出这些具有独立性的顶层要件。由于顶层要件的设计不受其他要件设计结果的影响,故在设计中可优先设计顶层要件。

5.3.2 参数分析

在顶层要件的设计工作开始之前,应当对有关的设计参数进行分析。这些设计参数的赋值过程可能涉及其他一些相关的参数(引用参数),引用参数的赋值又可能涉及更多的引用参数,最终形成一个与顶层要件设计相关的参数系统(顶层参数系统)。参数分析的目标就是建立这个顶层参数系统。

在顶层参数系统中,有些参数是任务给定或这受到某些约束可以直接赋值的,这类参数称为直接赋值参数,否则,为非直接赋值参数。在非直接赋值参数中,根据赋值过程可分为两类,其一是计算赋值参数,这类参数需要根据工作原理或设计公式进行计算才能得到;其二是非计算赋值参数,这类参数需通过查找图表可以获得。在引用参数中,不同的参数被引用的概率是不同的,有些参数被多次引用,这些多次被引用的重要参数称为核心参数。

参数分析的主要内容包括:(1) 确定顶层参数系统的全部参数;(2) 确定直接赋值参数和非直接赋值参数,并且给直接赋值参数赋值,对非直接赋值参数确定赋值方法;(3) 在非直接赋值参数中寻找核心参数(多次被引用的参数);(4) 在非直接赋值参数中,区分非计算赋值参数和计算赋值参数。

5.3.3 工作路径设计

通过参数分析,搜寻到了顶层要件,并建立了顶层参数系统和确定赋值方法。以这些参数分析的结果为基础,并根据一定原则可安排实体设计顺序。

1. 设计工作顺序

实体设计的工作顺序安排主要包括确定要件设计顺序和参数赋值顺序。

(1) 要件设计顺序

根据如下原则,安排要件设计顺序。

1) 优先设计顶层要件。在顶层要件中,根据参数分析结果,一般以引用参数次数的多少作为设计先后顺序的依据。

2) 连接件的设计通常在被连接件之后;

3) 最后进行支承件的设计;

4) 一般情况下先确定选型件,后设计非选型件。

(2) 参数赋值工作顺序

在参数赋值中，根据如下原则进行参数赋值。

① 首先给直接赋值参数赋值；

② 在非直接赋值参数中，非计算赋值参数优先赋值；

③ 在计算赋值参数中，引用次数多的核心参数优先赋值。

2. 设计工作起点

根据要件分析可得到顶层要件，再根据工作路径设计原则可得到设计工作的起点。设计工作的起点就是顶层要件中参数引用次数最多的一级核心参数。

5.3.4 工作路径分析实例

【例 5.4】 在例 5.1 的基础上，对 25 t 液压汽车起重机起升机构进行工作路径分析。

1. 要件分析

(1) 要件类型分析

根据当前常用零部件市场配套供应情况，可得到目标起升机构的选型件和非选型件，见表 5.14。

表 5.14 选型件和非选型件

序号	要件名称	选型件	非选型件
1	吊钩	吊钩组	
2	滑轮组		
3	导向滑轮	滑轮	
4	钢丝绳	钢丝绳	
5	钢丝绳臂端接头	钢丝绳用楔形接头	
6	钢丝绳卷筒接头	钢丝绳用压板	
7	卷筒		卷筒
8	卷筒轴		卷筒半轴
9	卷筒轴承	调心滚子轴承	
10	卷筒轴承座		轴承座
11	卷筒制动器		制动器
12	制动器座		制动器座
13	减速器	减速器	
14	联轴器	联轴器	
15	液压马达	液压马达	
16	马达座		马达座
17	回转台		回转台
18	臂架		臂架

(2) 制图规划

目标起升机构可划分为起升卷扬和吊钩绳轮机构两部分。起升卷扬机构为制图要件，通常单独出一张装配图。绳轮机构是非制图要件，在整机装配图或机构装配图中编号。滑轮、吊钩组、钢丝绳用楔形接头等选型件在整机总图或臂架总图中编号；压板在起升卷扬机构总图中编号；钢丝绳本身有时在整机总图中编号，有时在起升卷扬机构总图中编号。目标起升机构要件在图纸中的编号位置见表5.15。

表5.15 目标起升机构要件在图纸中的编号位置

序号	选型件	非选型件	编号位置
1	吊钩组		整机总图
2	滑轮		臂架总图
3	钢丝绳		起升卷扬机构总图
4	钢丝绳用楔形接头		整机总图
5	钢丝绳用压板		起升卷扬机构总图
6		卷筒	起升卷扬机构总图
7		卷筒半轴	起升卷扬机构总图
8	调心滚子轴承		起升卷扬机构总图
9		轴承座	起升卷扬机构总图
10		制动器	起升卷扬机构总图
11		制动器座	起升卷扬机构总图
12	减速器		起升卷扬机构总图
13	联轴器		起升卷扬机构总图
14	液压马达		起升卷扬机构总图
15		马达座	起升卷扬机构总图
16		回转台	回转台总图
17		臂架	臂架总图

(3) 顶层要件确定

根据其功能原理(图5.6和图5.7)得到各要件间设计参数的依赖关系，如图5.13所示。图中，箭头所在要件的设计参数依赖箭尾所在要件的设计结果。无依赖关系的要件是顶层要件，可见，该起升机构的顶层要件为：钢丝绳、减速器和马达。

2. 参数分析

如上文所述，起升机构的钢丝绳、液压马达和减速器均为顶层要件，下面分别对顶层要件进行参数分析。

(1) 顶层要件选型参数

钢丝绳、液压马达和减速器都是选型件，选择产品型号需要提供的参数见表5.16。

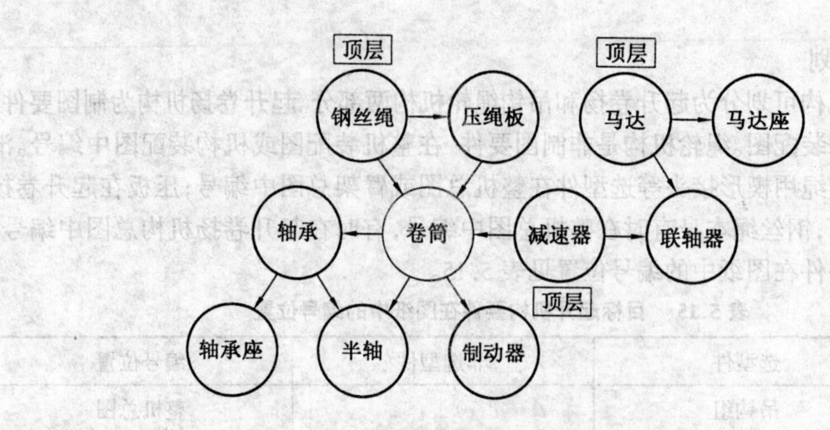

图 5.13 要件设计参数的依赖关系

表 5.16 顶层要件选型参数

序号	顶层要件	选型参数	参数代号	单位
1	钢丝绳	钢丝绳直径	d	mm
		钢丝绳长度	L	m
2	液压马达	马达入口负载压力	p	MPa
		马达排量	q	ml/r
		马达最高转速	n	r/min
3	减速器	减速器传动比	i	
		减速器负载输入转速	n_i	r/min
		减速器负载输入功率	N_i	kW

(2) 钢丝绳选型的参数赋值路径

钢丝绳选型参数赋值方法见表 5.17。

表 5.17 钢丝绳选型参数赋值方法

序号	选型参数	代号	赋值方法	引用参数
1	钢丝绳直径(mm)	d	依据 n、P 计算值查表	n, P
2	钢丝绳长度(m)	L	$L = L_j + L_{fj}$	L_j, L_{fj}

引用参数赋值方法见表 5.18 至表 5.22。

表 5.18 钢丝绳选型引用参数赋值方法

序号	参数代号	参数含意	赋值方法	二级引用参数
3	n	钢丝绳安全系数	根据 M_j 查表	M_j
4	P	钢丝绳最大静拉力(N)	$P = P_Q/(a\eta_B\eta_w)$	P_Q, a, η_B, η_w
5	L_j	钢丝绳卷绕长度(m)	$L_j = \mathrm{MAX}(L_a, L_{an})$	L_a, L_{an}
6	L_{fj}	钢丝绳非卷绕长度(m)	$L_{fj} = L_H + L_B$	L_H, L_B

表5.19 钢丝绳选型二级引用参数赋值方法

序号	参数代号	参数含意	赋值方法	三级引用参数
7	M_j	工作级别	任务给定	
8	P_Q	起重荷载(N)	$P_Q = Q_g \times 10^3$	Q
9	a	基本倍率	任务给定	
10	η_w	滑轮效率	文献[1]	
11	η_B	滑轮组效率	$\eta_B = (1 - \eta_w^a)/(1 - \eta_w)/a$	
12	L_a	基本卷绳量(m)	$L_a = aH + L_Y$	H, L_Y
13	L_{an}	常用卷绳量(m)	$L_{an} = H_{max} a_n + L_Y + L_t$	$H_{max}, a_n, L_Y(2), L_t$
14	L_H	滑轮组余绳量(m)	$L_H = a_j(b + 0.5\pi d h_H \times 10^{-3})$	$a_j, b, d(2), h_H$
15	L_B	臂架余绳量(m)	$L_B = L_O + 2$	L_O

表5.20 钢丝绳选型三级引用参数赋值方法

序号	参数代号	参数含意	赋值方法	四级引用参数
16	Q	起重量(t)	任务给定	
17	H	基本起升高度(m)	任务给定	
18	L_Y	安全预留绳长(m)	$L_Y = 3\pi(D + d)10^{-3}$	$D, d(3)$
19	H_{max}	主臂起升高度(m)	任务给定	
20	a_n	常用倍率	任务给定	
21	L_t	伸缩用绳量(m)	$L_t = (H_{max} - H)/\sin\theta_{max}$	θ_{max}
22	a_j	待定倍率	根据 L_j 选值情况确定下标	$Lj(2)$
23	b	滑轮组安全距离(m)	任务给定	
24	h_H	滑轮直径系数	根据 M_j 查表	
25	L_O	臂架全缩长度(m)	任务给定	

表5.21 钢丝绳选型四级引用参数赋值方法

序号	参数代号	参数含意	赋值方法	五级引用参数
26	D	卷筒直径(mm)	$D \geqslant d(h_D - 1)$	$d(4), hD$
27	θ_{max}	臂架最大仰角	任务给定	

表5.22 钢丝绳选型五级引用参数赋值方法

序号	参数代号	参数含意	赋值方法	六级引用参数
28	h_D	卷筒直径系数	根据 M_j 查表	

(3) 液压马达选型参数赋值路径

液压马达选型参数赋值方法见表5.23。

表5.23 液压马达选型参数赋值方法

序号	选型参数	代号	赋值方法	引用参数
29	马达入口负载压力(MPa)	p	$p = p_B - p_H - p_S$	p_B, p_H, p_S
30	马达排量(ml/r)	q	$q \geqslant M/(0.159\Delta p\eta_{mh})$	$M, \Delta p, \eta_{mh}$
31	马达最高转速(r/min)	n	$n = [ni]$	$[n_i]$

引用参数赋值方法见表5.24至表5.28。

表5.24 液压马达选型引用参数赋值方法

序号	参数代号	参数含意	赋值方法	二级引用参数
32	p_B	油泵泻荷压力(MPa)	任务给定	
33	p_H	换向阀压力降(MPa)	文献[2]	
34	p_S	顺序阀压力降(MPa)	文献[2]	
35	M	液压马达负载转矩(N·m)	$M \geqslant \varphi M_{Dm}/(i_{\max}\eta_i\eta_L)$	$\varphi, M_{Dm}, i_{\max}, \eta_i, \eta_L$
36	Δp	液压马达压力差(MPa)	$\Delta p = p - p_{Hb} - p_J$	$p(2), p_{Hb}, p_J$
37	η_{mh}	液压马达机械效率	文献[2]	
38	$[n_i]$	减速器输入转速界限(r/min)	文献[2]	

表5.25 液压马达选型二级引用参数赋值方法

序号	参数代号	参数含意	赋值方法	三级引用参数
39	φ	超载系数	任务给定	
40	M_{Dm}	卷筒最大静转矩(N·m)	$M_{Dm} = 0.5D_m P 10^{-3}/\eta_D$	$D_m, P(2), \eta_D$
41	$i_{\max}$	最大传动比	$i_{\max} \leqslant [n_i]/(n_D\psi)$	n_D, ψ
42	η_i	减速器效率	文献[2]	
43	η_L	联轴器效率	文献[2]	
44	p_{Hb}	换向阀背压(MPa)	文献[2]	
45	p_J	精滤器背压(MPa)	文献[2]	

表5.26 液压马达选型三级引用参数赋值方法

序号	参数代号	参数含意	赋值方法	四级引用参数
46	D_m	卷筒外层直径(mm)	$D_m = D + (2m - 1)d$	$D(2), m, d(5)$
47	η_D	卷筒效率	文献[2]	
48	n_D	卷筒负载转速(r/min)	$n_D = aV_Q 10^3/(\pi D_z)$	V_Q, D_z
49	ψ	调速系数	任务给定	

表 5.27 液压马达选型四级引用参数赋值方法

序号	参数代号	参数含意	赋值方法	五级引用参数
50	m	卷绳层数	$0.5\{[(D/d)^2+470L_j/D]^{1/2}-D/d\}$	$D(3),L_j(3),d(6)$
51	V_Q	起升速度(m/min)	任务给定	
52	D_Z	卷筒速度直径(mm)	$D_z = D+(2Z-1)d$	$D(4),Z,d(7)$

表 5.28 液压马达选型五级引用参数赋值方法

序号	参数代号	参数含意	赋值方法	六级引用参数
53	Z	速度层层号	$Z = 1+\mathrm{INT}(m/2)$	$m(2)$

(4) 减速器选型参数赋值路径

减速器选型参数赋值方法见表 5.29。

表 5.29 减速器选型参数赋值方法

序号	选型参数	代号	赋值方法	引用参数
54	减速器传动比	i	$i \geqslant \varphi M_{Dm}/(M_q\eta_i\eta_L)$	$M_{Dm}(2),M_q$
55	减速器负载输入转速(r/min)	n_i	$n_i = in_D$	$i(2),n_D(2)$
56	减速器负载输入功率(kW)	N_i	$N_i = N_{Dm}/\eta_i$	N_{Dm}

引用参数赋值方法见表 5.30 至表 5.31。

表 5.30 减速器选型引用参数赋值方法

序号	参数代号	参数含意	赋值方法	二级引用参数
57	M_q	液压马达可达转矩(N·m)	$M_q = 0.159q_M\Delta p\eta_{mh}$	$q_M,\Delta p(2)$
58	N_{Dm}	卷筒最大静功率(kW)	$N_{Dm} = M_{Dm}n_D/9550$	$M_{Dm}(3),n_D(3)$

表 5.31 减速器选型二级引用参数赋值方法

序号	参数代号	参数含意	赋值方法
59	q_M	马达产品铭牌排量(ml/r)	由液压马达选型设计结果决定

3. 参数准备

根据赋值类型可把钢丝绳、减速器和液压马达的设计参数以表格的形式列出，对引用参数进行统计，并根据引用次数的多少来确定引用参数的级别。

(1) 直接赋值参数。直接赋值参数见表 5.32。

表 5.32 直接赋值参数

序号	直接赋值参数	代号	赋值方法	赋值
1	起重量(t)	Q	任务给定	≥25
2	起升速度(m/min)	V_Q	任务给定	≥10

续表 5.32

序号	直接赋值参数	代号	赋值方法	赋值
3	工作级别	M_j	任务给定	$M4$
4	基本起升高度(m)	H	任务给定	$\geqslant 9.5$
5	主臂起升高度(m)	H_{max}	任务给定	$\geqslant 24$
6	基本倍率	a	任务给定	10
7	常用倍率	a_n	任务给定	6
8	臂架最大仰角	θ_{max}	任务给定	$\leqslant 70°$
9	油泵泄荷压力(MPa)	p_B	任务给定	$\leqslant 25$
10	超载系数	φ	任务给定	1.25
11	臂架全缩长度(m)	L_O	任务给定	7.5
12	滑轮组安全距离(m)	b	任务给定	1.5
13	调速系数	ψ	任务给定	$\geqslant 2$
14	滑轮效率	η_w	文献[1]	0.98
15	卷筒效率	η_D	文献[2]	0.95
16	减速器效率	η_T	文献[2]	0.94
17	联轴器效率	η_L	文献[2]	0.99
18	减速器输入转速界限(r/min)	$[ni]$	文献[3]	1500
19	液压马达机械效率	η_{mh}	文献[4]	0.93
20	换向阀压力降(MPa)	p_H	文献[4]	1.0
21	顺序阀压力降(MPa)	p_S	文献[4]	0.6
22	换向阀背压(MPa)	p_{Hb}	文献[4]	1.0
23	精滤器背压(MPa)	p_J	文献[4]	0.4

(2) 非计算赋值参数。非计算赋值参数见表 5.33。

表 5.33　非计算赋值参数

序号	参数代号	参数含意	赋值方法	备注
1	n	钢丝绳安全系数	根据 M_j 查表	$M_j = M_4$
2	h_H	滑轮直径系数	根据 M_j 查表	$M_j = M_4$
3	h_D	卷筒直径系数	根据 M_j 查表	$M_j = M_4$

(3) 多次引用参数。多次引用参数见表 5.34。

表5.34 多次引用参数

序号	参数代号	参数含意	引用次数	首次出现场合	备注
1	d	钢丝绳直径	7	选钢丝绳	一级核心参数
2	D	卷筒直径	4	选钢丝绳	二级核心参数
3	L_j	钢丝绳卷绕长度	3	选钢丝绳	三级核心参数
4	M_{Dm}	卷筒最大静转矩	3	选液压马达	三级核心参数
5	n_D	卷筒负载转速	3	选液压马达	三级核心参数
6	L_Y	安全预留绳长	2	选钢丝绳	
7	P	钢丝绳最大静拉力	2	选钢丝绳	
8	p	马达入口负载压力	2	选液压马达	
9	m	卷绳层数	2	选液压马达	
10	Δp	液压马达压力差	2	选液压马达	
11	i	减速器传动比	2	选减速器	

4.设计工作起点

分析结果表明,一级核心参数是钢丝绳直径,设计工作应当从选钢丝绳开始。

5.4 工作机构实体设计

功能分析之后,可以进行实体设计,实体设计的内容包括选型件设计、非选型件设计和图面设计。

5.4.1 选型件设计

选型件设计通常包括两部分内容,一是品种选择,二是规格选择。品种选择要求是在品种满足要件功能需求的前提下,结构简单、装卸容易、维修方便和价格便宜。品种选择可采用搜索和筛选的方法,即搜索尽可能多的品种,列出品种矩阵,逐一进行评价,最后筛选出适合品种。

规格选择的主要内容包括选型参数的赋值计算、选型结果的产品标记、选定产品的图形和绘图参数、选定产品的其他参数(明细栏参数,验算参数等)。

【例5.5】 试对25 t液压汽车起重机起升机构钢丝绳进行实体设计。

第一步 种类选择

钢丝绳有三种型式:西尔型、瓦林吞型和填充型。瓦林吞型为起重机用钢丝绳,并可用于多层卷绕卷筒,故为满足功能要求选择瓦林吞型钢丝绳,其标记为6×19W+IWR。由于轮胎式起重的钢丝绳在普通工作环境下工作,故选择表面处理工艺为自然型,NAT。起升机构钢丝绳卷绕频繁,选钢丝绳级别为1 570 MPa。为防止钢丝绳扭转,选交互捻型,标记为ZS。

第二步　钢丝绳直径确定

有关钢丝绳确定的公式可参考第4章。钢丝绳直径确定过程详见表5.35。

表5.35　钢丝绳直径确定过程

参数(单位)	赋值方法	赋值过程	参数值	说　明
η_B	$(1-\eta_w^a)/[(1-\eta_w)a]$	$(1-0.98^{10})/[(1-0.98)\times 10]$	0.9146	
P(N)	$Qg10^3/(a\eta_B\eta_w)$	$25\times 9.8/(10\times 0.9146\times 0.98)$	27.333×10^3	
F_b(N)	$nP\times 10^{-3}$	$4.5\times 1\times 27.333$	123×10^3	
d(mm)	$[F_b]\geqslant F_b$	当 $d=16$ 时,$[F_b]=133$ kN	$d=16$	由 F_b 查钢丝绳产品

表中,η_B、P、F_b 和 d 分别为效率、钢丝绳拉力、钢丝绳的破断拉力和钢丝绳直径;η_w、Q、n、a 分别为滑轮效率、额定起重量、安全系数和滑轮组倍率。

第三步　钢丝绳长度确定

a.计算公式

$$L = L_j + L_{fj} \tag{5.23}$$

式中　L——钢丝绳长度,m;

L_j——卷绕长度,m;

L_{fj}——非卷绕长度,m。

钢丝绳卷绕长度 L_j 和非卷绕长度 L_{fj} 分别为

$$L_j = \mathrm{MAX}(L_a, L_{an}) \tag{5.24}$$

$$L_{fj} = a_j(b + 0.5\pi d h_H \times 10^{-3}) + L_O + 2 \tag{5.25}$$

式中　L_a——基本卷绳量,m;

L_{an}——常用卷绳量,m;

a_j——待定倍率,根据 L_j 的计算结果确定;

b——滑轮组安全距离,取 $b = 1.5$ m;

h_H——滑轮直径系数,取 $h_H = 18$;

LO——臂架全缩长度,取 $L_O = 7.5$ m。

基本卷绳量 L_a 和常用卷绳量 L_{an} 分别为

$$L_a = aH + 3\pi(D + d)\times 10^{-3} \tag{5.26}$$

$$L_{an} = a_n H_{\max} + 3\pi(D + d)\times 10^{-3} + (H_{\max} - H)/\sin\theta_{\max} \tag{5.27}$$

式中　H——基本臂起升高度,取 $H = 9.5$ m;

$H_{\max}$——最长主臂起升高度,取 $H_{\max} = 24$ m;

a_n——常用倍率,取 $a_n = 6$;

$\theta_{\max}$——臂架最大仰角,取 $\theta_{\max} = 70°$;

D——卷筒直径,mm, $D \geqslant d(h_D - 1)$,其中,卷筒直径系数 $h_D = 16$。

b.钢丝绳长度确定过程

钢丝绳长度确定过程见表5.36。

表 5.36　钢丝绳长度确定过程

参数(单位)	赋值方法与过程	参数值	说　明
D(mm)	$\geqslant d(h_D - 1) = 16 \times (16 - 1) = 240$	250	标准化,见表4.12
L_{an}(m)	$L_{an} = a_n H_{\max} + 3\pi(D + d)10^{-3} + (H_{\max} - H)/\sin\theta_{\max} =$ $6 \times 24 + 3\pi(250 + 16)10^{-3} + (24 - 9.5)/\sin 70°$	161.938	
L_a(m)	$aH + 3\pi(D + d)10^{-3} = 10 \times 9.5 + 3\pi(250 + 16)10^{-3}$	97.507	
L_j(m)	$L_j = \mathrm{MAX}(L_a, L_{an}) = \mathrm{MAX}(97.507, 161.938) = L_{an}$	161.938	
a_j	由 $L_j = L_{an}$ 得 $a_j = a_n$	6	
L_{fj}(m)	$L_{fj} = a_j(b + 0.5\pi d h_H \times 10^{-3}) + L_O + 2 =$ $6 \times (1.5 + 0.5\pi \times 16 \times 18 \times 10^{-3}) + 7.5 + 2$	21.3	
L(m)	$L = L_j + L_{fj} = 161.938 + 21.3 = 183.152$	184	圆整

第四步　钢丝绳标记及参数表

根据以上所述,所选的钢丝绳标记为

16NAT6 × 19W + IWR1570ZS133 0.94 GB8918

钢丝绳的参数如表5.37所示。

表 5.37　钢丝绳参数

钢丝绳直径	钢丝绳最大静拉力	钢丝绳卷绕长度	钢丝绳长度	钢丝绳质量
$d = 16$ mm	$P = 27.333 \times 10^3$ N	$L_j = 161.938$ m	$L = 184$ m	$M_g = 173$ kg

5.4.2　非选型件设计

非选型件通常有两种,一种是形体明确件,另一种是形体不明件。形体明确件的设计(尺寸更改)主要包括以下内容:形体基本参数的赋值计算、接口(与相邻要件的连接处)基本参数的赋值、接口局部形体的布置定形、给出明细栏参数和验算参数。

形体不明件的设计(原始构形设计)又有两种情况,一种是设计形体不明确的零件(通常是座架之类的支承件),另一种是设计形体不明的分总成。形体不明确零件的设计主要包括以下内容:(1)接口基本参数的赋值;(2)接口局部形体的布置定形;(3)各接口之间连接体的结构设计;(4)给出明细栏参数和验算参数。

形体不明件分总成设计的基本内容与目标机构(总成)设计的基本内容相似。

【例5.6】　试对25 t液压汽车起重机起升机构起升卷筒进行实体设计。对形体明确件设计过程中的形体基本参数的赋值计算进行介绍。

第一步　种类选择

卷筒为形体明确件。非批量生产,采用焊接结构。

第二步　尺寸参数赋值

a.卷筒直径确定

卷筒的最小直径受到钢丝绳直径的限制,当钢丝绳直径 $d = 16$ mm时,可确定卷筒直径 $D = 250$ mm。

b.卷筒工作长度

卷筒的工作长度计算式为

$$L_g = 1.1dL_j/[\pi m(D + md)] \tag{5.28}$$

式中 d—— 钢丝绳直径,取 $d = 16$ mm;

L_j—— 钢丝绳卷绕长度,取 161.938 m;

m—— 卷绕层数,取 $m = 4$;

D—— 卷筒直径,取 $D = 250$ mm。

由式(5.28)得到 $L_g = 0.723$ m, 取 $L_g = 730$ mm

c.卷筒壁厚 δ

卷筒厚度的计算公式为

$$\delta \geqslant 0.75\frac{A_1 P}{t[\sigma_c]} \tag{5.29}$$

式中 A_1—— 多层缠绕系数,根据第4章内容,可取 $A_1 = 2$;

t—— 绳槽节距,根据 d 查文献[18],取 $t = 18$;

$[\sigma_c]$—— 卷筒材料许用应力,MPa,$[\sigma_c] = 0.5\sigma_s$,查取 $\sigma_s = 235$ MPa。

由式5.29,计算得19.47 (mm),取值 $\delta = 20$ mm。

d.卷筒挡板直径

挡板最大直径的计算公式为

$$D_{max} = \mathrm{MAX}\{D_{mm}, D_{mB}, D_F\} \tag{5.30}$$

式中 D_{mm}—— 挡绳直径,mm,$D_{mm} = D_m + 5d = 450$(mm);

D_{mB}—— 制动直径,mm,取 $D_{mB} = 670$ mm;

D_F—— 绳头相关直径,mm ,$D_F \geqslant d_D + 4A = 100 + 4 \times 55 = 320$(mm),故 $D_{max} = 670$ mm

e.卷筒轴径

卷筒轴径应等于减速器输出的轴径,由减速器选择可得到其输出轴的直径为110 mm,故卷筒的直径为110 mm。

5.4.3 图面设计

当要件结构参数确定后,可进行工作机构的装配图绘制。在机构装配图中主要包括以下内容:

(1) 目标总成的形体表达;

(2) 目标总成形体的轮廓界限尺寸;

(3) 目标总成对外接口的连接或配合尺寸;

(4) 目标总成内部各零部件及分总成之间的连接或配合尺寸,以及各种定位尺寸;

(5) 技术要求;

(6) 标题栏和明细栏;制图标准要求的其他要素。图5.14为起升机构装配图。

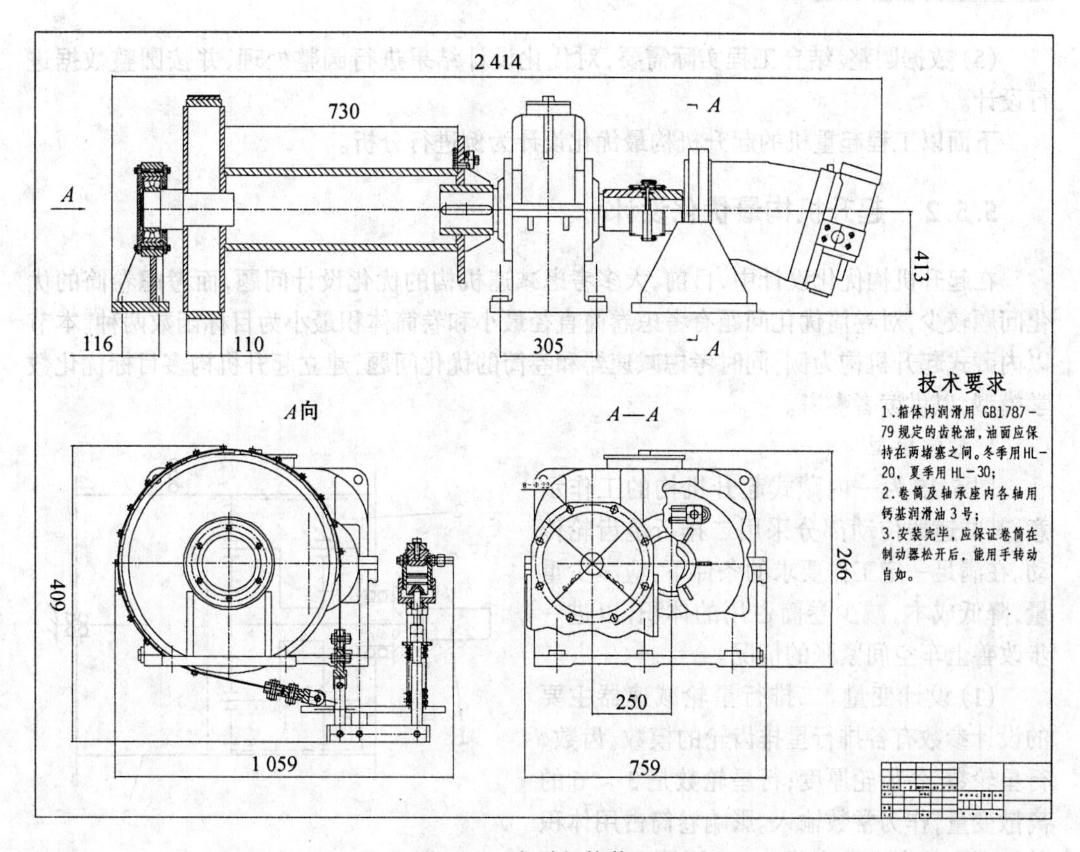

图5.14 起升机构装配图

5.5 工作机构最优化设计

最优化设计是将最优化原理和计算技术应用于设计领域，为工程设计提供一种重要的科学设计方法。最优化设计方法是一种高效的现代设计方法，在工程机械中得到广泛的应用。

5.5.1 工作机构最优化设计的步骤

(1) 工作机构的设计参数分析。根据工作装置的功能要求，应用相关的专业的基础理论与设计技术规范，建立起工作机构的各参数之间的关系，并对机构进行运动学和力学分析。

(2) 建立数学模型。在运动学和力学分析的基础上，把工程设计问题变为数学问题——建立数学模型。数学模型包括目标函数、设计变量和约束条件。

(3) 最优化求解。针对具体的数学模型采用适当的优化策略，编制相应的计算机代码，对目标函数求取最优解(即求目标函数在一定约束条件下的全局最小值)。

(4) 优化结果评判。若优化结果与实际问题相符，输出计算结果。否则，说明优化设计问题不合理，应对工作机构的优化问题进行重新分析。

(5) 数据圆整。结合工程实际需要，对优化设计结果进行圆整处理，并按圆整数据进行设计。

下面以工程起重机的起升机构最优化设计为例进行分析。

5.5.2 起升机构最优化设计

在起升机构优化设计中，目前，大多考虑减速机构的优化设计问题，而考虑卷筒的优化问题较少，对卷筒优化问题有考虑卷筒直径最小和卷筒体积最小为目标函数两种。本节以内藏式起升机构为例，同时考虑减速器和卷筒的优化问题，建立起升机构多目标优化数学模型，以供读者参考。

1. 数学模型

图 5.15 为一内藏式起升机构的工作示意。其减速器传动部分采用二排行星齿轮传动。在满足一定工作要求的条件下，应减少重量，降低成本，减少卷筒占用的体积，以进一步改善上车空间紧张的情况。

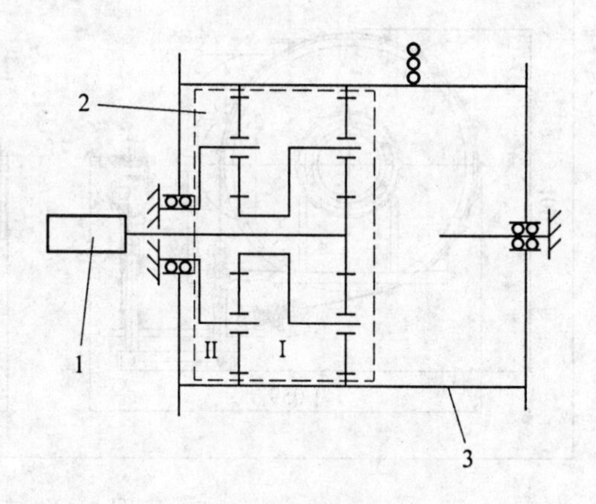

图 5.15 起升机构工作简图

1— 液压马达；2— 行星轮减速机构；3— 卷筒

Ⅰ— 第一排行星排；Ⅱ— 第二排行星排

(1) 设计变量。二排行星轮减速器主要的设计参数有各排行星排齿轮的模数、齿数、行星轮数、各齿轮厚度；行星轮数是 3 ~ 6 的离散变量，作为常数输入。影响卷筒占用体积的主要参数有卷筒直径 D、卷筒长度 l、钢丝绳绕入卷筒的层数 n、钢丝绳的直径 d。其中 d 是常数。由于 l 与 D、n 有函数关系，故 d 和 l 不作为设计变量。综上述，可得设计变量为

$$X = \{z_{s1}, z_{s2}, k_1, k_2, m_1, m_2, b_1, b_2, D, n\} \tag{5.31}$$

式中 z_{s1}, z_{s2}——Ⅰ，Ⅱ 排太阳轮齿数；

k_1, k_2——Ⅰ，Ⅱ 排齿圈齿数与太阳轮齿数之比；

m_1, m_2——Ⅰ，Ⅱ 排模数；

b_1, b_2——Ⅰ，Ⅱ 排齿轮厚度；

D—— 卷筒直径；

n—— 钢丝绳绕入卷筒的层数。

(2) 目标函数

1) 行星减速机构的目标函数

从节省材料，减轻重量，降低成本的角度出发，行星减速传动机构的目标函数是以太阳轮和行星轮体积之和为最小，即

$$F_1(X) = V_{s1} + n_1 V_{c1} + V_{s2} + n_2 V_{c2} \rightarrow \min \tag{5.32}$$

式中 V_{s1}、V_{s2}——Ⅰ，Ⅱ 排太阳轮体积；

V_{c1}、V_{c2}——Ⅰ，Ⅱ 排单个行星轮体积。

考虑同心条件 $2z_c = z_r - z_s$，得目标函数

$$F_1(X) = \frac{\pi}{16}\{z_{s1}^2 m_1^2 b_1[4 + n_1(k_1 - 1)^2] + z_{s2}^2 m_2^2 b_2[4 + n_2(k_2 - 1)^2]\} \rightarrow \min \tag{5.33}$$

2) 卷筒目标函数

轮胎式起重机的起升卷筒采用多层卷筒，从减少卷筒外廓占用的体积，以腾出更多空间出发，其目标函数表示为

$$F_2(X) = \pi \frac{D_m^2}{4} l = \pi \frac{[D + 2(n + n_0)d]^2}{4} l \rightarrow \min \tag{5.34}$$

式中，$l = \dfrac{1.1[L + Z_0\pi(D + d)]d}{\pi n(D + dn)}$，其他符号的意义见图 5.16 所示。

3) 起升机构目标函数

目标函数 $F_1(X)$、$F_2(X)$ 仅分别体现减速机构和卷筒的优化问题，其最优解是局部最优解。只有同时考虑减速行星机构优化问题和卷筒优化问题，并使之在优化中有机结合，才能使起升机构的设计参数达到更优。为此，采用加权函数法把二者综合起来，可得起升机构多目标函数，即

$$F_2(X) = K_1F_1(X) + K_2F_2(X) \rightarrow \min \tag{5.35}$$

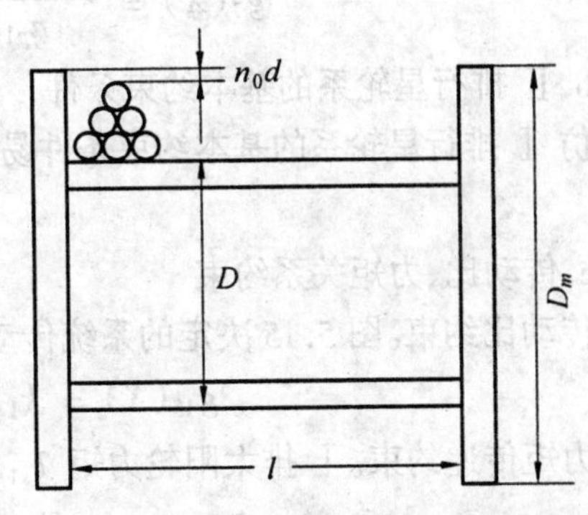

图 5.16　卷筒结构简图

式中，K_1, K_2—— 为加权系数，$K_1 + K_2 = 1$。

当 K_2 为 0 时，目标函数就退化为仅考虑行星轮减速器的优化问题，而忽略了卷筒的优化问题。

(3) 约束条件

1) 行星轮减速器的约束条件

行星轮减速器最优化设计要满足行星齿轮设计的基本条件(如最小模数、齿宽与模数的关系、齿轮疲劳强度、安装条件)、传动比条件、行星排间转矩传递关系。

a. Ⅰ 排行星轮系的基本约束条件

模数条件。模数不应小 2，即

$$g_1 = 2 - m_1 \leqslant 0 \tag{5.36}$$

同心条件和安装条件。标准直齿齿轮的同心条件为 $2z_c = z_r - z_s$，目标函数已包含此条约束。行星轮系必须满足安装条件 $(z_s + z_r)/n_p = l$，其中 n_p、l 分别为行星轮数和大于 0 的整数。

根据直齿标准齿轮不根切原理，有 $m \geqslant 17$。太阳轮和行星轮不根切约束分别为

$$g_2 = 17 - z_{s1} \leqslant 0 \tag{5.37}$$

$$g_3 = 34 - z_{s1}(k_1 - 1) \leqslant 0 \tag{5.38}$$

齿厚与模数之间的关系必须满足 $5m \leqslant b \leqslant 17m$，即

$$g_4 = 5m_1 - b_1 \leqslant 0 \tag{5.39}$$

$$g_5 = b_1 - 17m_1 \leqslant 0 \tag{5.40}$$

由直齿圆柱齿轮接触疲劳强度，有

$$g_6(X) = \frac{794^3 KT_{s1}}{n_{P1}\sigma_{HP}^2} - z_{s1}^2 m_1^2 b_1 \leqslant 0 \tag{5.41}$$

式中　K—— 系数，$K = K_A K_V K_\alpha K_\beta$；

T_{s1}—— 作用在 Ⅰ 排太阳轮上的力矩；

n_{p1}——Ⅰ 排行星轮数量。

由直齿圆柱齿轮的轮齿弯曲强度，有

$$g_7(X) = \frac{2\,197 KY_{F\alpha}Y_{sa}}{n_{p1}\sigma_{FP}} T_{s1} - b_1 z_{s1} m_1^2 \leqslant 0 \tag{5.42}$$

b.Ⅱ 排行星轮系的基本约束条件

仿 Ⅰ 排行星轮系的基本约束条件易得 Ⅱ 排行星轮系的约束条件，共有 7 个，即 $g_8 \sim g_{14}$。

c.传动比、力矩关系约束

传动比约束。图 5.15 决定的系统传动比约束为

$$g_{15}(X) = k_1 k_2 + k_1 + k_2 - i = 0 \tag{5.43}$$

力矩传递约束。Ⅰ 排太阳轮力矩 T_{s1} 和 Ⅱ 排太阳轮力矩 T_{s2} 关系约束为

$$g_{16} = T_{s2} - (k_1 + 1)T_{s1} = 0 \tag{5.44}$$

2) 卷筒约束条件

钢丝绳容量约束

$$g_{17} = l = \frac{1.1[L + Z_0\pi(D + d)d]}{\pi n(D + dn)} \tag{5.45}$$

式中　L—— 绕入卷筒的钢丝绳总长度；

Z_0—— 附加安全圈数；

D—— 卷筒名义直径。

偏角约束。在多层卷筒中，钢丝绳进出允许的偏角不大于 2°，即

$$g_{18} = \arctan\left(\frac{l}{2l_b}\right) - 2° < 0 \tag{5.46}$$

式中　l_b—— 起重机基本臂的工作长度

卷筒最小直径约束。为保证钢丝绳有一定的寿命，卷筒名义直径必须满足

$$g_{19} = D_{\min} - D < 0 \tag{5.47}$$

式中　$D_{\min}$—— 卷筒的最小名义直径，取决于钢丝绳直径及其工作级别。

最大直径约束。由于上车高度的限制，常常要限制卷筒最大直径，即

$$g_{20} = D - D_{\max} < 0 \tag{5.48}$$

起升速度约束。为保证起重机的起重性能，必须限制其起升速度 $v_1 \leqslant v = D\omega/2\omega \leqslant v_2$，即

$$g_{21} = v_1 - \frac{D}{2}\omega < 0 \quad (5.49)$$

$$g_{22} = \frac{D}{2}\omega - v_2 < 0 \quad (5.50)$$

式中 ω—— 卷筒的角速度,取决于液压马达的流量、排量和传动比;

v_1, v_2—— 分别为最小起升速度和最大起升速度。

3) 卷筒 - 行星轮约束。由于行星轮减速机构置于卷筒内部,齿圈分度圆受到卷筒名义直径的约束,故有

$$g_{23} = z_{s1}k_1m_1 + 2\delta - D < 0 \quad (5.51)$$

$$g_{24} = z_{s2}k_2m_2 + 2\delta - D < 0 \quad (5.52)$$

式中,δ 为齿圈分度圆到卷筒名义直径的距离,其大小主要取决于卷筒的厚度、齿圈的厚度和齿圈的齿根高度。

2.*优化方法*

数学模型建立之后,根据数学模型的特性选择适当的寻优方法进行优化,编制计算机代码,并在计算机上进行最优求解。

1)优化方法的选择。优化设计计算方法有很多。对于无约束问题有:一维搜索法、坐标轮换法、鲍威尔法、牛顿法和尺度法等。对于约束问题有:随机方向搜索法、复合形法、优选法、可行方向法、惩罚函数法等。在机械优化设计中大多优化问题是多变量、有约束的复杂非线性优化问题。对于起升机构的优化问题,10 个设计变量,有 24 个约束条件的非线性优化问题。可采用惩罚函数法寻求最优解。

2)代码编写。优化数学模型的求解主要有两种途径:自行编制软件和采用商用软件。自行编制软件是根据特定优化方法(如上述的惩罚函数)进行代码的编写,需要大量的代码编制和调试工作,但比较灵活。由于商业优化软件(如 MATLAB 的优化工具箱)采用成熟的算法并经过严格的测试,有较高的可靠性,故采用商用优化软件可减轻设计者工作量,提高设计效率和设计质量。下面以采用 MATLAB 的优化工具箱为例,对起升机构代码编写进行介绍。

利用 MATLAB 优化工具箱进行优化时,需建立 3 个 m 文件,其一是主文件,用以输入变量的初始值并调用工具箱对目标函数和约束进行求最优解;其二是目标函数的 m 文件;其三是约束条件的 m 文件。当三个文件建立之后,运行主文件即可得到最优解。

a.建立目标函数的 m 文件,设其文件名为 obj _ opt.m,代码如下:

```
function f = obj _ opt1(x)
n1 = 3; % Ⅰ排行星轮数
n2 = 3; % Ⅱ排行星轮数
..., %如此列出所有常数
f1 = (x(1)^2 * x(5)^2 *  x(7) * (4 + n1 * (x(3) - 1)^2) + x(2)^2 *
x(6)^2 * x(8) * (4 + n2 * (x(4) - 1)^2)) * pi/16
f2 = (x(9) + 2 * d * (x(10) + n0))^2 * pi * l/4
f = f1 + f2 %目标函数
```

b.建立约束条件的 m 文件,设其文件名为 confun _ opt.m,代码如下:

function [c, ceq] = confun _ opt1(x)

Ts1 = 600;%第 1 排太阳轮的转矩。

K = 1.25;%动载系数。如此列出所有常数。

c = [- x(5) + 2;...];%不等式约束,各约束间用分号开。x(5)表示第 5 个设计变量,即 m_1。

ceq = [x(3) * x(4) + x(3) + x(4) - i;...]% 等式约束

c.建立调用 MATLAB 优化工具箱求解 Opt 文件,设其文件名为 opt.m,代码如下:

x0 = [18,18,5,5,3,3,100,100,500,3];%设计变量初值。

options = optimset('largescale','off');

[x,fval] = fmincon(@obj _ opt,x0,[],[],...[],[],[],[],@confu n _ opt,options)

运行 opt.m 可得到最优解。

第6章 工程机械驱动

工程机械分解的最简单方案是将整机划分为驱动和工作两个功能系统。驱动系统可以进一步分解为动力模块和传动模块。工程机械是用来替代繁重体力劳动的,这里"动力"的概念是不包含人力在内的。在机械系统中动力模块输出的动力是作用(力,力矩)与运动(平动,转动)的接合。这种作用与运动或者在形式上,或者在程度上,通常都不能直接满足工作系统的要求。因此,需要传动模块对动力进行转换,使其能够达到工作系统要求,并传送到位。由此可知,驱动系统的功用就是为工作系统提供能够直接满足工作系统使用要求的作用与运动。

6.1 动力源

能源与动力工程是一个专门的领域,工程机械设计通常不包括动力源的直接设计工作。在进行动力模块设计时,主要工作是对现有的能源与动力产品进行分析筛选,将它们引进工程机械作为动力装置来使用。动力装置是驱动各类工程机械行驶和工作的动力源,其功用是把其他形式的能转变为机械能。根据能量的转换形式不同,工程机械应用的动力装置主要分为热力的和电力的两种。热力发动机是把燃料燃烧时所产生的热能转变成机械能。电动机是把电能转变为机械能。

到目前为止,工程机械的基本动力源仍然是电动机和内燃机。这两种动力装置的共同之处在于它们输出的机械能的形式是一样的,都是转矩与转速的接合。

6.1.1 动力源评价

1.电动机与内燃机

电动机的能源来自电网供应的动力电,其主要优点是设备简单、重量轻、环保及经济性好、易调速等,但对于供电不便的地区,输电困难的情况,以及野外移动作业时,用电动机作为动力源是不合适的。目前内燃机的能源主要来自储存于石油产品内的化学能,内燃机使化学能变成热能,又将热能转换成机械能。内燃机虽然有价格较贵、重量大、污染环境等缺点,但也有结构紧凑、轻便、热效率高及启动性好等优点。尤其在无动力电、野外作业、移动作业时更能显出其独特的不可替代的优势。

这两种动力各有各的优势,应根据工程机械的种类以及工作环境具体选择。目前,工程机械中以电动机为动力源的机种主要有塔式起重机、混凝土机械、建筑升降机等。其特点是工作范围固定或在小范围内移动。因工作环境,大部分工程机械的动力装置都是内燃机。电动机与内燃机综合比较如表6.1所示。

表 6.1　电动机与内燃机的综合比较

	噪声	污染	能效	可靠性	经济性	机动性	应用(举例)
电动机	小	小	高	好	好	差	固定或小范围移动(塔吊,混凝土机械)
内燃机	大	大	低	较好	差	好	远距离或大范围移动(流动式机械)

2.汽油机与柴油机

内燃机包括柴油机和汽油机两种。汽油机的行驶性能好,相对环保及经济性差。而柴油机的经济性较好,尤其对工程机械工况的适应性好。具有较宽的载荷适应范围和较强的超载能力。但柴油机的噪声大,废气污染较为严重,从环保的角度还应该对其进行尾气和消声处理,达到环保要求,以保护自然环境。从工程机械尤其大功率的机种来看,基本采用柴油机。少数要求特殊行驶性能的小功率工程机械一般采用汽油机。汽油机和柴油机的主要特点比较见表 6.2。

表 6.2　汽油机和柴油机的主要特点比较

	噪声	自重	体积	可靠性	经济性	热效率	应用举例
汽油机	小	小	小	较差	较差	33%	交通车辆,汽车起重机
柴油机	大	大	大	较好	较好	46%	工程车辆

6.1.2　柴油机选用

目前,以内燃机为动力源的工程机械产品采用的动力装置基本上都是柴油机。在对动力模块进行设计时,柴油机产品的选型设计主要包括两个基本方面,其一,是柴油机种类选择;其二,是柴油机参数选择。

1.柴油机种类选择

当前柴油机产品种类很多,分类方法主要有:按工作原理分类,如二冲程柴油机、四冲程柴油机;按气缸数目分类,如单缸柴油机、多缸柴油机;按气缸排列方式分类,如直列柴油机、V 型柴油机;按额定转速分类,如高速柴油机、低速柴油机;按冷却方式分类,如水冷柴油机、风冷柴油机;按供气方式分类,如自吸式柴油机、增压式柴油机;按用途分类,如车用柴油机、船用柴油机。在选用柴油机产品时应当注意以下要点。

(1)首选类型

1)四冲程柴油机

二冲程柴油机的换气过程是在膨胀末和压缩初的短期内完成的,废气排放不彻底,留在气缸内的废气较多,影响燃料的燃烧,造成部分柴油混在废气中排出的后果,故二冲程柴油机燃料经济性较差,排气污染较重。因此,工程机械应当首选四冲程柴油机。

2)多缸柴油机

四冲程单缸柴油机输出转矩不均匀,运转不平稳,飞轮尺寸较大。为了克服这些缺点,工程机械通常应当首选多缸柴油机。

3)高速柴油机

因为高速发动机的体积小、重量小,具有多项优点,故应优先采用高速发动机。柴油机按额定转速分类情况见表6.3。

表6.3 发动机按转速分类表

	高速($n_r>1\ 000$ r/min)	中速($n_r=1\ 000\sim600$ r/min)	低速($n_r<600$ r/min)
自重	轻	中	重
体积	小	中	大

柴油机的功率、转矩、速度之间的关系式为

$$P_e=n_eM_e/9\ 550 \tag{6.1}$$

式中 P_e——柴油机的额定功率,kW;

n_e——柴油机的额定转速,r/min;

M_e——柴油机的额定转矩,N·m。

据此式可以看出,当采用高转速柴油机时,其转矩较小,因而发动机的曲轴直径小,发动机的重量轻,故一般多采用较高速度的发动机,配合各种减速方案使用。

4)工程机械用柴油机或车用柴油机

(2)气缸排列方式选择

通常直列柴油机高度轮廓尺寸较大,宽度轮廓尺寸较小,V型柴油机的轮廓尺寸正好相反。因此,当布置空间的高度尺寸较小时,宜采用V型柴油机,宽度尺寸受限时,可以选用直列柴油机。

(3)冷却方式选择

经常工作在城区的工程机械应选用水冷式柴油机,经常在野外工作的工程机械应采用风冷式柴油机。两种冷却方式特点比较见表6.4。

表6.4 冷却方式比较

	噪声	自重	体积	可靠性	适应性	内耗	应用(举例)
水冷	较小	较小	较小	较差	较差	小	城镇
风冷	较大	较大	较大	较好	较好	大	野外

(4)供气方式选择

增压式柴油机用增压器将增压后的气体压入进气管道,在吸气冲程中进入气缸。增压后的空气密度增加,相同体积下气缸充气质量增加,改善了燃烧质量,使柴油机功率增加,污染减少。

充气压力的提高会使气体温度上升,从而限制了空气密度的提高程度。增压中冷式柴油机在设置增压器的基础上,又增加了中冷器,使充气温度下降,从而进一步提高充气密度,使柴油机功率更大,污染更小。

不同供气方式的综合比较见表6.5。

表6.5　柴油机不同供气方式比较

供气方式	功率	自重	构　造	经济性	污染	成本	应用举例
自吸式	较小	相同	不变	较差	较大	小	中、小功率工程机械
增压式	较大	相同	加增压器	较好	较小	较高	大功率工程机械
增压中冷式	最大	相同	加增压器和中冷器	最好	最小	最高	

【例6.1】 请为普通、越野、高速以及全陆面某轮胎起重机选配柴油机。

分析:普通轮胎起重机行驶速度低,对功率要求不高,工作环境不希望噪声太大;越野轮胎起重机行驶速度也不高,野外作业时水源无保障;高速轮胎起重机行驶速度高,功率要求大,环保要求严;全陆面起重机功率大,适应性要好。

选配方案见表6.6。

表6.6　轮胎式起重机的柴油机选配

普通轮胎吊	越野轮胎吊	高速轮胎吊	全陆面轮胎吊
水冷	风冷	水冷,增压式或增压中冷式	增压式或增压中冷式,风冷

2.柴油机参数选择

通常能够满足种类选择要求的柴油机是一个或几个产品系列。例如,在例6.1中为全陆面起重机(或高速轮胎式起重机)选配的风冷增压式(或水冷增压式)柴油机的实际产品之一,如图6.1(或图6.2)所示。图中的B/FL513/L413系列风冷柴油机是德国道依茨公司结合时代要求,融入先进科技研制开发的新一代风冷柴油机,具有可靠性高、适应性好、功率范围宽、扭矩大、油耗低等优点,排放指标达到欧洲Ⅰ号标准,是客车、载重汽车、工程机械、发电设备等理想配套动力。其主要的技术参数见表6.7所示,尺寸参数值见表6.8,外形尺寸标注见图6.3。

图6.1　B/FL513/ L413系列风冷柴油机

图6.2　BFM1015系列柴油机

表 6.7 B/FL513/L413 系列柴油机技术参数

型号	缸数	缸径/行程(mm/mm)	工作容积/L	压缩比	持续功率(按ISO3046/1)(超载10%)(kW/r·min^{-1})		间歇工作功率(按ISO3046/1)(kW/r·min^{-1})		车用功率(按ISO1585)(kW/r·min^{-1})	最大扭矩(按ISO1585)(N·m/r·min^{-1})	最低燃油消耗率/(g·kW^{-1}·h^{-1})	重量/kg
							间歇工作	强间歇工作				
F8L413F	8	125/130	12.763	18:1	117/1500	157/2300	165/2500	174/2500	188/2500	817/1500	216	770
BF8L413F	8	125/130	12.763	16.5:1	129/1500	190/2300	210/2500	222/2500	235/2500	1080/1650	220	900
F10L413F	10	125/130	15.953	18:1	147/1500	196/2300	206/2500	217/2500	235/2500	1020/1500	216	940
F12L413F	12	125/130	19.144	15.8:1	176/1500	235/2300	246/2500	261/2500	282/2500	1226/1500	216	1120
BF6L513	6	125/130	9.572	15.8:1	103/1500	150/2300	158/2300	167/2300	177/2300	905/1500	210	635
BF8L513	8	125/130	12.763	15.8:1	137/1500	200/2300	210/2300	222/2300	235/2300	1170/1500	212	920
BF8L513LC	8	125/130	13.738	17.1:1	195/1500	225/2100	238/2100	252/2100	265/2100	1506/1300	205	970
BF10L513	10	125/130	19.953	15.8:1	172/1500	250/2300	263/2300	278/2300	294/2300	1460/1500	212	1140
BF12L513	12	125/130	19.144	15.8:1	206/1500	300/2300	316/2300	334/2300	353/2300	1755/1500	212	1250
BF12L513C	12	125/130	19.144	15.8:1	230/1500	328/2300	367/2300	367/2300	386/2300	1900/1500	205	1300
BF12L513CP	12	125/130	19.144	15.8:1	272/1500	375/2300	419/2300	419/2300	441/2300	2200/1400	200	1520

表 6.8 B/FL513/L413 系列柴油机尺寸参数

尺寸型号	单位	*A*	*A*1	*B*	*C*	*D*	*E*
BF6L513	mm	905	—	1138	1042	—	37.5
BF8L513	mm	1107	1452	1138	1042	569	437
BF8L513LC	mm	—	1325	1106	1133	569	437
BF10L513	mm	1272	1472	1138	1067	569	442
BF12L513	mm	1380	1573	1192	1067	569	442
BF12L513C	mm	1380	1590	1192	1087	569	442
BF12L513CP	mm	1380	1590	1192	1112	596	442
F8L413F	mm	1211	—	1038	860	340	340
BF8L413F	mm	1260	—	1072	1030	340	340
F10L413F	mm	1412	—	1038	937	360	360
F12L413F	mm	1575	—	1038	956	360	360

由表 6.7 可知，由于气缸数目、工作容积以及压缩比的差异，同一产品型号不同时，输出动力（功率、转矩、转速）有很大差别。

图 6.2 所示的 BFM1015 系列柴油机是当今世界上先进的水冷柴油机。功率范围为 190 ~ 440 kW，排放可达欧洲Ⅲ号标准。配置道依茨公司的供油系统、增压中冷、四气门、

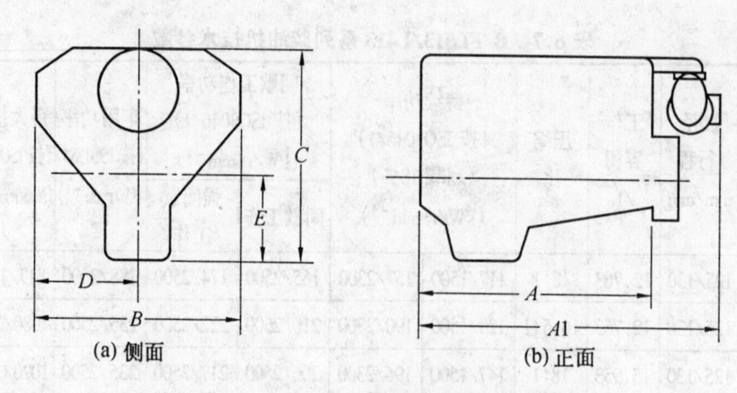

图 6.3 B/FL513/L413 系列柴油机外形尺寸

中央喷油器等最新技术,具有低排放、低噪声、低油耗等优点。其尺寸参数见表 6.9,主要技术参数见表 6.10,外形尺寸见图 6.4,性能曲线见图 6.5。

表 6.9 BFM1015 系列柴油机尺寸参数

型号	单位	*A*	*B*1	*B*2	*C*	*D*	*E*
BF6M1015	mm	985	480	330	970	637	925
BF6M1015C	mm	985	480	330	970	637	992
BF8M1015C	mm	1150	480	330	960	610	992

表 6.10 BFM1015 系列柴油机技术参数

发动机型号		BF6M1015	BF6M1015C/P	BF8M1015C/P
缸数		6	6	8
缸径×行程/mm		132×145	132×145	132×145
排量/L		11.906	11.906	15.874
压缩比		17:1	17:1	17:1
额定转数/($r·min^{-1}$)		2100/1900	2100/1900	2100/1900
活塞平均速度/($m·s^{-1}$)		10.15	10.15	10.15
发动机用于移动设备及公路车辆时的输出值持续功率(按 ISO3046/1(ICFN))/kW		214	261/287	348/383
按 ISO3046/1(IFN)	a)间歇性工作/kW	223	273/300	364/400
	b)强间歇性工作/kW	231	286/314	381/419
车用功率(按 ISO1585)/kW		241	300/330	400/400
最大扭矩(欧洲Ⅰ号/Ⅱ号状态)/(N·m)		1473	1790/2050	2350/2730
转速在……时/($r·min^{-1}$)		1300	1200/1300	1200/1300
最低怠速/($r·min^{-1}$)		500	500	500
在最大扭矩时的燃油消耗率/($g·kW^{-1}·h^{-1}$)		189	189	189
重量(按照 DIN70020 第 7 部分 A)/kg		830	830	1060

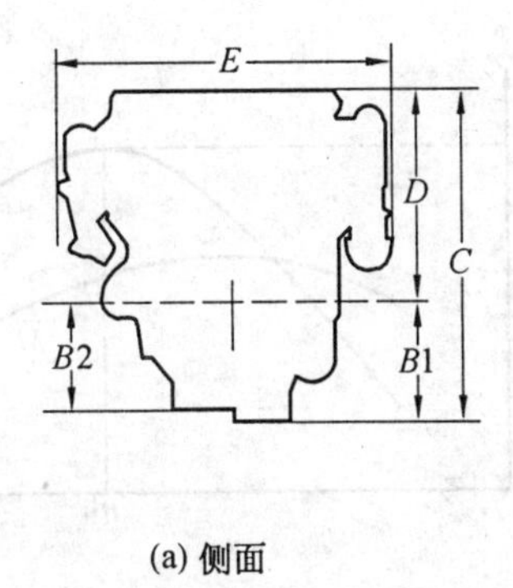

(a) 侧面

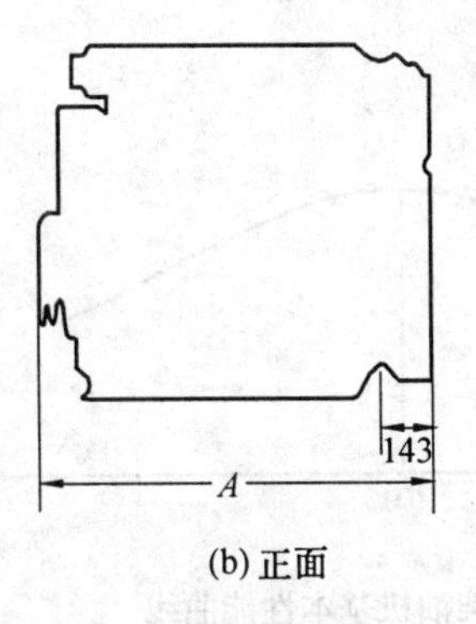

(b) 正面

图 6.4 BFM1015 系列柴油机外形尺寸

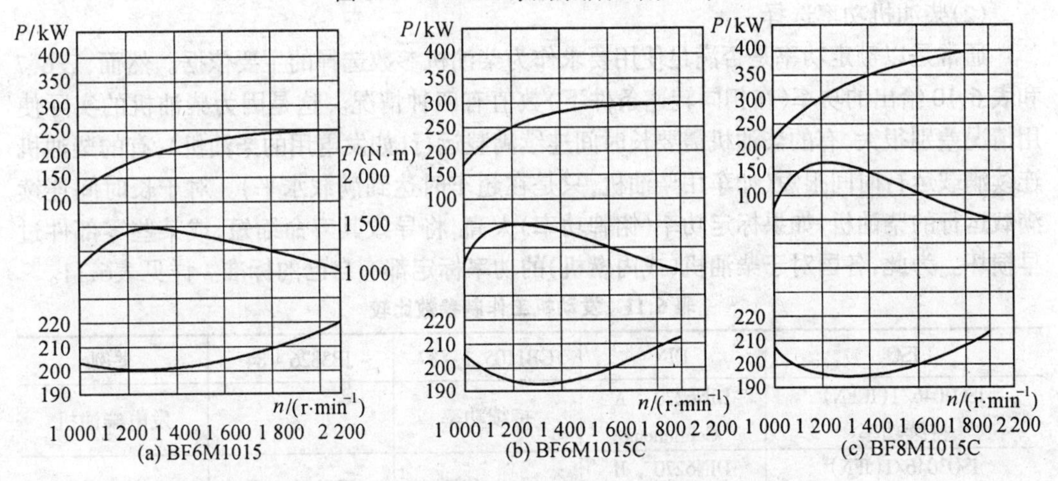

图 6.5 BFM1015 系列柴油机性能曲线

上面的两个产品实例说明,正确地选择柴油机类型仅仅是动力源选型设计工作的开始。接下来还应当对柴油机产品的各种参数进行合理选择。

(1)柴油机输出特性

同一型号的柴油机输出转速不同时,输出功率也不相同。例如,型号为 BF12L513CP 的柴油机,输出转速为 2 300 r/min 时,持续输出功率可达 375 kW;而当输出转速下降到 1 500 r/min时,持续输出功率仅为 272 kW。为了说明柴油机输出动力的变化特性,生产厂通常要提供柴油机性能曲线。

柴油机的基本性能曲线如图 6.6 所示。图中的输出转矩曲线有极大值。这是因为转速过高时,气缸充气时间缩短,混合气体质量下降。同时,燃烧时间也缩短了。综合结果是爆燃质量下降,导致输出转矩下降。另一方面,当转速过低时,气缸壁的漏气损失和散热损失增加,而混合气的涡流强度也减弱了,其综合结果也是输出转矩受损。

在图 6.6 所示曲线的基础上,利用公式(6.1)可以得到如图 6.7 所示的输出功率曲线。该曲线表明了柴油机输出功率随输出转速的变化情况。输出功率曲线的极大值就是柴油机产品的额定功率,对应转速称额定转矩。

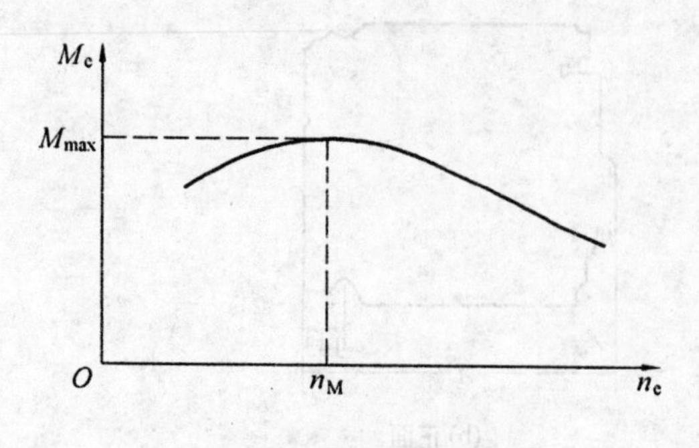

图 6.6 柴油机基本性能曲线

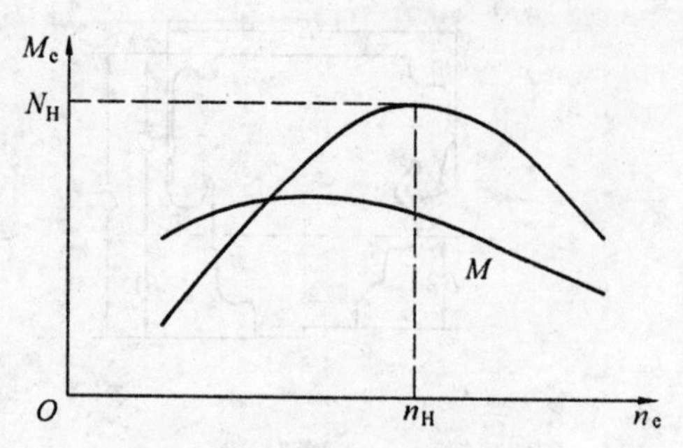

图 6.7 柴油机输出功率曲线

(2)柴油机功率选择

通常是以额定功率是否满足使用要求作为柴油机参数选择的主要依据。然而,表6.7和表 6.10 给出的功率(在相同转速条件下)数值有四种情况。这是因为柴油机的实际使用情况差别很大,有的柴油机需要长时间连续满载运行(如发电用的柴油机),有的柴油机连续满载运行时间很短(如车用柴油机,只是在超车时达到满载水平)。对于长时间连续满载运行的柴油机,如果标定功率(铭牌功率)太高,将导致其寿命缩短,或某些零部件过早损坏。为此,各国对于柴油机(或内燃机)的功率标定都有自己的标准。详见表6.11。

表 6.11 发动机工作制参数比较

ISO	DIN	GB1105.1-87	JB3826-84	举例
ISO3046/1(ICFN) 持续功率	DIN6270,A Continuous	持续功率		发电柴油机
ISO3046/1(IFN) a)强间歇性工作	DIN6270,B Heavy-duty	12h 功率	间歇功率Ⅱ	履带式土方机械
ISO3046/1(IFN) b)间歇性工作	DIN6270,B Normal	1h 功率	间歇功率Ⅰ	轮胎式土方机械
ISO1585(kW) 车用功率	DIN70020 Automotive	15min 功率	汽车功率	汽车,轮胎起重机

有时,一些柴油机产品的铭牌功率只有一种,此时,通常给出的是持续功率。选用时,若与需求功率相差不超过 10%,还是可以使用的(指实际使用情况不是长时间连续满载运行)。

(3)其他参数选择要点

柴油机参数选择在满足额定功率要求的前提下,还应适当考虑以下性能。

1)超载能力

柴油机的超载能力表现在其最大输出转矩高于额定转矩(额定转速对应的输出转矩)。最大转矩与额定转矩的比值,通常定义为超载系数,该值越大,说明产品的超载能力越大。经常爬坡、超载的工程机械,在选择柴油机时就应该选择大转矩、具有超载能力型号的柴油机。

2)经济性

这里,经济性主要是指柴油机的耗油率,表 6.7 和表 6.10 表明,同一系列的产品其耗油率相差不大。图6.5中三种曲线中,最下面的就是耗油率曲线。在实际选配柴油机产品时也应给与适当的关注。有时可能是取舍的最后条件。

3)自重与轮廓尺寸

自重与轮廓尺寸主要与目标产品的总体布置有关。在满足其他条件的前提下,通常,自重与轮廓尺寸越小越好。如果在起重机上发动机布置在配重位置附近,则不必对自重参数提出过高要求。

6.1.3 动力源配置

柴油机气缸的损坏是造成报废的首要因素,气缸的磨损与使用时间相关,而与载荷状态关系不大。换句话说,大功率柴油机在小功率输出条件下使用,其使用寿命的提高程度并不明显。

工程机械的工作机构通常不止一个,不同工作机构的要求功率有时相差很大。此时,是只配置一台大功率发动机,还是大小功率的发动机都要配置,这就涉及到工程机械动力源配置问题。下面的例题可供方案设计时参考。

【例6.2】 25 t全陆面起重机的动力方案设计。

给定条件:

(1)原始参数

1)起重量:$Q = 25$ t ;

2)起升速度:$V = 7.5$ m/min ;

3)行驶速度:$V_a = 60$ km/h

(2)使用情况

1)用户:大型设备出租公司

2)计划使用时间:整机预期使用时间50 000 h(约15年)

3)日工作时间统计

日平均工作时间:10 h。

其中,行驶转移时间:2 h;起重作业时间:8 h。

步骤一:起重功率估算

(1)估算公式

$$P_L \approx 1.1\ Q(0.25V + K_{SW}/1.36) \qquad (6.2)$$

式中 P_L——起重功率;

Q——起重量;

V——起升速度;

K_{SW}——经验系数,见下表6.12。

表6.12 起重量与经验系数 K_{SW}

起重量/t	3~5	8	12	16	25	40	50	100
K_{SW}	1.1	1.0	0.8	0.7	0.6	0.5	0.45	0.4

(2)数值计算

$$P_L/\text{kW} \approx 1.1 \times 25 \times (0.25 \times 7.5 + 0.6/1.36) \approx 64$$

步骤二:行驶功率估算

(1)估算公式

$$P_V \approx (K_V V_a Q + V_a^3/10\,000)/1.36 \tag{6.3}$$

式中 P_V——行驶功率;

V_a——行驶速度;

Q——起重量;

K_V——经验系数,见下表6.13。

表6.13 起重量与经验系数 K_v

起重量/t	8	12	16	25	40	65	100
K_V	0.28	0.22	0.18	0.12	0.09	0.07	0.055

(2)数值计算

$$P_V/\text{kW} \approx (0.12 \times 60 \times 25 + 603/10\,000)/1.36 \approx 148$$

步骤三:方案比较举例

(1)设定条件

1)发动机设计寿命为10 000 h

2)63 kW风冷柴油机市场零售价位在1.5万左右

3)141 kW风冷柴油机市场零售价位在10万左右

4)不考虑其他装置

5)发动机配置方案有以下两种

方案1:一台大发动机

方案2:大小发动机各一台

(2)成本估算

1)购入成本

方案1:1×10万 =10万

方案2:1×1.5万+1×10万=11.5万

2)日平均出租成本

方案1:(100 000元/10 000 h)×10 h=100元

方案2:(100 000元/10 000 h)×2 h+(15 000元/10 000 h)×8 h=

20元+12元=32元

3)报废成本

方案1:(50 000 h/10 000 h)×10万=50万

方案2:(50 000 h×0.2/10 000 h)×10万+(50 000 h×0.8/10 000 h)×1.5万=

10万+6万=16万

(3)方案确定

通过以上计算分析,不难看出两个方案的经济性对比。其取舍结果如表6.14所示。

表6.14 方案对比表

	方案1	方案2
方案特点	一台大发动机	大小发动机各一
购入成本	10万	11.5万
日平均出租成本	100元	32元
报废成本	50万	16万
结论	舍	取

步骤四:发动机选择

(1)发动机工作制

发动机的功率选择与工作制有关,工作制即是工作时间长短和持续工作时间的规律。很显然,间断工作累计八小时和连续工作八小时是有很大区别的。工作制大体分为间歇、持续。根据间歇时间长短又分为间歇和强间歇,持续也根据持续时间的不同而有区别。详见表6.11所示。

结论:发动机按车用功率选择。

说明:只有一种功率时,认为是连续功率,可放大1.1倍选择 。

(2)选择结果

在进行发动机功率选择时,如果整车是一台发动机,应选择车用功率和机构工作功率(包括几个机构联合工作的情况)中较大的功率来作为发动机功率。并且应该考虑超载要求及工程机械工况恶劣的因素。

如果整车有两台发动机,一台作为行驶驱动,另一台作为机构工作使用,就需要分别满足车用功率和机构工作功率的要求。表6.15为发动机选择比较结果。

表6.15 发动机选择比较表

要求发动机	要求汽车功率/kW	选定发动机	额定功率/kW	估计汽车功率/kW	结论
大	148	BF6L913	141	155	可用
小	64	F6L912W	63	69	可用

说明:

(1)高速、增压、水冷柴油机自重小,体积轻。但价格较贵。

(2)风冷柴油机可靠性比水冷式要高。

(3)高端产品具有较高的可靠性。

步骤五:选定发动机的外特性

所谓发动机的外特性就是功率、转矩、耗油率与转速的关系,即是发动机对外所表现出来的能量、能力、消耗与性能的关系，见图6.8所示。认真研究发动机的外特性与工程机械的性能要求，有利于充分发挥发动机的功能，尽可能满足工程机械的性能特点，尤其从经济性的角度看，具有重要意义。在工程机械设计过程中，选择发动机首先要满足功率要求，然后考虑工程机械在不同工况下的扭矩需求。如果满足了使用要求之后，在进行耗油率、价格等经济性分析，最终综合评价来决定选型。

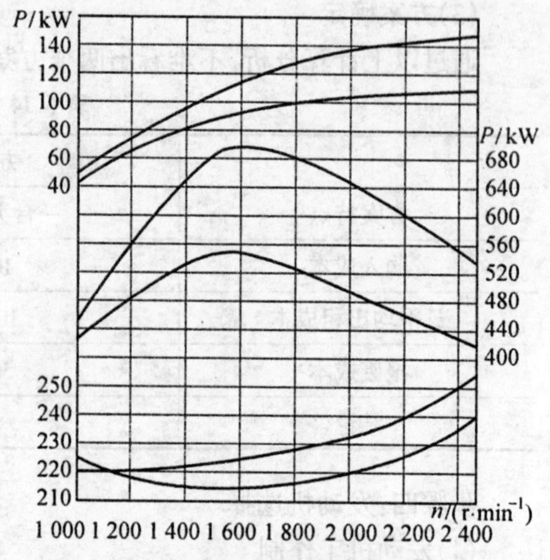

图6.8 发动机外特性曲线

6.2 驱动系统

以柴油机为动力源的工程机械，动力的传动方式主要有机械传动和液压传动两种基本形式。个别情况下，也有采用柴油电站加电传动的驱动方式，但因能源经多次转化后效率低，且设备昂贵、复杂，应用不广泛，故而不加讨论。

内燃机－机械传动，要解决内燃机特性与工程机械工作特性的匹配问题。通过机械传动系统改变运动参数和动力参数以适应工程机械各种工况的需要，如改变转速和转矩，以适应不同的工作状况。

内燃机－液压传动，通过液压油路进行动力传递，具有传动简单、易于控制等特点。由于液压油管是柔性的，避免了工程机械上下车之间的机械干涉，成功地解决了两个运动件间的动力传递问题，且液压传动易于实现无极变速。目前的大多数工程机械都是采用液压传动。

6.2.1 内燃机－机械驱动系统

1.内燃机的局限性与对策

内燃机作为一种动力源，其性能并不是直接完全满足工程机械的要求，而是通过各种方法来进行配合，方能适应工程机械的需求。

对于工程机械来说，内燃机本身存在许多不适应之处，我们称之为局限性。其主要局限性及解决方法有如下几项：

(1)内燃机的特性是高转速、低转矩，而工程机械要求低转速、大转矩。

高转速、低转矩能减少发动机的体积和重量，为了满足低转速、大转矩的使用要求，可在传动系统中设置减速装置，如减速器、主传动、轮边减速等。

(2)因为发动机的转矩低，不能带大的载荷启动，故而需要空载启动。

由于蓄电池容量有限，启动电动机的转矩不能太大，为了提高启动的可靠性，延长蓄电池每次充电的使用时间，要求空载启动。启动时可以采用离合器或利用变速器空挡使负载与发动机分离，或采用液力联轴(变矩)器。

(3)发动机不宜频繁启动，又须及时供给工程机械动力。

频繁启动发动机会造成蓄电池的早期失效,影响工作进度。短时制动可以采用离合器使负载与发动机分离。长时间制动可使用变速器空挡或液力联轴(变矩)器。

(4)一台发动机,多个机构须根据情况单独或联合工作。动力传递过程要求可控。

发动机不停运转,而各个机构却根据不同工况有的需要工作,有的需要停止。为解决这一问题,每个机构都设有自己的离合器和制动器。

(5)发动机的转动方向不变,而各机构的运行方向会有所改变,如车辆的转向、倒退。可以采用逆变器、变速器倒挡解决。

(6)速度变化范围小。

利用变速器可以得到多种速度。采用液力变矩器可以扩大速度范围,同时可以扩大转矩范围。

(7)发动机难以远程传递动力。

在底盘部分是以万向节传动轴传递的,其他机构可以采用链传动或带传动。

综上所述,发动机的局限性及对策,见表6.16。

表6.16 发动机的局限性及对策

序号	起因	局限性	对策	说　明
1	体积与重量限制	高转速低转矩	减速装置	减速器,主传动,轮边减速
2	电动机起动	要求空载启动	离合器	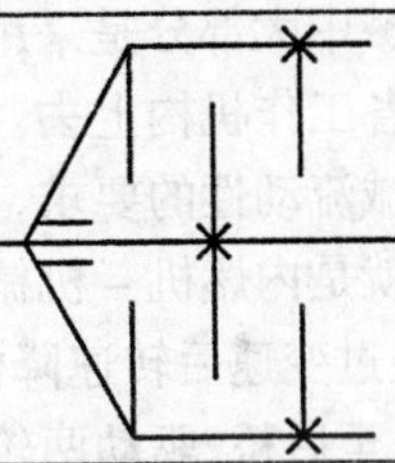
			变速器空挡	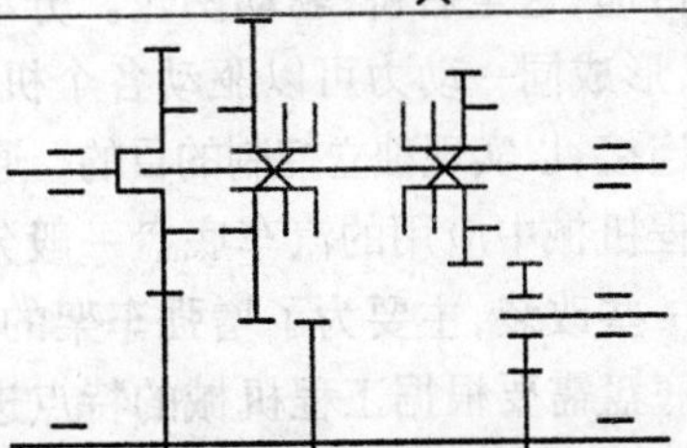
3	电动机起动	不宜频繁起制动	机构离合器+制动器	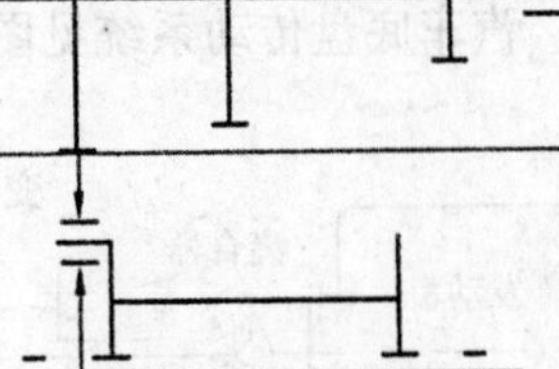

续表 6.16

序号	起因	局限性	对策	说　明
4	进排气门难互换	难逆转	逆转器	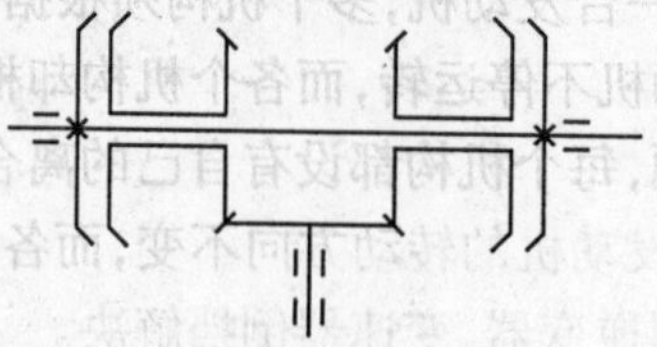
			变速器倒挡	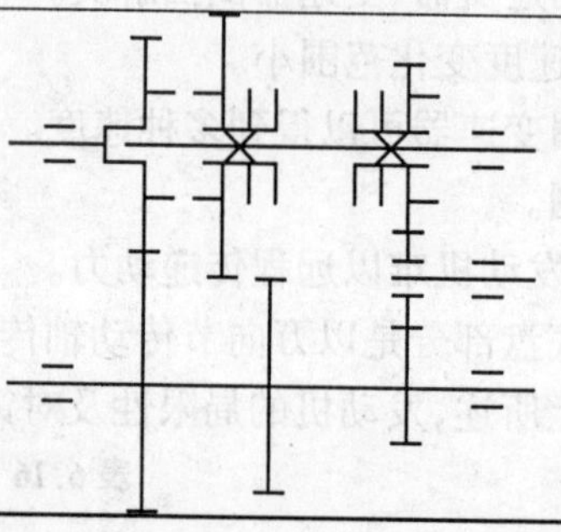

2. 内燃机－机械驱动系统方案简图

(1)汽车底盘

在工程机械中大部分是采用内燃机－机械驱动。它通过机械传动装置将内燃机发出的动力传递到各工作机构上去。这种驱动装置具有独立的能源，因而有较大的机动性，可以满足工程机械流动性的要求，一到达现场就可随时投入作业。

汽车底盘就是内燃机－机械驱动的典型范例。发动机发出的动力通过离合器输出到变速箱，动力经过变速后转速降低、扭矩增大。再通过万向节改变方向，传动轴进行较长距离的传递，送至后桥，驱动两轮。分动箱可同时将动力分成几个路线传递至其他几个工作机构，形成同一动力可以驱动各个机构独立工作的驱动形式。各个机构与动力源通过离合器连接，以实现独立控制的目的。通过分动装置可以减少发动机数量，减轻总体重量。

工程机械中应用的汽车底盘一般分为通用汽车底盘和专用汽车底盘。对普通汽车底盘进行一些改装，主要为了增强车架的强度和工作机构的布局安装，即成为通用底盘。专用汽车底盘需要根据工程机械的特点进行特殊设计、制造。其对工程机械的工作特性适应性较好。汽车底盘传动系统见图 6.9。

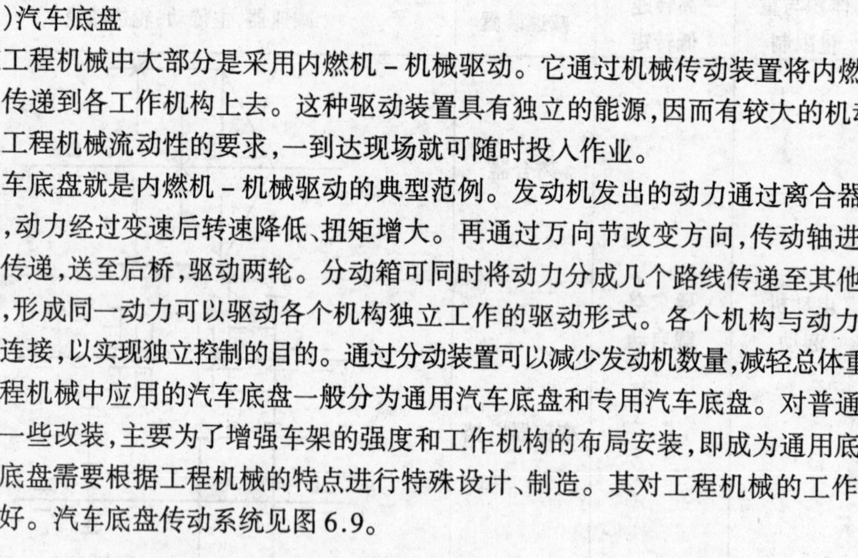

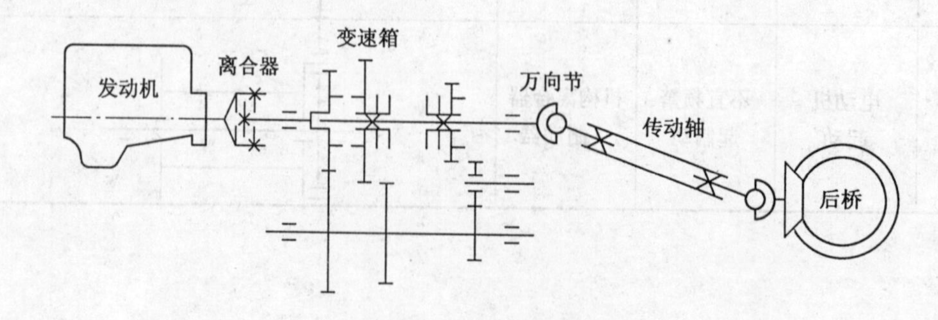

图 6.9　汽车底盘传动系统简图

(2)机械式汽车起重机

机械式汽车起重机是比较古老的起重机形式,现在已经被淘汰。因为它是全部采用机械式传动,比较复杂全面,能够体现内燃机-机械传动的重要特征,故而将其传动原理简图列出(见图6.10),以便较全面地了解内燃机-机械传动。

整车具有一台发动机,通过分动将动力分成两部分,下车是底盘行驶部分,上车是起重机各个机构。每一机构都有自己的离合器和制动器,以实现动力传动的独立性。上车分回转机构、起升机构、变幅机构三部分。各机构间的动力传递主要采用链传动和带传动。目前的多数工程机械都采用液压驱动,代替链、带传动的是液压管路。

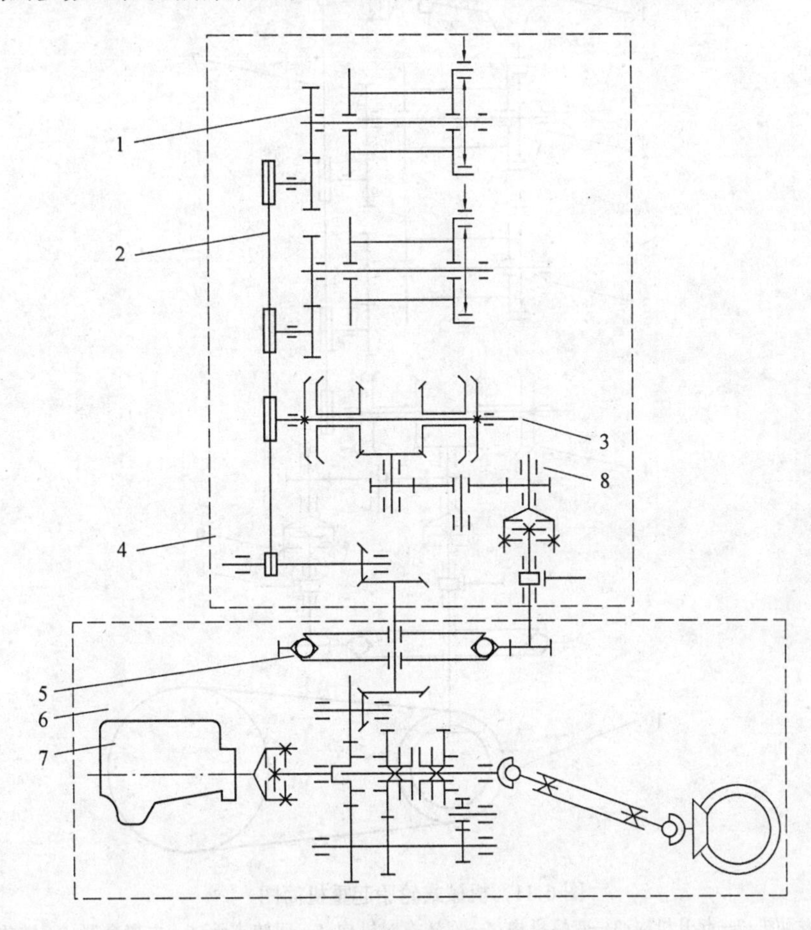

图6.10 机械式汽车起重机传动原理简图

1—起升机构;2—变幅机构;3—回转换向机构;4—上车部分;5—回转支承;6—下车部分;7—汽车底盘;8—回转机构

因回转运动有正反转,故采用回转换向机构以便改变回转方向。它是利用离合器和逆转器的组合实现改变回转方向的。现在的起重机回转机构多数是由液压马达驱动,故而结构简单、紧凑,正反转也靠液压控制阀来实现,非常方便。

在起升、变幅、回转三个机构中都有各自的离合、制动装置,以实现机构的独立性。这些机构虽然具有各自的独立性,但也有联合工作的关联性。比如,起升时可以回转等。复合动作在起重机的工作中是经常运用的。

(3)机械式轮胎起重机

机械式轮胎起重机与机械式汽车起重机的主要区别是发动机在上车，另外，汽车起重机是通用底盘，而轮胎式起重机是专用底盘。由于轮胎式起重机是专用底盘，其结构承载性能、工作稳定性以及驱动的功率匹配等都要优于汽车起重机。其他方面则大同小异。轮胎起重机的传动原理图见6.11所示。

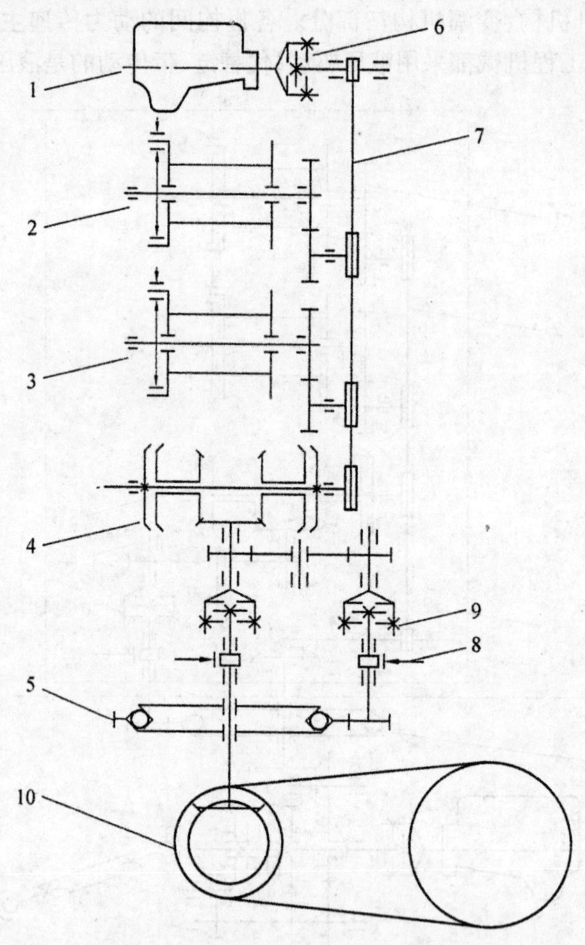

图6.11 机械式轮胎起重机简图

1—发动机；2—起升机构；3—变幅机构；4—回转换向机构；5—回转支承；6—主离合器；7—链传动；8—制动器；9—离合器；10—行走机构

3.内燃机－机械驱动系统变速方案

底盘的功能一是提供支撑，二是具有行驶功能。对行驶状态下的速度、驱动力的要求是复杂多变的，而发动机的速度变化范围是有限的，故而发动机的输出动力要经过变速箱的变速来满足行驶要求。发动机的速度改变靠的是调节油门来实现的，有其局限性。因此，设置变速箱以实现更大的速度变化范围。在变速箱的设计中，确定挡位数和传动比这两个参数是中心任务。变速箱传动示意图见图6.12。

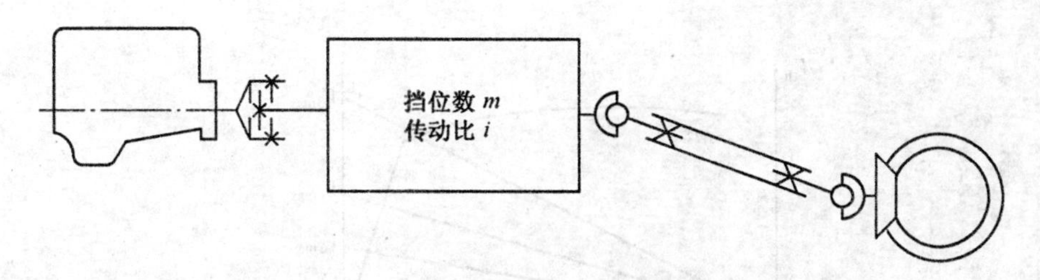

图 6.12 变速箱传动示意图

(1)行驶速度与速度曲线

行驶速度与发动机的输出转速、车轮半径及总传动比有关。对于一般的车辆或工程机械来说,由于除变速箱之外的减速装置(如轮边减速)速比固定,其最终速度取决于发动机的转速和变速箱的挡位,即挂几挡、多大油门。下面根据图 6.13 所示车轮转速分析简图,给出相应计算公式。

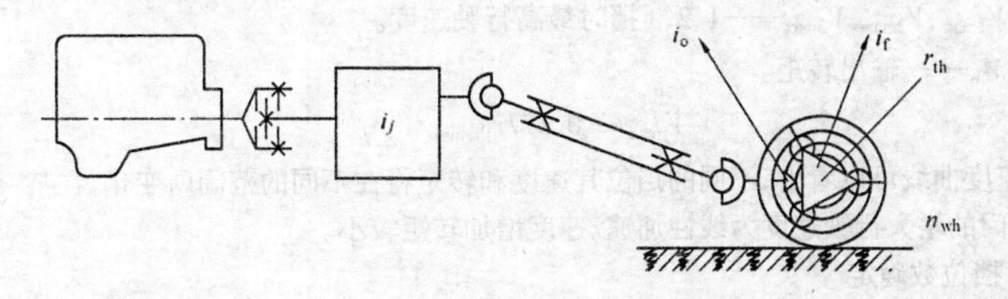

图 6.13 车轮转速分析简图

1)理论车速公式

$$V_{thj} = 0.377 r_{th} n_e / i_{\sum j} \tag{6.4}$$

式中 V_{thj}—— 行驶速度;

r_{th}—— 车轮半径;

n_e—— 发动机输出转速;

$i_{\sum j}$—— 总传动比。

$$i_{\sum j} = i_o i_f i_j \tag{6.5}$$

理论车速公式推导

$$V_{th} = 2\pi r_{th} n_{wh}$$

$$V_{th} = 2\pi r_{th} n_{wh} 60/1\,000 = 0.12\pi r_{th} n_{wh} = 0.377 r_{th} n_{wh}$$

$$V_{thj} = 0.377 r_{th} n_{whj} = 0.377 r_{th} n_e / i_o / i_f / i_j = 0.377 r_{th} n_e / i_{\sum j} \tag{6.6}$$

2) 速度曲线特点

速度曲线的横坐标是发动机的转速,纵坐标是车速,曲线所表示的是各挡的车速。发动机的转速越高,则转矩越小。发动机的最大转速是没有载荷空转时的转速。图 6.14 所示为速度曲线。

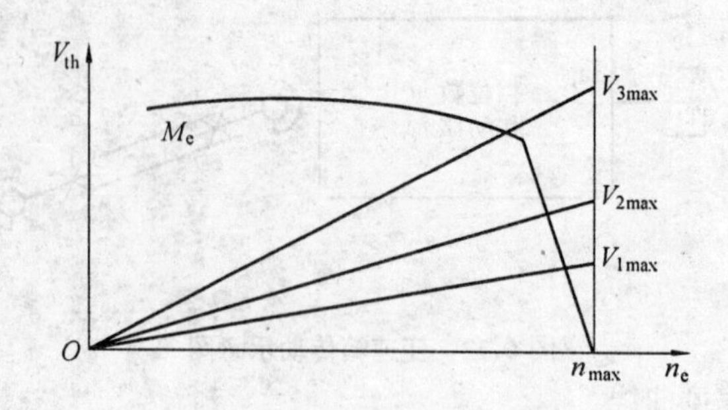

图 6.14 速度曲线

图中 n_e—— 发动机转速；

n_{max}—— 发动机最大转速；

V_{th}—— 行驶速度；

V_{1max}、V_{2max}、V_{3max}——1、2、3 挡时最高行驶速度。

M_e—— 输出转矩。

$$V_{j\max} = 0.377 r_{th,\max} / i_{\sum j} \tag{6.7}$$

由速度曲线可以看出，不同的挡位其速度和转矩将在不同的范围内变化。在某一挡位时，随油门的增大行驶速度为线性加速。速度增加转矩较小。

(2) 挡位数确定

1) 常用设计理念

a. 高速挡总传动比确定依据

$$i_{\sum j} = 0.377 r_{th} n_e / V_{thj} \tag{6.8}$$

$$i_{\sum m} = 0.377 r_{th} n_e / V_{\max} \tag{6.9}$$

b. 高功率区间与低耗油区间

图 6.15 为发动机的功率与油耗的关系曲线，所谓高功率区间指的是 N_i 与 N_r 间的范围，低油耗区间指的是 b_r 与 b_j 之间的区域。高功率区间所对应的速度范围是 n_A 与 n_B 之间，低油耗所对应的速度范围是 n_a 与 n_b 之间。如果发动机工作在高功率与低油耗重叠的区域内，则最为经济合理，即是 n_A 至 n_b 之间的范围。

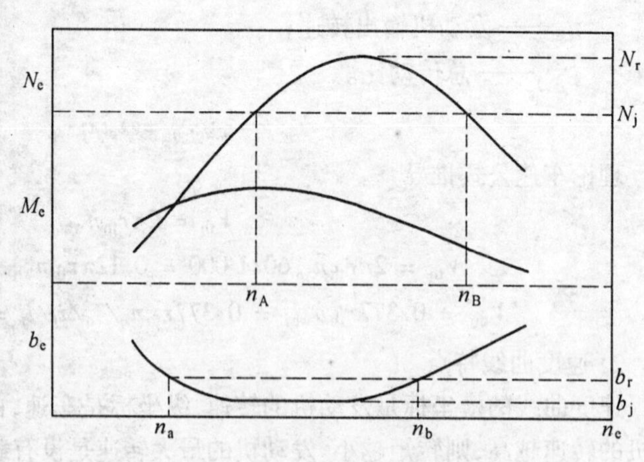

图 6.15 发动机高功率与低油耗区间

根据实际曲线分析，为达到最佳速度区域，一般可取

$$n_B / n_A = q = 1.4 \sim 1.8$$

初步设计可取 $q = 1.6$

$$n_b / n_a = q$$

c.各种设计理念

车辆以最高车速行驶时发动机对应的转速 n_V 的设计值通常有以下几种。

$$n_V = n_{max}$$

$$n_V = n_B$$

$$n_V = n_b$$

$$n_V = n_H$$

$$n_V = n_M$$

$$n_V = n_R$$

这里 n_R 由发动机功率和行驶阻力矩计算得出,其通常位置见图 6.16。

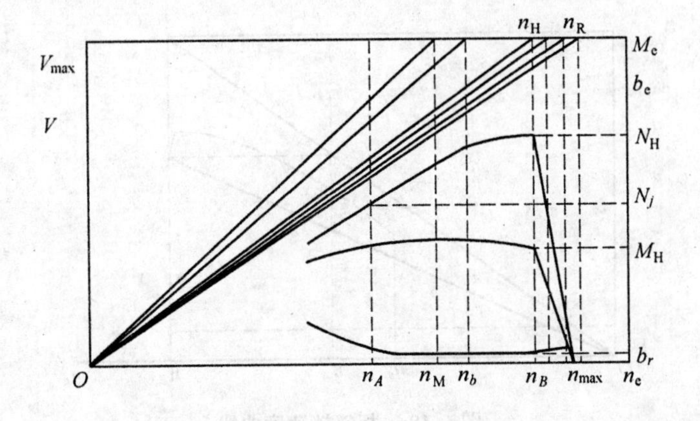

图 6.16　最高车速对应的发动机转速

n_V 取不同值时,设计结果是有差别的。一般性评价见表 6.17。

表 6.17　n_V 取值评价表

序号	n_V =	评　价	应　用
1	n_{max}	达不到铭牌车速 可有最少挡位	垄断型
2	n_H	充分利用额定功率	运输型
3	n_M	达到最大加速和超速能力 多挡位	竞赛型
4	n_R	无超速能力	廉价型
5	n_B	综合效果较好	通用型
6	n_b	发动机不同,效果不同	省油型

2) 传统设计方法(通用型)

a.作图法确定挡位数

(a) 高功率区间

(b) 高速挡速度曲线(图 6.17)

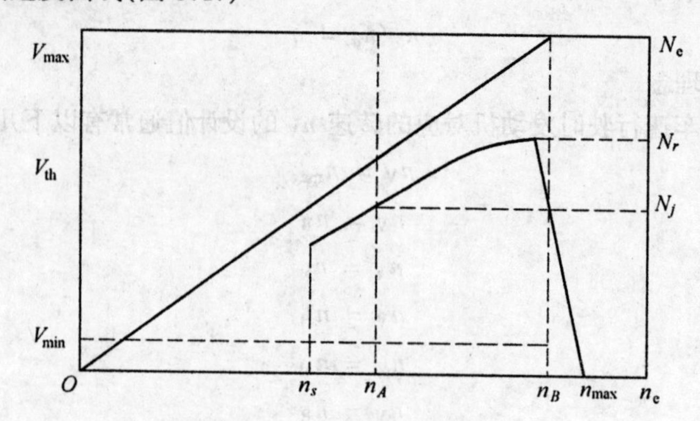

图 6.17　高速挡速度曲线

(c) 相邻挡速度曲线(图 6.18)

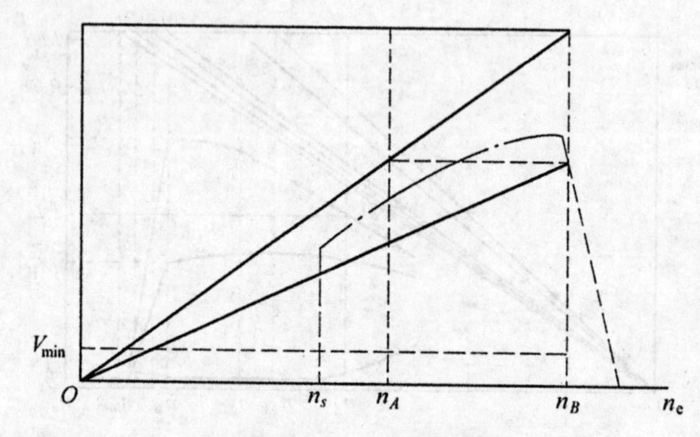

图 6.18　相邻挡速度曲线

(d) 最低稳定车速曲线(图 6.19)

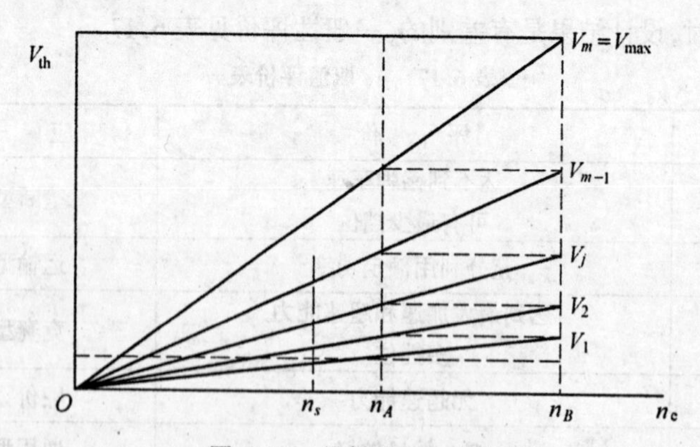

图 6.19　最低稳定车速曲线

(e) 结论

$$m = 5$$

b.计算法确定挡位数

$$m = Ln(V_{max}/V_{min})/L_n[q] \tag{6.10}$$

推导

$$V_{j+1}/V_j = n_B/n_A = q$$
$$V_{j+1} = qV_j$$
$$V_2 = qV_1$$
$$V_3 = qV_2 = q_2V_1$$
$$V_{j+1} = qV_j = q_jV_1$$
$$V_m = q^{m-1}V_1$$
$$q^{m-1} = V_m/V_1$$
$$V_m = V_{\max}$$
$$V_1 = qV_{\min}$$
$$q^m = V_{\max}/V_{\min}$$

(3) 总传动比确定

1) 确定区间比

$$q = (V_{\max}/V_{\min})1/m \tag{6.11}$$

2) 普通车辆

a.高速挡总传动比

$$i\sum_m = 0.377r_{\text{th}}n_B/V_{\max} \tag{6.12}$$

b.相邻挡总传动比

$$i\sum_{m-1} = qi\sum_m \tag{6.13}$$
$$i\sum_j = qi\sum_j + 1 \tag{6.14}$$

3) 越野车辆

a.低速挡总传动比

$$i\sum_1 = 0.377r_{\text{th}}n_A/V_{\min}$$

b.相邻挡总传动比

$$i\sum_2 = q^{-1}i\sum_1$$
$$i\sum_j = q^{-1}i\sum_{j-1}$$

(4) 变速器传动比确定

$$i_j = i\sum_j/(i_o\, i_f) \tag{6.15}$$

6.2.2 内燃机－液压驱动系统

1.单泵系统

所谓单泵系统指的是液压系统的动力源为一个液压泵。典型单泵液压系统的组成如图6.20所示，安全阀起到限制系统压力的作用，可以使系统保持恒定的压力。溢流阀是为了防止过滤器堵塞而进行卸荷。换向阀控制液压系统的工作状态，掌握和改变油路的流通途径。如果不考虑泄漏油路，工程机械液压系统通常可分成主油路和工作油路（机构油路）两部分。主油路为各个机构油路提供一个总的压力油源和回油通道，再由各个机构油路单独控制各机构的工作状态。

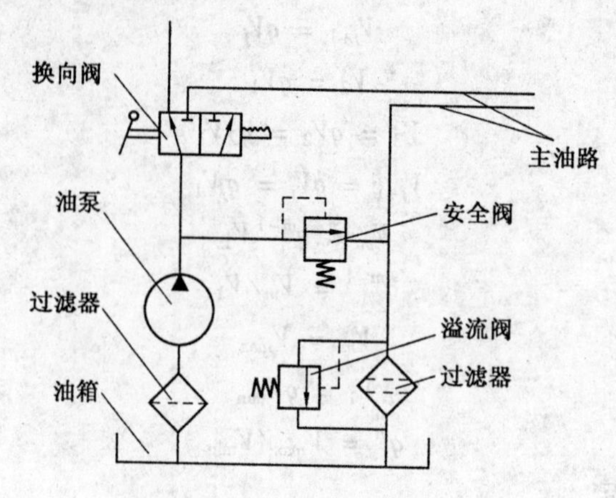

图 6.20 典型单泵液压系统

图 6.21 是起重机单泵液压系统图。回转接头以上部分为上车,以下部分为下车。上车各机构液压油路从左起分别为:回转机构油路、变幅机构油路、伸缩机构油路、起升机构油路。下车为支腿油路,有横向伸缩和纵向伸缩。动力源为单泵液压系统,通过换向阀分别控制各机构的动作。由于支腿的横向伸出,伸至极限位置即可,故而四个油缸由一个换向阀控制。纵向支腿需要单独调平,因此每个纵向支腿都有一个换向阀控制。图中虚线表示控制油路或泄漏油路。在这里要强调的是,起升机构的油路必须放到其他三个机构油路之后。因为起升机构有液压松闸装置,如果起升机构的油路不放在最后,在其他任一机构工作时,都能打开松闸油缸,势必造成重物下滑而发生危险。

2.多泵系统

图 6.22 是起重机多泵液压系统图。在多泵系统中的各机构油路基本没有变化,只是主油路中油泵数量发生了变化。各泵的动力分配不同,如起升机构单独由一个泵供油,完成松闸和起升的操作。这样可以避免松闸制动器的误操作,保证安全。另外,上车(除起升机构外)和下车各用一个泵提供动力。多泵系统与单泵系统相比,具有安全可靠,易于控制等优点,同时也有造价高、布置复杂、占据空间等缺点。在进行液压系统设计时,应全面考虑,综合分析来确定采用单泵还是多泵。

3.元件匹配

在进行液压系统设计时,系统图完成后,即需要进行液压元件的选型。液压元件的选型原则是既要满足系统功能要求,又要满足系统元件之间的匹配。所谓匹配就是各元件参数之间的协调。选型时要认真分析系统的功能特点、工作环境特点,尤其是载荷变化特点的要求。在满足系统功能要求的情况下,应充分考虑可靠性和经济性。工程机械液压系统执行元件(液压马达、油缸等)的选型与设计工作通常在工作机构的设计过程中完成,其他元件的选型与设计可参考液压技术方面的专著。在内燃机-液压驱动系统中,油泵与内燃机匹配问题应当引起注意。液压马达选型结果及相关参数见表 8.16。

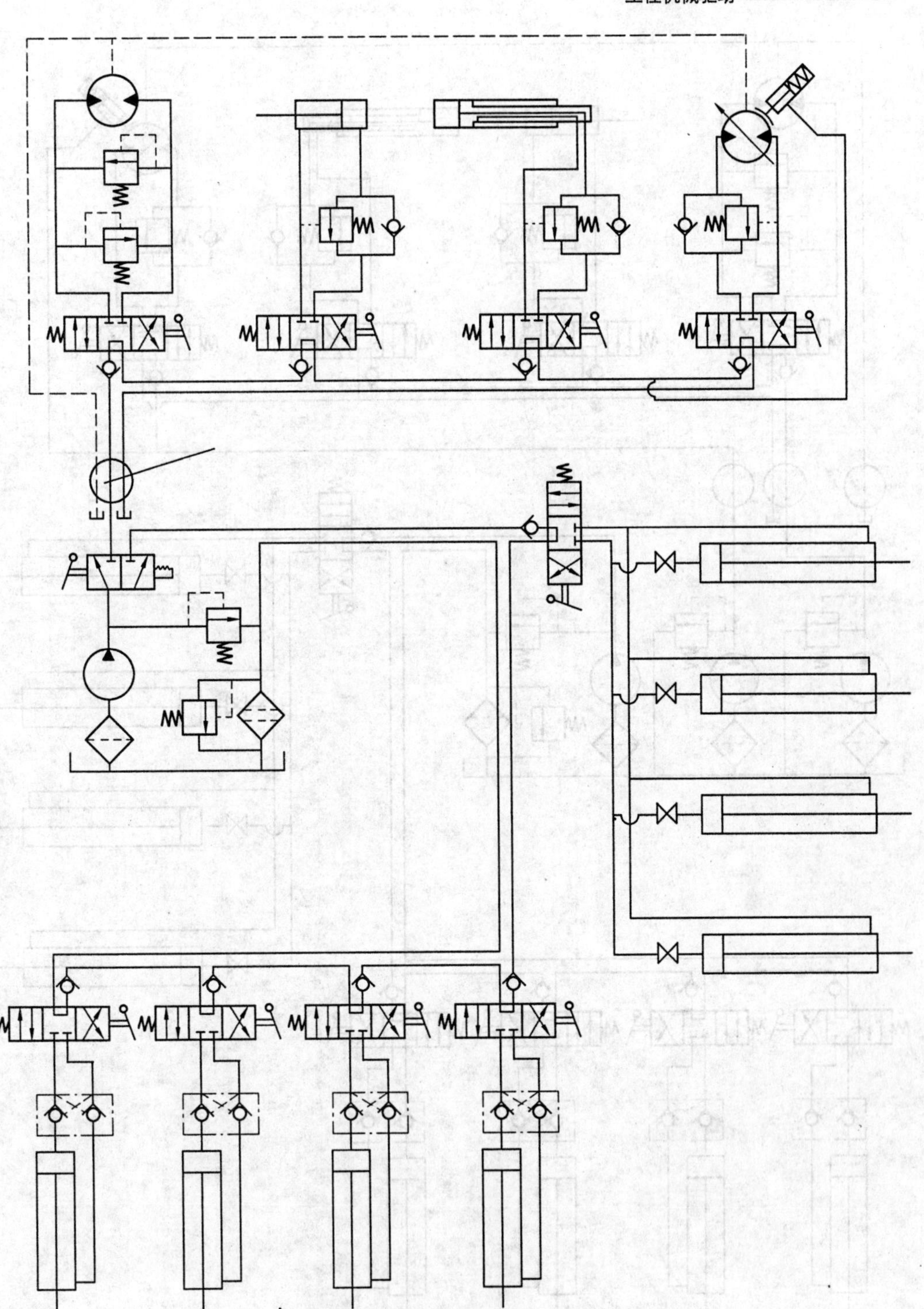

图6.21 起重机单泵液压系统图

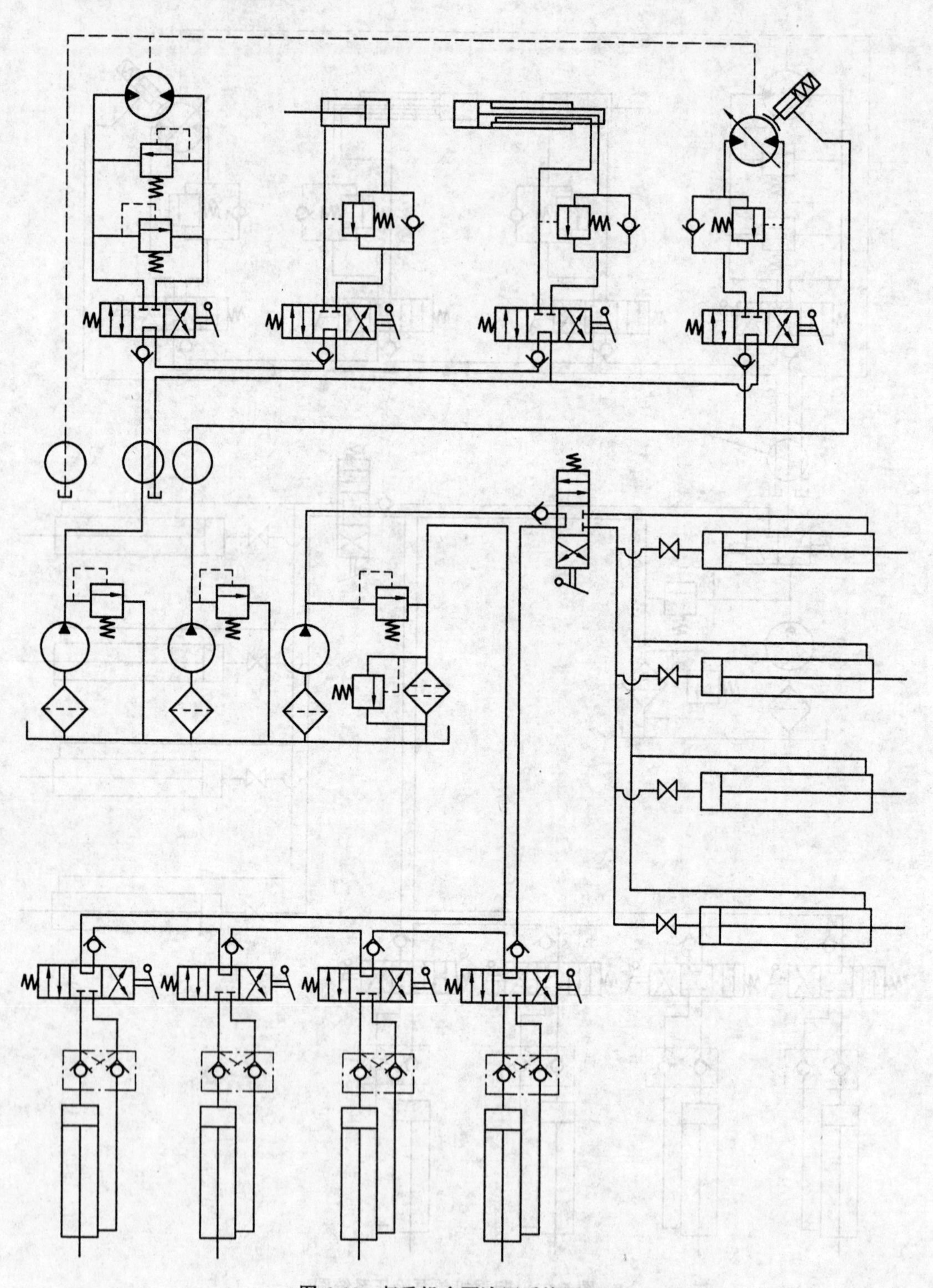

图 6.22 起重机多泵液压系统原理图

表 6.18 液压马达选型结果及相关参数

马达规格	马达排量/$(ml \cdot r^{-1})$	马达自重/kg	减速器要求输入转速 $n_i/(r \cdot min^{-1})$
A6V160	160	74	1 345.9

液压泵是液压系统的动力源,它的选择要考虑整个系统的匹配。主要参数有最大功率、最大流量、最大转速以及扭矩等。在与内燃机匹配时,还要考虑负荷变化对系统流量和功率的影响。下面的例题仅供设计时参考。

【例 6.3】 请为图 6.23 所示系统选配液压油泵。

在单泵液压系统中,功率最大的工作油路,其流量也最大。如在串联系统中,流量最大的工作油路的流量限定了单泵系统的流量。在起重机的起升、回转、变幅、伸缩四大机构中,一般起升机构工作油路的流量最大,因而,其液压系统的流量应当以起升机构工作油路的流量为基准来进行确定。图 6.23 给出了单泵系统及上车机构工作油路的连接情况。

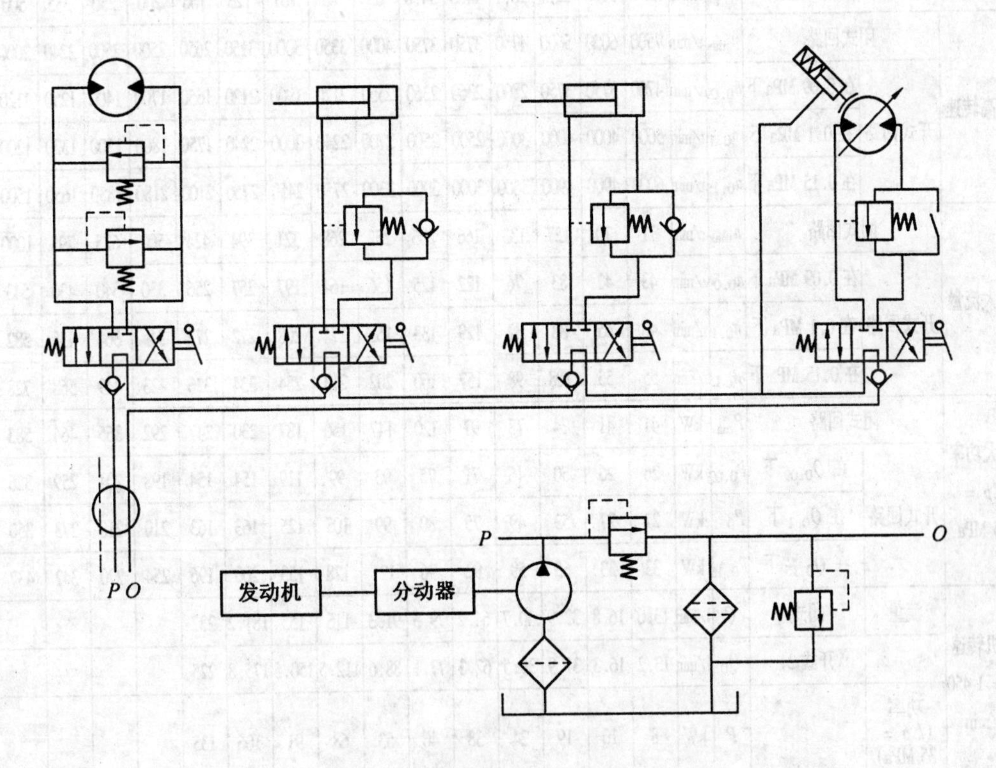

图 6.23 单泵系统及上车机构工作油路

步骤一:系统流量要求

$$Q_{bmax}\eta_{vb} \geqslant q_m n_m/1\,000 \tag{6.16}$$

$$Q_{bmax} \geqslant q_m n_m/\eta_{vb}/1\,000 \tag{6.17}$$

式中 Q_{bmax}—— 液压泵最大流量;

η_{vb}—— 液压泵的容积效率;

q_m—— 液压马达的排量，见表 6.18；

n_m—— 液压马达的转速，$n_m = n_i$，见表 6.18。

计算结果见表 6.19，要求泵的最大流量为 222 L/min。通过查表 6.20 可得能满足要求的液压泵，见表 6.21。

表 6.19　选择液压泵主要参数表

q_m	n_m	η_{vb}	$Q_{bmax} \geqslant$
160	1 345.9	0.97	222

表 6.20　液压泵 / 马达技术参数表

A2F 定量泵 / 马达

技术参数表　理论值未考虑 η_{vm} 和 η_w 数值经过圆整

规格					10	12	23	28	45	55	63	80	107	125	160	200	250	355	500
排量			V_g	ml/r	9.4	11.6	22.7	28.1	44.3	54.8	63	80	107	125	160	200	250	355	500
最高转速	闭式回路		n_{max}	r/min	7500	6000	5600	4750	3750	3750	4000	3350	3000	3150	2650	2500	2500	2240	2000
	开式回路	在 0.09 MPa 下	$n_{0.09}$	r/min	4700	3750	3750	2800	2360	2360	2550	2120	1900	2120	1650	1700	1400	1250	1120
		在 0.1 MPa 下	$n_{0.1}$	r/min	5000	4000	4000	3000	2500	2500	2700	2240	2000	2240	1750	1800	1500	1320	1200
		在 0.15 MPa 下	$n_{0.15}$	r/min	6000	4900	4900	3600	3000	3000	3300	2750	2450	2750	2100	2180	1850	1650	1500
最大流量	闭式回路		n_{max}	r/min	71	70	127	133	166	206	252	268	321	394	424	500	625	795	1000
	开式回路	在 0.09 MPa 下	$n_{0.09}$	r/min	43	42	83	76	122	125	156	164	197	257	256	330	340	430	543
		在 0.1 MPa 下	$n_{0.1}$	r/min	46	45	88	82	129	133	165	174	208	272	272	349	364	455	582
		在 0.15 MPa 下	$n_{0.15}$	r/min	55	55	108	98	157	160	202	213	254	334	326	423	449	568	728
最大功率 Δp = 35 MPa	闭式回路		P_{max}	kW	41	41	74	78	97	120	147	156	187	230	247	292	365	464	583
	开式回路	在 $Q_{0.09}$ 下	$P_{0.09}$	kW	26	26	50	46	71	75	93	99	119	154	154	198	204	259	326
		在 $Q_{0.1}$ 下	$P_{0.1}$	kW	27	27	53	49	75	80	99	105	125	163	163	210	218	273	350
		在 $Q_{0.15}$ 下	$P_{0.15}$	kW	33	33	65	59	92	96	121	128	153	200	196	254	270	342	437
电机转速 n = 1 450 r/min	流量	闭式	Q	l/min	13.6	16.8	32.9	40.7	64.2	79.5	91.3	116	155	181.2	232				
		开式 2)	Q_0	l/min	13.2	16.3	31.9	39.5	62.3	77.1	88.6	112.5	150.5	175.8	225				
	功率 (Δp = 35 MPa)		P	kW	8	10	19	24	38	46	53	68	91	106	135				
扭矩	Δp = 10 MPa		M	N·m	15	18.5	36	44.6	70.4	87	100	127.5	169.7	198	254	318.5	397.9	565	795.7
	Δp = 35 MPa		M_{max}	N·m	52.5	64.5	126	156	247	305	350	446	594	693	889	1114	1393	1978	2785
近似重量	kg				5	5	12	12	23	23	33	33	44	63	63	88	88	138	185

表6.21　满足流量要求的A2F泵型号系列表

规格	125	160	200	250	355	500
最大流量	272	272	349	364	455	582
最高转速	2 240	1 750	1 800	1 500	1 320	1 200
η_{vb}	0.971 429	0.971 429	0.969 444	0.970 666 7	0.970 977 4	0.97

步骤二:满载时发动机转矩计算

发动机最高转速 $n_{\mathrm{emax}} = 2700$;最大转矩 $M_{\mathrm{emax}} = 700$

分动速比最小值 $i_{\mathrm{Fmin}} = n_{\mathrm{emax}}/n_{\mathrm{bmax}}$

满载泵转矩

$$M_{\mathrm{b}} = 0.159 q_{\mathrm{b}} \Delta p / \eta_{\mathrm{mhb}} \tag{6.18}$$

$$\Delta p = 25$$

$$\eta_{\mathrm{mhb}} = 0.93$$

满载时发动机转矩 $\geqslant M_{\mathrm{b}}/i_{\mathrm{Fmin}}/\eta_{\mathrm{F}}$

$$\eta_{\mathrm{F}} = 0.99 \times 0.98 \times 0.99 = 0.96$$

参数取值及计算结果见表6.22。

表6.22　泵参数与发动机转矩

泵排量 q_{b}	125	160	200	250	355	500
泵最高转速 n_{bmax}	2240	1750	1800	1500	1320	1200
分动速比最小值 i_{Fmin}	1.21	1.54	1.50	1.80	2.05	2.25
满载泵转矩 M_{b}	534.3	683.9	854.8	1068.5	1517.3	2137.1
满载时发动机转矩必须达到	461.7	461.7	593.6	618.4	772.7	989.4

步骤三:满载时发动机转速

根据表6.22中发动机满载转矩计算值,从图6.24中查到对应的发动机转速值,见表6.23。

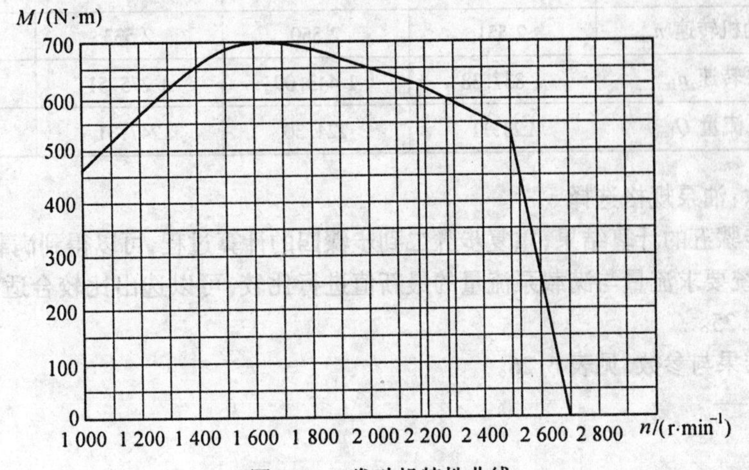

图6.24　发动机特性曲线

表 6.23 发动机转速、转矩对应表

1000	1200	1400	1600	1800	2000	2200	2400	2500	转速
467.2	566.6	653.8	700	683.3	652.3	611.7	560	538.6	转矩

步骤四:满载泵流量计算

满载泵转速

$$n_{bm} = n_{em}/i_{Fmin} \tag{6.19}$$

满载泵流量

$$Q_{bm} = n_{bm}q_b\eta_{vb}/1\ 000 \tag{6.20}$$

计算结果见表 6.24。

表 6.24 各规格泵的参数对比表

规格	125	160	200	250
满载发动机转速 n_{em}	2528.55	2528.55	2273.8	2165.56
满载泵转速 n_{bm}	2097.76	1638.88	1515.87	1203.09
满载泵流量 Q_{bm}	254.73	254.73	293.91	291.95

步骤五:分动器分动速比计算

满足系统流量要求的分动速比

$$i_F = i_{Fmin} \times Q_{bm}/222 \tag{6.21}$$

计算结果见表 6.25。

表 6.25 分动速比及满载泵流量最新值计算

规格	125	160	200	250
分动速比 i_F	1.39	1.77	1.99	2.37
满载泵转矩 M_b	534.3	683.9	854.8	1068.5
满载时发动机转矩必须达到	400.9	403.2	448.4	470.2
满载发动机转速 n_{em}	2 551	2 550	2 533	2 525
满载泵转速 n_{bm}	1 837.38	1 443.09	1 275.51	1 066.68
满载泵流量 Q_{bm}	223.11	224.30	247.31	258.85

步骤六:油泵规格选择

依据步骤五的计算结果,重复步骤二到步骤四的计算过程,可以得到满载泵流量的最新值。将系统要求流量与满载泵流量的最新值进行比较,可以选出比较合适的油泵,计算过程见表 6.25。

选择结果与参数,见表 6.26。

表 6.26　选择结果与参数

参数名与代号	参数值	单　位
A2F 泵规格	125	
泵排量 q_b	125	ml/r
分动速比 i_F	1.39	
满载泵转矩 M_b	534.3	N·m
满载发动机转矩 M_{em}	400.9	N·m
满载发动机转速 n_{em}	2551	r/min
满载泵转速 n_{bm}	1837.38	r/min
满载泵流量 Q_{bm}	223.11	l/min
抗超载系数 γ	1.746	
自重 W_b	63	kg

第7章 工程机械底盘

为了适应土木工程施工的流动性要求，相当多的工程机械产品都自带行走机构。从组成原理角度分析，工程机械底盘是整机执行模块的一个分模块。可以说工程机械底盘也是整机的一个工作机构。只是这个特殊的工作机构要比其他工作机构（如起升、回转、变幅、伸缩等工作机构）在构造与原理上要复杂许多。

历史悠久的汽车工业已经将底盘技术发展得相当完善，现在工程机械底盘方案的设计在可能条件下尽量采用现成的汽车底盘，以降低研制成本，缩短设计周期，提高设计与制造的成功率，以及产品的可靠度。在没有现成汽车底盘可以匹配的情况下，通常是委托汽车生产厂按特定要求生产为工程机械配套的底盘（专用汽车底盘）。然而，在许多情况下，为了满足特殊要求，还是要自己设计专用的工程机械底盘。例如，为了尽可能提高工程机械底盘的越野性能，要求在意外停车时发动机不能自己熄火；在不切断动力的条件下能够直接换挡；在来不及换挡的复杂陆面，驱动系统能够自动降低转速、增大转矩适应陆况；车辆有足够的驱动力和附着力等。满足这些条件的底盘，已经超出了目前汽车工业的配套能力，需要工程机械设计人员自行设计解决。

工程机械底盘设计工作要求对传统的底盘技术有相当的了解，其中包括基本构造原理，基本力学分析，挡位设计基本方法，行驶性能计算与表达等。此外，对液力变矩器的匹配，行星式动力换挡变速箱的基本设计方法等专业性较强的内容也应当有较好的基础。

7.1 底盘综述

工程机械的底盘类型很多，可从不同角度进行分类。总的来看可分为：通用汽车底盘、专用汽车底盘、专用轮胎底盘以及履带底盘四种。

通用汽车底盘，是指除车架可更换外，其余皆采用原汽车底盘。其缺点是汽车底盘的重心较高，重量较大，影响工程机械的稳定性或限制了工作能力。一般小型起重机采用通用汽车底盘，其特点是简易、行驶性能好。

专用汽车底盘是按工程机械的要求设计的，轴距长、车架刚性好。其主要特点是重心低，强度、刚度好，如汽车起重机底盘即是专用汽车底盘。

专用轮胎底盘是专门为工程机械设计的，可以满足工程机械的多种特殊需要。比如，轮胎起重机的底盘可以设计成液力传动、动力换挡、全轮驱动，甚至全轮动力转向的越野型轮胎底盘（见图7.1）。

履带式底盘的行走机构与轮式底盘有显著区别，整机重量通过若干支重轮分散给履带，再由履带进一步分散压力传至地面。接地比压小，附着力大是这种行走机构的主要特点，适应松散、泥泞陆面的行驶条件。

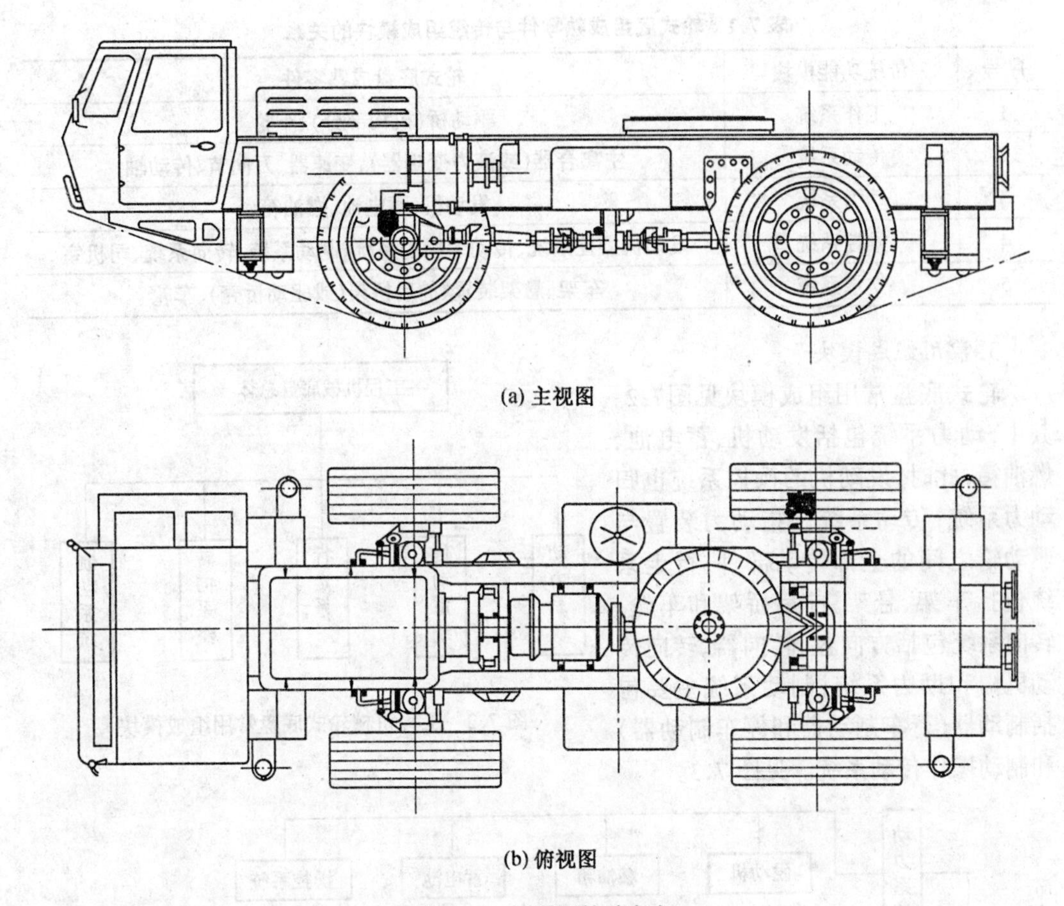

(a) 主视图

(b) 俯视图

图 7.1 越野型轮胎底盘

7.1.1 底盘总体功能原理

1.轮式底盘的基本功能原理

通常可以认为轮式底盘的工作头是车轮,工作对象是地球,基本功能是车轮的转动功能。对基本功能原理可描述为:当转动的车轮与地球接触时,对地球产生一个向后的推力,由于地球质量太大,短时间内状态不会发生明显的改变。当地球对车轮的反作用力超过车辆行驶阻力时,车轮就带动整车向前运动。

2.底盘传统组成原理

机械系统的组成模块通常是指动力、传动、执行、操控和支承五个功能模块。随着底盘技术的不断发展,落实到具体的零部件和装置上通常不是一个完整的功能模块,而是上述五个功能模块的演进(分解、合成、补充)结果。轮式底盘成熟零部件和子系统与传统的五个功能模块之间的大致对应关系,参见表 7.1。

表 7.1 轮式底盘成熟零件与传统组成模块的关系

序号	传统功能模块	轮式底盘成熟零件
1	工作系统	驱动桥(机构部分)、车轮
2	传动系统	主离合器(或液力变矩器)、变速器、万向节、传动轴
3	动力系统	发动机、蓄电池、燃油箱
4	操控系统	发动机操控系统、传动系操控系统、制动系统、转向系统、司机室
5	支承系统	车架、悬架装置、前后桥架(或驱动桥壳)、车轮

3. 常用组成模块

轮式底盘常用组成模块见图7.2。其中,动力系统包括发动机、蓄电池、燃油箱,此时,发动机的操控系统也归动力系统;传动系统是指动力装置与驱动轮之间的全部传动部件;行走系统包括车架、悬架、前后桥架和车轮;转向系统包括方向盘、转向器、转向传动机构和助力系统;制动系统主要包括制动器(行车制动器和停车制动器)和制动操作传动系统。见图7.3。

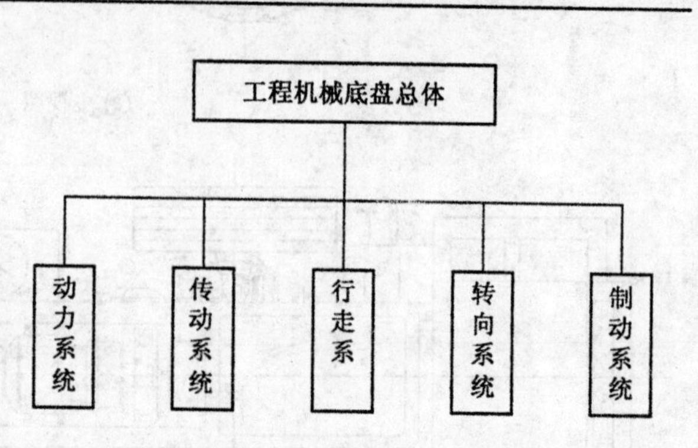

图 7.2 工程机械轮式底盘常用组成模块

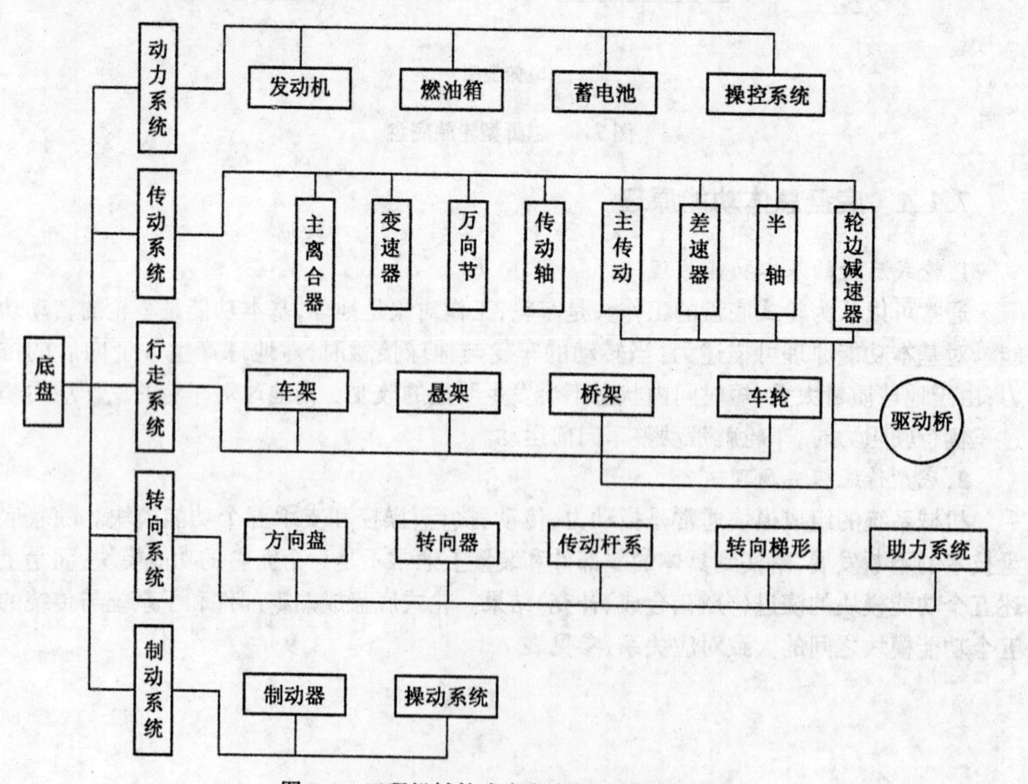

图 7.3 工程机械轮式底盘常用组成模块分解

7.1.2 底盘传动系统功能原理

传动系统的功用是将发动机输出的功率传给驱动轮,并且使发动机功率输出特性尽可能满足使用要求。其基本组成模块见图7.4。

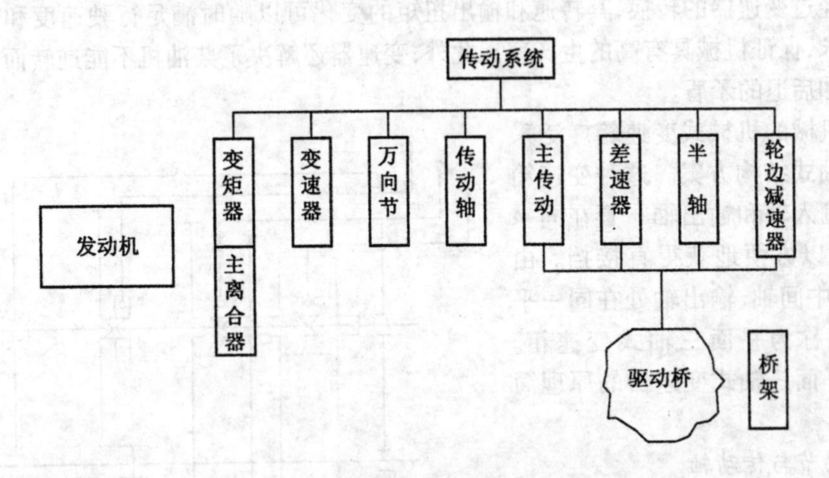

图7.4 底盘传动系统基本组成模块

1.主离合器

主离合器用来切断或传递发动机输给传动系统的动力,主离合器在机械起步时可以使发动机与传动系统柔和地接合起来,使机械起步平稳;换挡时能将发动机与传动系迅速、彻底地分离,以减小换挡时齿轮产生的冲击,换挡后,再平顺地接合起来。当传动系统受到过大的载荷时,主离合器又能打滑,以保护传动系免遭损坏。分离主离合器,也可使机械短时间停车。

目前工程机械上应用最广的是摩擦式主离合器,常见的是片式离合器,根据片数多少可以分为单片式、双片式和多片式三种类型。

根据压紧机构的不同,主离合器又可分为常接合式和非常接合式两类。常接合式主离合器在操纵机械上无外力作用时,经常处于接合状态,其摩擦表面由弹簧压紧,一般用脚踏板操纵。非常接合式主离合器在操纵机构上无外力作用时,可以长期处于分离状态,其摩擦表面由压紧机构杠杆压紧,在接合或分离时均需施加外力。压紧机构用手操纵,操纵杆可停留在接合或分离位置。

根据摩擦片的工作条件的差异,主离合器还可分为干式主离合器和湿式主离合器(在油中工作)两种。

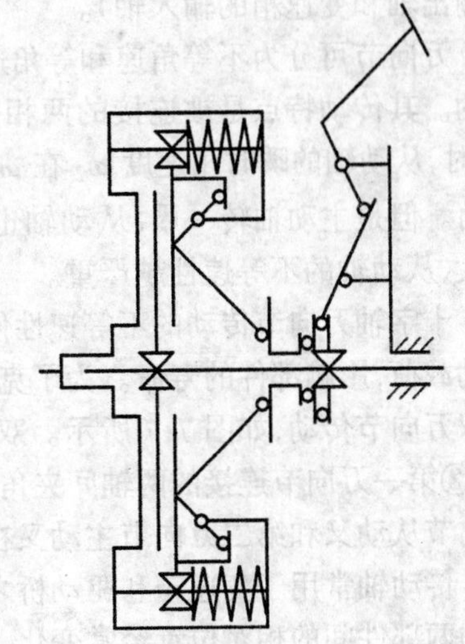

图7.5 单片干式常接合离合器原理简图

主离合器的操纵机构通常有机械式和液力式,又常和各种型式的助力器配合使用。图7.5为单片干式常接合离合器的原理简图。

2.变速器

柴油机的输出功率随着输出轴转速和扭矩的变化而变化，为了保证在整个作业过程中能比较充分地利用柴油机的功率，其转速和输出扭矩的变化范围不能过大。柴油机的输出动力经过变速器的转换，其转速和输出扭矩的变化可以随时满足行驶速度和牵引力变化的要求，保证机械具有高的生产率。此外，变速器还解决了柴油机不能逆转而机械却需要前进和后退的矛盾。

工程机械的机械式变速箱广泛采用平面三轴式结构方案。这种变速箱的特点是输入轴和输出轴布置在同一直线上，可以方便地获得直接挡。由于输入轴、中间轴、输出轴处在同一平面内，因此称为平面三轴式变速箱。图7.6为平面三轴式变速器的原理简图。

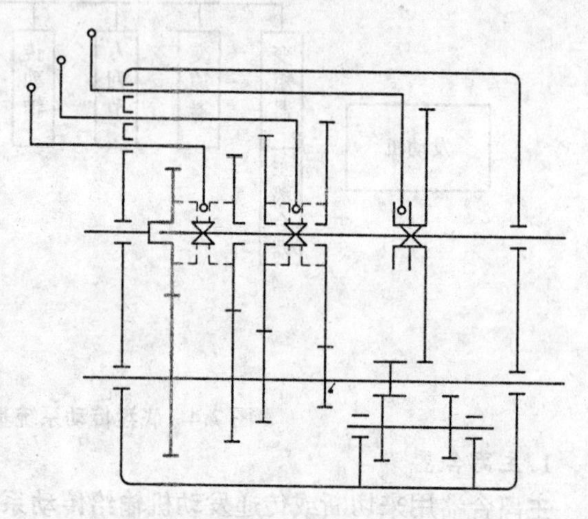

图7.6 平面三轴式变速器原理简图

3.万向节与传动轴

万向节可实现两根相交轴之间的传动，在工程机械底盘的传动系统中，主要用于下述几种情况：

1)连接两根轴线不在同一直线上的传递动力的轴(如轮式底盘中变速箱输出轴和驱动桥输入轴)。

2)连接工作中相对位置经常变化的两根传递动力的轴(如轮式底盘转向驱动桥中内、外两半轴)。

3)降低理论上处于同一直线的两根动力轴的轴线偏移允差(如履带底盘中，主离合器的输出轴和变速箱的输入轴)。

万向节可分为不等角速和等角速两种，应用十分广泛的十字轴刚性万向节是不等角速的。其传动特点是被连接的两相交轴的瞬时角速度不相等。当主动轴的角速度恒为ω_1时，从动轴的瞬时角速度ω_2在$\omega_1/\cos\alpha$与$\omega_1\cos\alpha$之间变化；这里，α为主、从动轴的夹角。但是主动轴转一周，从动轴也正好转一周，因此平均转速是相等的。两轴夹角α越大，从动轴的不等速性越严重。

十字轴万向节传动的不等速性使从动轴及其相连传动部件产生扭转振动，形成附加的动载荷，影响部件的寿命。为了克服这一缺点，常用两个十字轴万向节按照一定条件组成双万向节传动，如图7.7所示。双万向节实现等速传动的条件是：①三轴在同一平面内；②第一万向节连接的两轴间夹角α_1和第二万向节连续的两轴间夹角α_2相等；③第一万向节从动叉和第二万向节主动叉在同一平面内。

传动轴常用于变速箱和驱动桥之间的连接。这种轴一般较长，且转速高。由于所连接的两部件间的相对位置经常变化，因而要求传动轴长度也能相应地变化，以保证正常转动，如图7.7所示。

4.驱动桥

轮式驱动桥的主要功能是:改变传力方向;实现动力分动;解决左右车轮的差速要求;降低转速,增大扭矩。此外,驱动桥壳还起承重和传力作用。工程机械的轮式驱动桥通常由主传动、差速器、轮边减速器等三个装置合成。其中,主传动具有减速、直角传动和分动等三项功能。轮边减速器可以缩小传动件的体积,减轻系统自重。

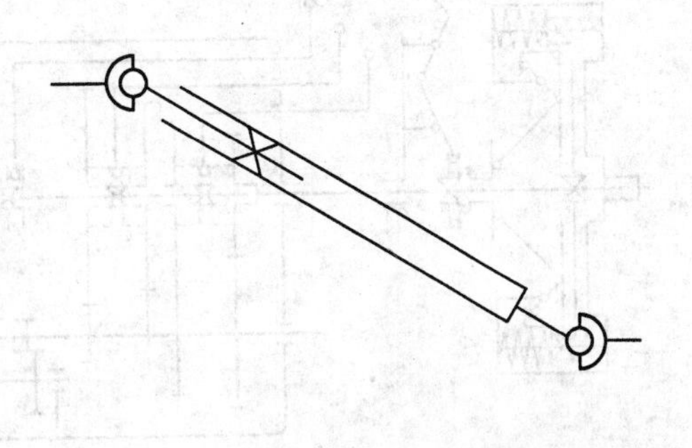

图7.7 万向节与传动轴原理简图

轮式工程机械在行驶过程中,为了避免车轮在滚动方向产生滑动,经常要求左右两侧的驱动轮以不同的角速度旋转。例如,1)转弯行驶时,外侧车轮所走过的距离比内侧车轮大;2)在高底不平道路上行驶时,左右车轮接触地面实际所走过的路程不相等;3)即使在平路上直线行驶,由于轮胎制造上的误差,轮胎气压的差别,或载荷不相等,或磨损不均匀等原因,致使两侧车轮的滚动半径不相等,故同一时间内左右轮的转速也要求不等。

在上述情况下,若左右驱动轮用一根刚性轴驱动,会产生边滚动边滑动的现象,即产生了驱动轮滑磨现象。从而会增加轮胎的磨损,增加转向阻力,同时也增加了功率的消耗。为了使车轮相对路面的滑磨尽可能地减少,在同一驱动桥的左右两侧驱动轮分别由两根半轴驱动,使两轮有可能以不同的转速旋转,尽可能地接近纯滚动。因此,在驱动桥中安装了差速器,两根半轴由主传动通过差速器驱动,详见图7.8。

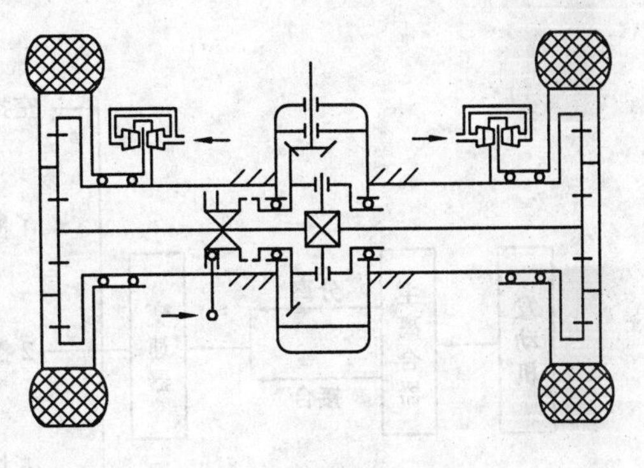

图7.8 驱动桥原理简图

传动系统是由上述部件(主离合器、变速器、万向节、传动轴、驱动桥等)按先后顺序串联组合而成。图7.9为传动系的原理简图,图7.10为传动系的原理框图。

7.1.3 底盘行走系统功能原理

1.行走系统组成和功用

轮式行走系统,通常由车架、车桥、悬架和车轮组成。车架通过悬架与车桥相连,车轮安装在车桥两端,见图7.11。

(1)车架

车架将整机的各个组成部分连接成一个整体,上面安装发动机,承载工程机械上车各个工作机构的总重量,并将其载荷通过车桥、悬架及车轮传送到地面上。在整机行驶或作业时,还将承受着更大的工作载荷。如果是工程起重机,则在车架上还有四个支腿机构,用来承担所有工作载荷。为了保证车架上各机件的正确相对位置,车架要有足够的强度和刚度,同时重量要轻。

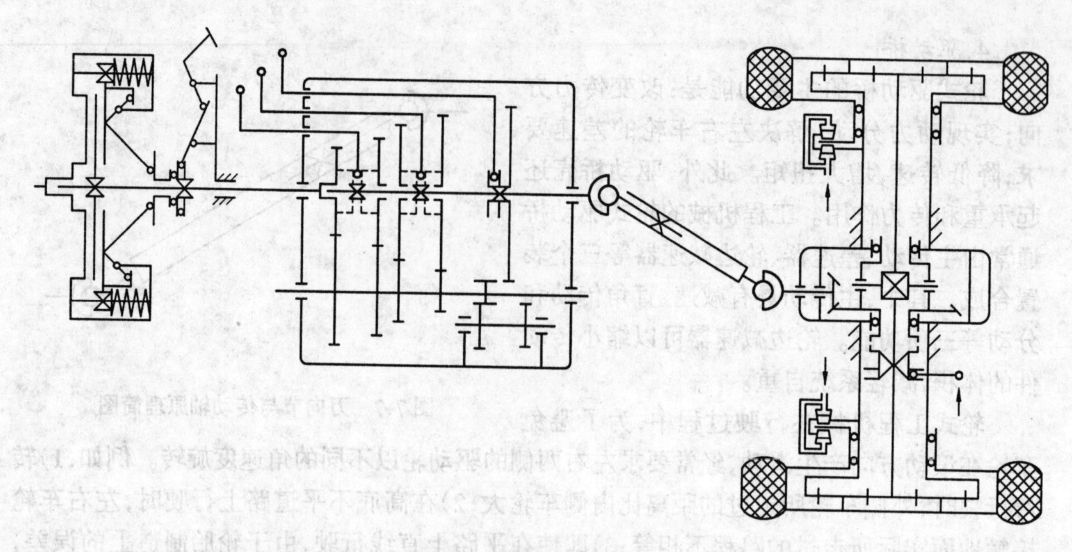

图 7.9　传动系原理简图

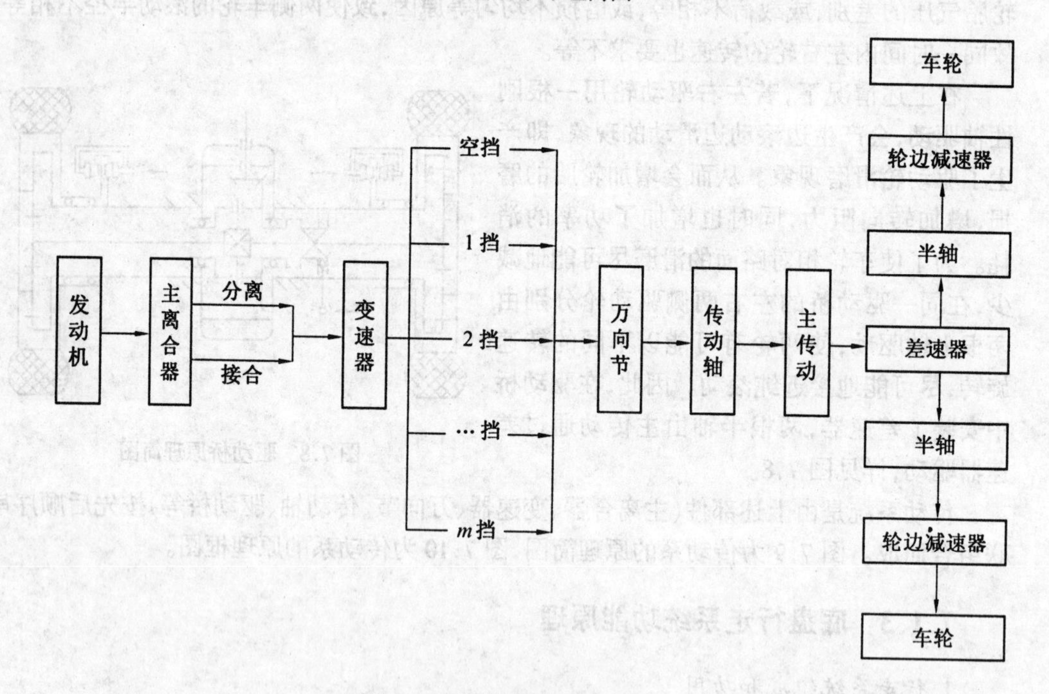

图 7.10　传动系统原理框图

(2)悬架

悬架将车架与车桥连接起来,支承车架,限制车桥的运动,并且具有缓冲和减振的功能。工程机械的悬架多数是刚性的,也就是把车架和车桥直接刚性地连接起来。对于行驶速度大于 40 ~ 50 km/h 的汽车起重机一般采用钢板弹簧弹性悬架,见图 7.12。

随着轮式工程机械行驶速度的提高,为了获得良好的减振效果,有一些大、中型机械逐渐采用了油气悬架,见图 7.13。

在车架上装有支腿的工程机械,当用支腿作业时,为了避免车轮着地造成不良影响,

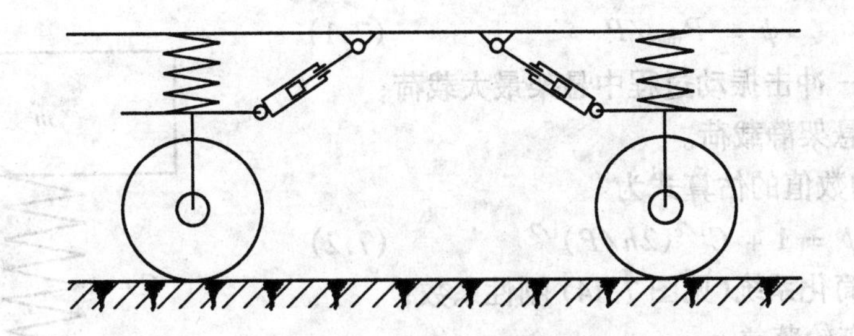

图 7.11　行走系原理简图

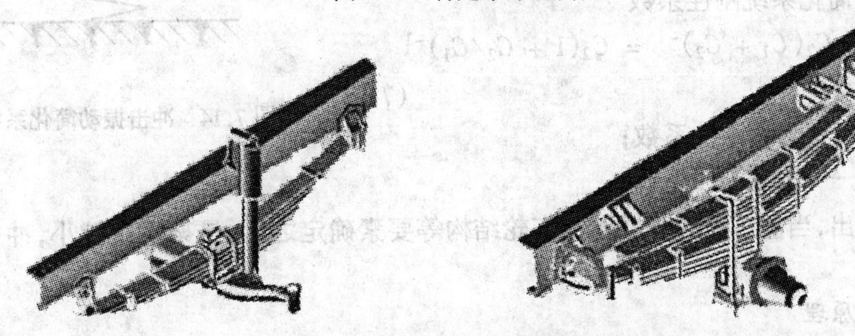

图 7.12　钢板弹簧弹性悬架典型构造

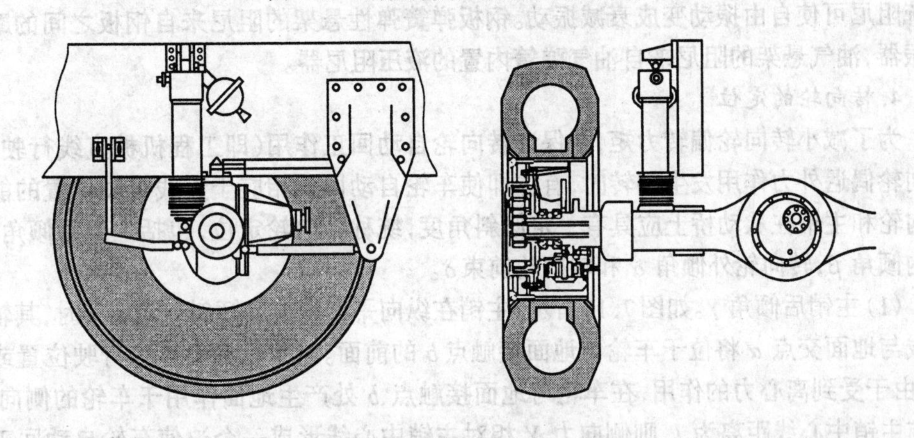

图 7.13　油气悬架典型构造

应当将弹性悬架锁死。此外，轮胎式起重机吊重行驶作业时，也应当将弹性悬架锁死。

(3)车桥与车轮

车桥将悬架与车轮连接起来，支承悬架，传递车轮载荷。车轮是行走系统中与地面接触的部件，承受整机的自重载荷，其与地面的相互作用产生驱动机械行驶的牵引力。有些工程机械的车轮承受工作载荷，如挖掘机、轮胎式起重机。有些工程机械的车轮是不承受工作载荷的，如汽车起重机吊重时靠支腿承重，车轮悬空。

2.缓冲原理

车辆行驶时如果车轮从高处突然落在低处，落地瞬间，悬架载荷要比正常情况下大许多，这样的冲击对司乘人员和设备本身可能造成不良后果。这种冲击的严重程度可用动载系数描述，动载系数的定义公式为

$$\psi = P_{max}/P \qquad (7.1)$$

式中 P_{max}—— 冲击振动过程中悬架最大载荷；

P—— 悬架静载荷。

动载系数的数值的估算式为

$$\psi = 1 + C^{1/2}(2h/P)^{1/2} \qquad (7.2)$$

式中 C—— 简化系统(见图7.14)刚性系数；

h—— 车轮落差。

这里的简化系统刚性系数

$$C = C_1C_2(C_1 + C_2)^{-1} = C_2(1 + C_2/C_1)^{-1} \qquad (7.3)$$

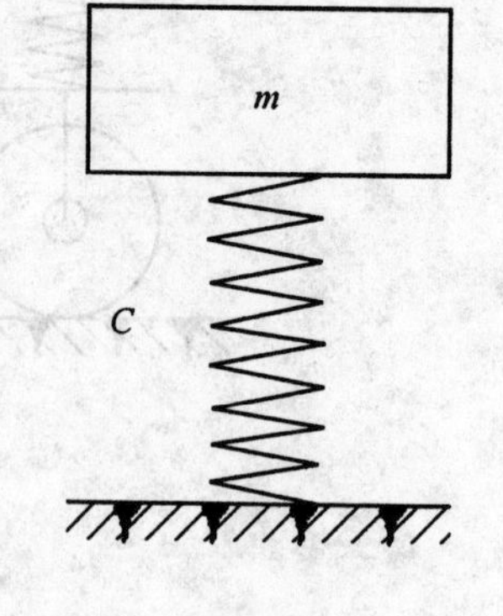

图7.14 冲击振动简化系统

式中 C_1—— 悬架刚性系数；

C_2—— 车轮刚性系数。

可以看出，当静桥荷、路面情况、车轮结构等要素确定之后，悬架刚性越小，冲击程度越平缓。

3.减振原理

无休止的自由振动对车辆的操纵性能，以及司乘人员和设备本身可能造成不良后果。系统阻尼可使自由振动变成衰减振动。钢板弹簧弹性悬架的阻尼来自钢板之间的摩擦和减振器，油气悬架的阻尼来自油气弹簧内置的液压阻尼器。

4.转向轮的定位

为了减小转向轮偏转力矩，并保证转向轮自动回正作用(即工程机械直线行驶时，当转向轮偶遇外力作用发生偏转时，有立即使车轮自动回到相应于直线行驶位置的能力)，转向轮和主销在从动桥上应具有一定倾斜角度，统称转向轮定位，包括主销后倾角 γ，主销内倾角 β，转向轮外倾角 α 和转向轮前束 δ。

(1) 主销后倾角 γ。如图7.15所示，主销在纵向平面内向后倾斜一角度 γ 时，其轴线延长线与地面交点 a 将位于车轮与地面接触点 b 的前面。当车轮偏离直线行驶位置或转向时，由于受到离心力的作用，在车轮与地面接触点 b 处产生地面作用于车轮的侧向力 Y，其与主销中心线距离为 l，则侧向力 Y 相对主销中心线形成一个迫使车轮自动回正的稳定力矩，从而保证了机械行驶的居中稳定性。但由于稳定作用反过来也增加了转向所需的操纵力，故主销后倾角 γ 不宜太大，一般在 $0° \sim 3°$ 以内。

(2) 主销内倾角 β。如图7.16所示，主销在横向平面内其上端向内倾斜一个角度 β。当主销无内倾时，其延长线与地面交点 a 与轮胎接触地面中心点 b 的距离为 L，使主销内倾 β 角后，其延长线与地面交点 a_1 与 b 点的距离减小到 L_1，从而使操纵转向轮偏转的力矩减小。同时，在转向轮受到地面冲击和制动时还可减少转向轮传到方向盘的冲击力。

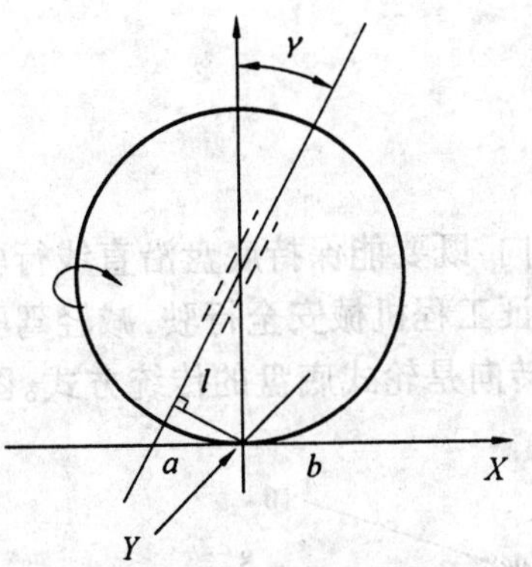

图 7.15 主销的后倾角

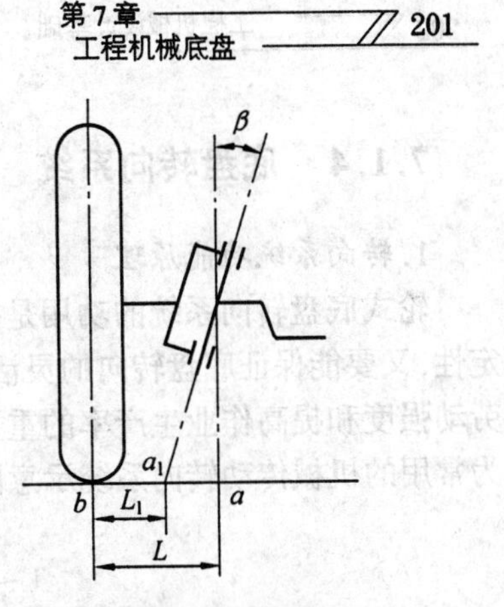

图 7.16 主销的内倾角

此外,主销内倾也有保持车轮直线行驶稳定性的效果。当车轮由直线行驶位置绕主销轴线旋转时,车轮与地面接触点应伸至地下,但实际上车轮下边缘不可能陷入地面之下,而是将转向轮连同整机前部向上抬起一定高度,由于整机自重作用迫使转向轮返回到直线行驶位置。一般内倾角 β 不大于 8°,L_1 为 40 ~ 60 mm。

(3) 转向轮外倾角 α。如图 7.17 所示,是指车轮滚动平面与垂直平面的夹角 α。转向轮外倾后,在地面对车轮垂直反力的轴向分力作用下,使轮毂压紧在转向节内端的大轴承上,从而减轻了外端小轴承及轮毂锁紧螺母的负荷。同时,防止车轮从轴上脱出。

转向轮外倾,还可避免满载时转向从动桥的变形而导致车轮出现严重的内倾现象。

此外,转向轮外倾后,可使轮胎接触面中点到转向主销轴线的距离进一步缩小,从而进一步减少了阻止转向轮偏转的力距,使转向操纵轻便。一般外倾角 α 为 1° 左右。

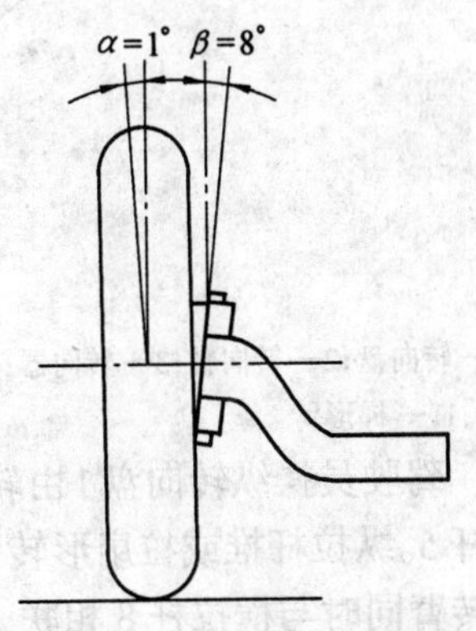

图 7.17 转向轮的外倾角

(4) 转向轮前束 δ。如图7.18所示,外倾的车轮其轴线延长线与地面交点为 O',车轮滚动时将绕 O' 在地面上滚动,使转向轮前端有向外张开的趋势。这又增加了轮毂外轴承的压力。由于车桥的约束使车轮不能向外滚开,车轮将在地面上边滚边滑,从而增加了轮胎的磨损。为了避免上述现象,可调节横拉杆的长度,使转向轮前端距离 B 略小于后端距离 A,$A - B = \delta$ 的长度称为前束 δ,以 mm 表示。通常前束值 δ 取在 2 ~ 12 mm 范围内。

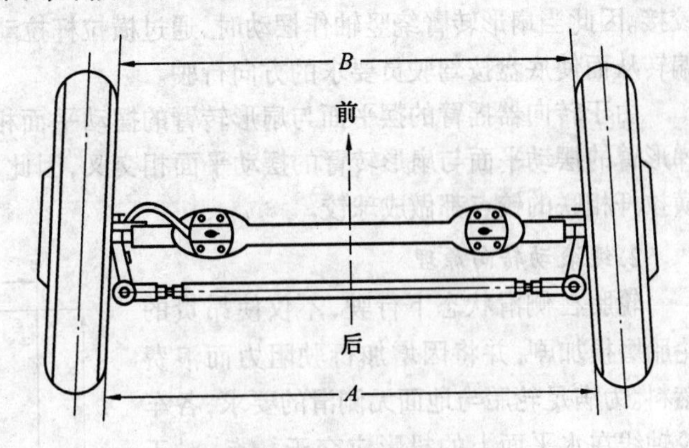

图 7.18 转向轮的前束

7.1.4 底盘转向系统

1.转向系统功能原理

轮式底盘转向系统的功用是操纵底盘的行驶方向,既要能保持底盘沿直线行驶的稳定性,又要能保证底盘转向的灵活性。转向性能是保证工程机械安全行驶,减轻驾驶人员劳动强度和提高作业生产率的重要因素。偏转车轮转向是轮式底盘的传统方式。图 7.19 为常用的机械传动转向系统示意图。

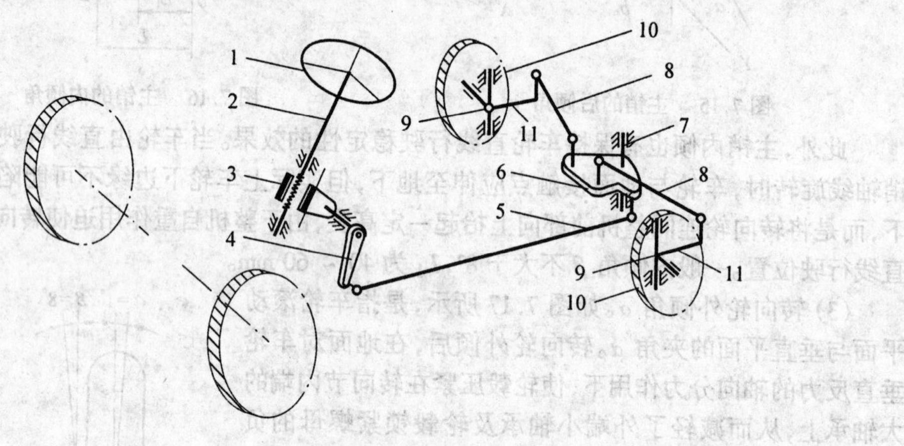

图 7.19 偏转车轮转向系统示意图

1—转向盘;2—转向轴;3—转向器;4—摇臂;5—纵拉杆;6—扇形转臂;7—竖轴;8—横拉杆;9—转向节;10—主销;11—梯形臂

驾驶员操纵转向盘 1 由转向轴 2 带动转向器 3,使转向器摇臂 4 绕其轴摆,推或拉动纵拉杆 5。纵拉杆推或拉扇形转臂(中间杠杆)6,使之绕固定在转向桥上的竖轴 7 作摆动。扇形转臂同时与横拉杆 8 相联,导向轮装在转向节(羊角)9 横轴的轴承上,转向节可绕主销 10 的轴线作偏转运动。主销与转向节固定成一体,转向节上的梯形臂 11 与横拉杆的一端铰接。因此当扇形转臂绕竖轴作摆动时,通过横拉杆拉动梯形臂使装在转向节上的导向轮偏转从而使底盘按驾驶员要求的方向行驶。

由于转向器摇臂的摆平面与扇形转臂的摆动平面相互交叉,此外主销又有倾角这使梯形臂的摆动平面与扇形转臂的摆动平面相交叉,因此,纵、横拉杆作空间运动,故与纵、横拉杆相联的铰点都做成球铰。

2.纯滚动转向原理

轮胎在侧滑状态下行驶,不仅使昂贵的轮胎磨损加剧,并将因增加行驶阻力而浪费燃料。为满足轮胎与地面无侧滑的要求,各车轮轴线在水平面上的投影应交于一点。对于具有一个驱动桥和一个转向桥的轮式底盘,若内轮转角为 β_p,外轮偏转角为 α_p,如图 7.20 所示,则 β_p 与 α_p 之间应满足式

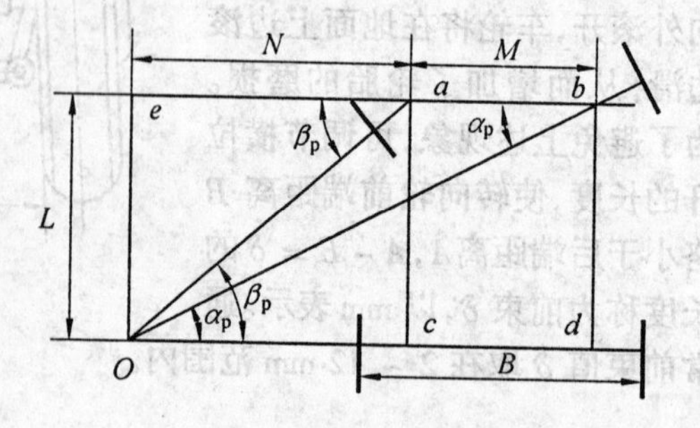

图 7.20 偏转车轮关系图

$$\cot\alpha_{\mathrm{p}} - \cot\beta_{\mathrm{p}} = M/L \tag{7.4}$$

式中　M——左右导向轮转向节中心之间的距离；

L——偏转导向轮转向节中心至非转向桥轴线水平投影之间的距离。

3.转向器典型原理

图7.21为转向器原理示意图。转向器的工作过程是这样的，当方向盘转动时，转向螺杆同时转动，转向螺母沿转向螺杆轴线移动，转向螺母与齿条一体，通过齿条与齿扇的啮合，使摇臂摆动。在这里螺杆与螺母是滚动摩擦，钢球是分组通过导管首尾相接循环的。带齿条的螺母只能轴向移动不能转动。转向器的转向螺母与转向螺杆是滚动摩擦，滚珠通过导管在不断循环。这种机构既减少了转动阻力，又大大减轻了磨损，延长了使用寿命。

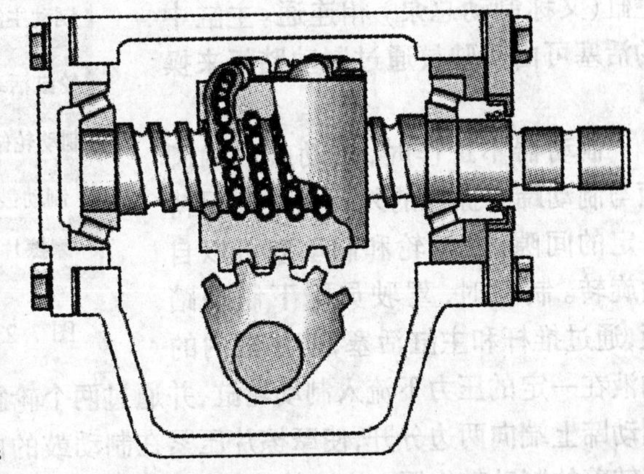

图7.21　转向器原理示意图

7.1.5　底盘制动系统

1.制动系的功用

制动系统的功用是使机械迅速地减速，或停车，并且保证机械能在斜坡上停车。

2.制动系统的基本组成和工作原理

制动系统包括停车制动器、行车制动器及制动操动系统。图7.22为制动操动系统原理图。制动操动通常以驾驶员施加于制动踏板或手柄上的力作为制动力源，有液压式和机械式两种(后者仅用于停车制动装置)。

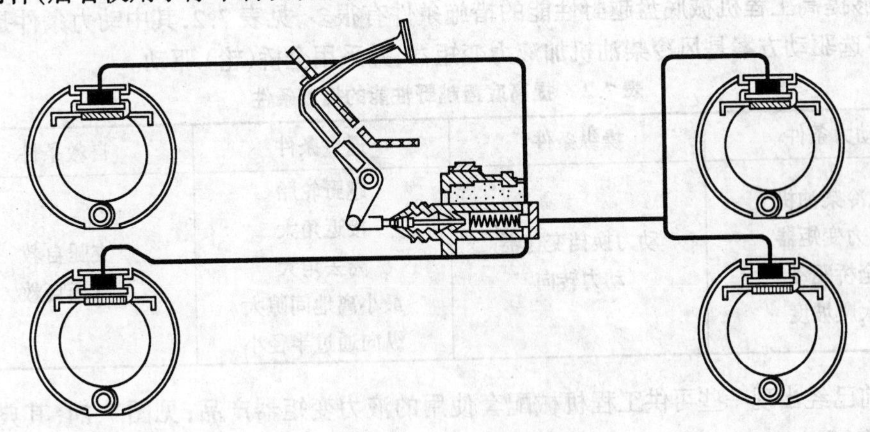

图7.22　制动操动系统原理

行车制动器的基本组成和工作原理如图7.23所示。制动鼓固定在车轮毂上，随车轮一起旋转。在固定于车桥上不转的制动底板上，有两个支承销，支承着制动蹄的下端。制动蹄的外圆面上装有摩擦片。制动底板上装有液压制动轮缸(又称制动分泵),用油管与装在车架上的液压制动主缸(又称制动总泵)相连通。主缸中的活塞可由驾驶员通过制动踏板来操纵。

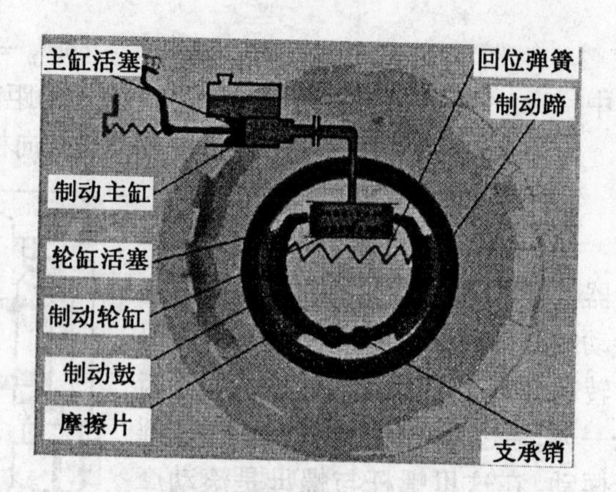

图 7.23 制动系统的基本组成和工作原理

制动器不工作时,制动鼓的内圆面与制动蹄摩擦片的外圆面之间保持一定的间隙,使车轮和制动鼓可以自由旋转。制动时,驾驶员踩下制动踏板,通过推杆和主缸活塞,使主缸内的油液在一定的压力下流入制动轮缸,并通过两个轮缸活塞推动两个制动蹄绕支承销转动,制动蹄上端向两边分开,使摩擦片压紧在制动鼓的内圆而上。这样,不旋转的制动蹄就对旋转着的制动鼓作用一个摩擦力矩,迫使行驶中的工程机械减速,以至停止。当放开制动踏板时,回位弹簧将制动蹄拉回原位,摩擦力矩消失,制动作用即行停止。

以上所介绍的制动器是供工程机械在行驶中减速使用的,故称为行车制动装置。它只当驾驶员踩下制动踏板时起作用,而在放开制动踏板后,制动作用即行消失。在轮式工程机械上还必须设有一套停车制动装置,用它来保证机械停驶后,即使驾驶员离开,仍能保持在原地,特别是能在坡道上原地停住。这套制动装通常用制动手柄操纵,并可锁止在制动位置,所以也称为手制动装置。当脚制动装置失效时,也可临时用手制动装置进行行车制动。手制动器一般装在变速箱输出轴上。

7.2 柴油机与液力变矩器的匹配

能够提高工程机械底盘越野性能的措施条件有很多,见表 7.2,其中动力条件是最基本的。首选驱动方案是风冷柴油机加液力变矩器,并采用全桥(轮)驱动。

表 7.2 提高底盘越野性能的措施条件

动力条件	操纵条件	通过条件	自救条件
风冷柴油机 液力变矩器 全桥驱动 大爬坡度	动力换挡变速器 动力转向	越野轮胎 接近角大 离去角大 最小离地间隙大 纵向通过半径小	支腿自救 卷扬自救

目前已经出现一些可供工程机械配套使用的液力变矩器产品,见图 7.24,其典型构造见图 7.25。

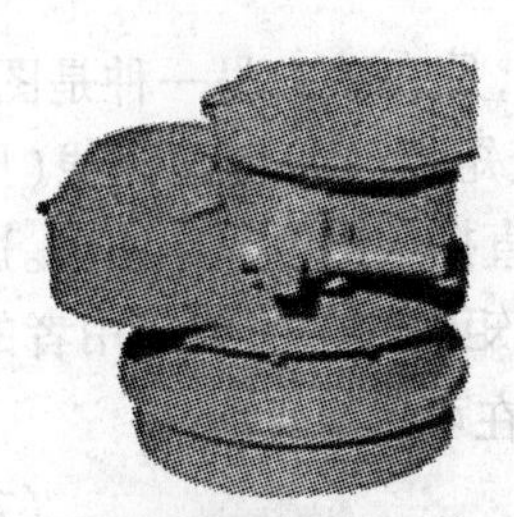
YJ280 型液力变矩器

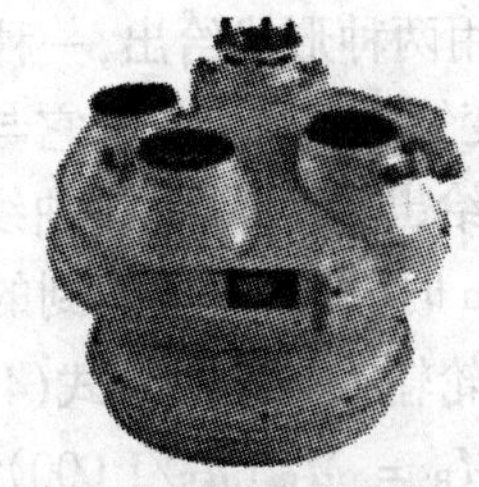
YJ315 型液力变矩器

YJ320 型液力变矩器

YJ375 型液力变矩器

YJ380 型液力变矩器

YJ409 型液力变矩器

YJ409SG 型液力变矩器

YJ435 型液力变矩器

YJSW315 型液力变矩器

图 7.24　工程机械配套液力变矩器实例

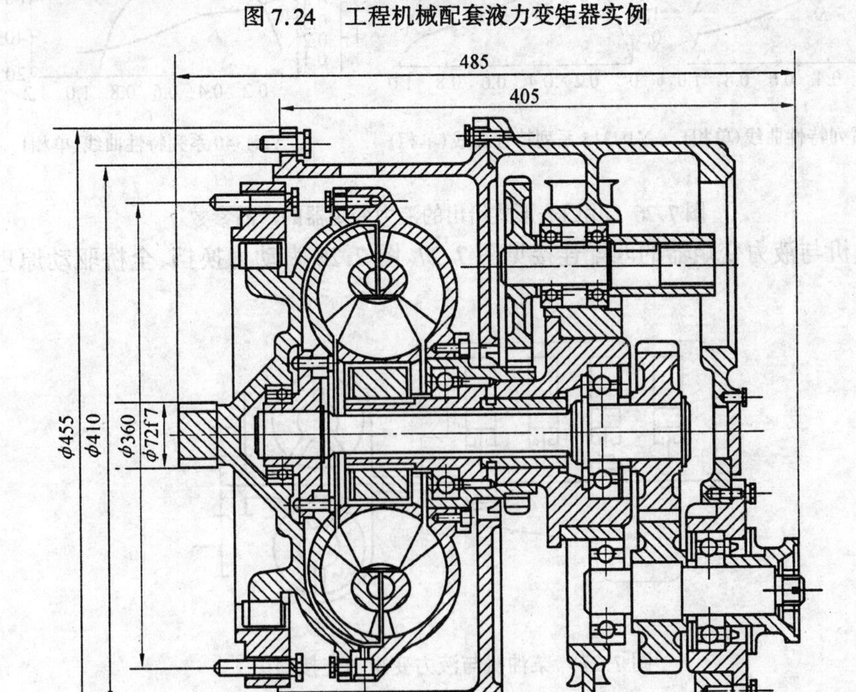

图 7.25　工程机械配套液力变矩器典型构造

液力变矩器的产品参数通常用两种形式给出，一种是表格，见表 7.3；另一种是图，见图 7.26，这是生产厂给出的液力变矩器特性曲线，它与液力变矩器原始特性曲线（见图 4.51）是有区别的。图 7.26 中没有给出转矩系数 λ_B 曲线，而是直接给出了 M_{Bg} 曲线。这里 M_{Bg} 是指当输入转速为 1 000 r/min 时，泵轮要求达到的输入转矩。这样，可给使用者的计算工作带来方便。例如原来计算泵轮输入转矩的公式(4.75) 现在可以简化为

$$M_B = M_{Bg}(n_B/1\ 000)^2 \tag{7.5}$$

表 7.3 用表格形式给出的液力变矩器的产品参数

产品名称	工作轮有效直径 /mm	零速变矩系数 /%	最高效率 /%	零速工况泵轮千转公称力矩 /(N·m)	最高效率工况泵轮千转公称力矩 /(r·m)	最高转速 /(r·min⁻¹)	高效区范围	额定输入功率 /kW
YJH265	265	3 ± 5	≥ 78	≥ 31.77	32.2	3 000	2.13	18 ~ 58
YJH315	315	3.3 ± 5	≥ 80	57 ± 5	60	800	2.06	31 ~ 96
YJH340	340	2.55 ± 5	≥ 80	120 ± 5	107	2 800	2.15	200 左右

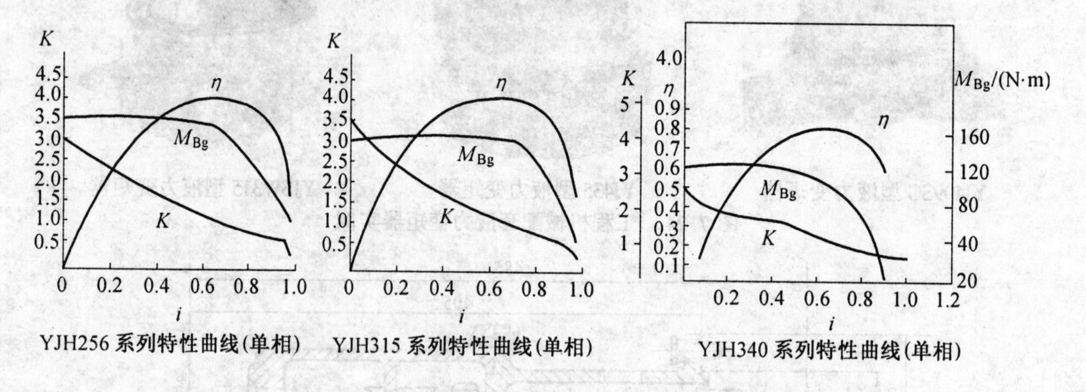

图 7.26 用图表形式给出的液力变矩器的产品参数

柴油机与液力变矩器的匹配连接见图 7.27。图 7.28 为动力换挡、全桥驱动原理简图举例。

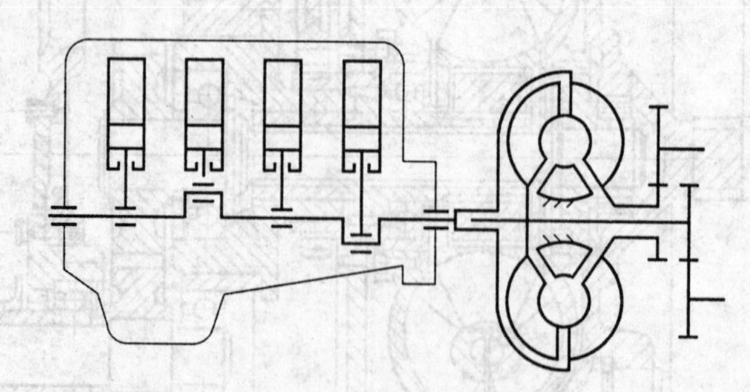

图 7.27 柴油机与液力变矩器连接简图

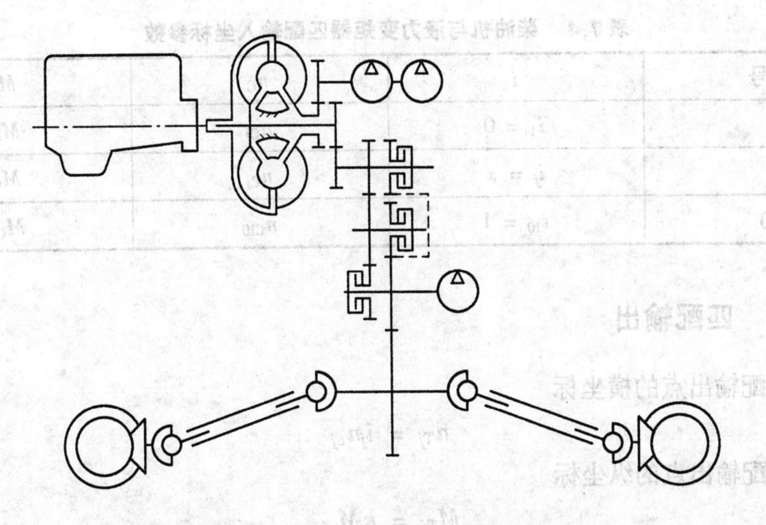

图 7.28　越野底盘驱动方案原理简图

7.2.1　液力变矩器工作轮有效直径选择

当柴油机产品选定之后，可以得到输出特性曲线，见图 7.29。在备选变矩器特性曲线图7.26中找到高效速比 i^* 对应的公称转矩 M_{Bg}^*，代入公式(7.5)，算出变矩器高效输入曲线 $M_{Bg}^*(n_B)$，并将其绘入柴油机输出特性曲线图中，见图 7.29。

通常，对于以行驶为主的底盘，$M_{Bg}^*(n_B)$ 与 $M_e(n_e)$ 的交点应当接近图见 7.29 中的点 A；对于以牵引作业为主的底盘，则应当靠近点 B。出入较大时，当考虑采用重选变矩器产品有效直径的方法，将 $M_{Bg}^*(n_B)$ 曲线与 $M_e(n_e)$ 曲线的交点调到理想位置。

7.2.2　匹配输入

当液力变矩器产品型号选定之后，可利用公式(7.5) 计算变矩器的输入特性曲线，并将其绘入柴油机输出特性曲线图中，见图 7.30。然后将各匹配点(交点) 坐标记录下来，见表 7.4。

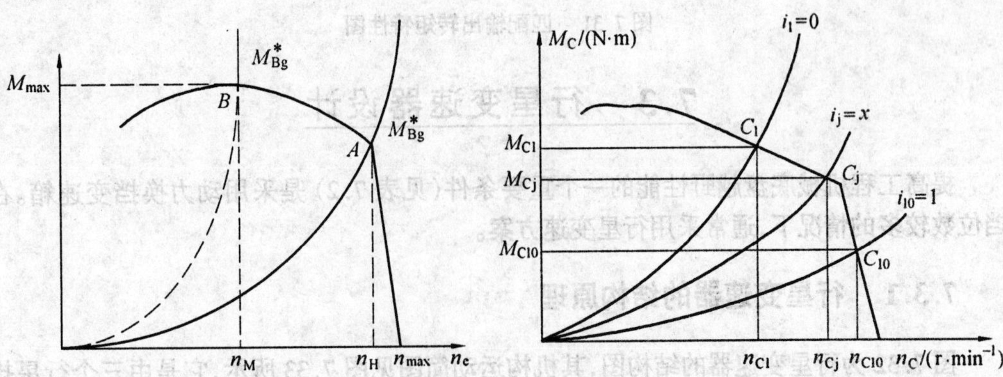

图 7.29　柴油机与液力变矩器的理想匹配　　图 7.30　柴油机与液力变矩器匹配输入图

表 7.4 柴油机与液力变矩器匹配输入坐标参数

序号	i	n_C	M_C
1	$i_1 = 0$	n_{C1}	M_{C1}
j	$i_j = x$	n_{Cj}	M_{Cj}
10	$i_{10} = 1$	n_{C10}	M_{C10}

7.2.3 匹配输出

计算匹配输出点的横坐标

$$n_{Tj} = i_j n_{cj} \tag{7.6}$$

计算匹配输出点的纵坐标

$$M_{Tj} = k_j M_{cj} \tag{7.7}$$

将计算结果录入表 7.5,并绘出匹配输出曲线图,见图 7.31。

表 7.5 匹配输出点坐标计算例表

序号	i	K	n_T	M_T
1	$i_1 = 0$	$K_1 = K_{max}$	$n_{T1} = 0$	$M_{T1} = K_{max}M_{C1} = M_{Tmax}$
j	$i_j = x$	K_j	$n_{Tj} = xn_{Cj}$	$M_{Tj} = K_jM_{Cj}$
10	$i_{10} = 1$	K_{10}	$n_{T10} = n_{C10}$	$M_{T10} = K_{10}M_{C10}$

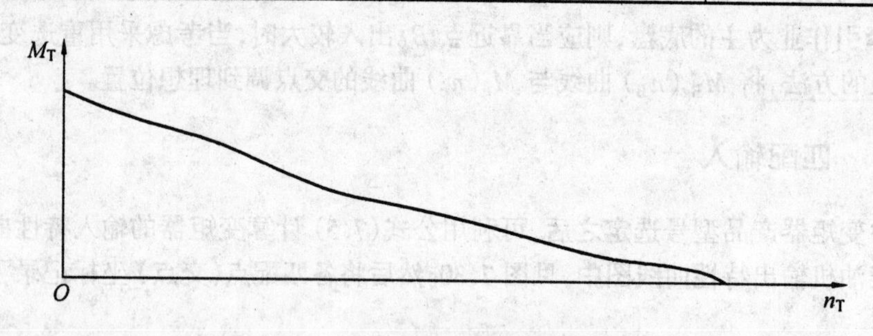

图 7.31 匹配输出转矩特性图

7.3 行星变速器设计

提高工程机械底盘越野性能的一个重要条件(见表 7.2)是采用动力换挡变速箱。在挡位数较多的情况下,通常采用行星变速方案。

7.3.1 行星变速器的结构原理

图 7.32 为行星变速器的结构图,其机构运动简图见图 7.33 所示,它是由三个行星排连接而成,从左到右分别称行星排 1、行星排 2 和行星排 3。左端为动力输入端,右端为动力输出端。行星排 1 的行星架与行星排 2 的外中心论和行星排 3 的内中心轮连接在一起;行

星排1的内中心轮与行星排2的内中心轮连接在一起作为动力的输入端;行星排2行星架和行星排3行星架连接在一起作为动力的输出端。

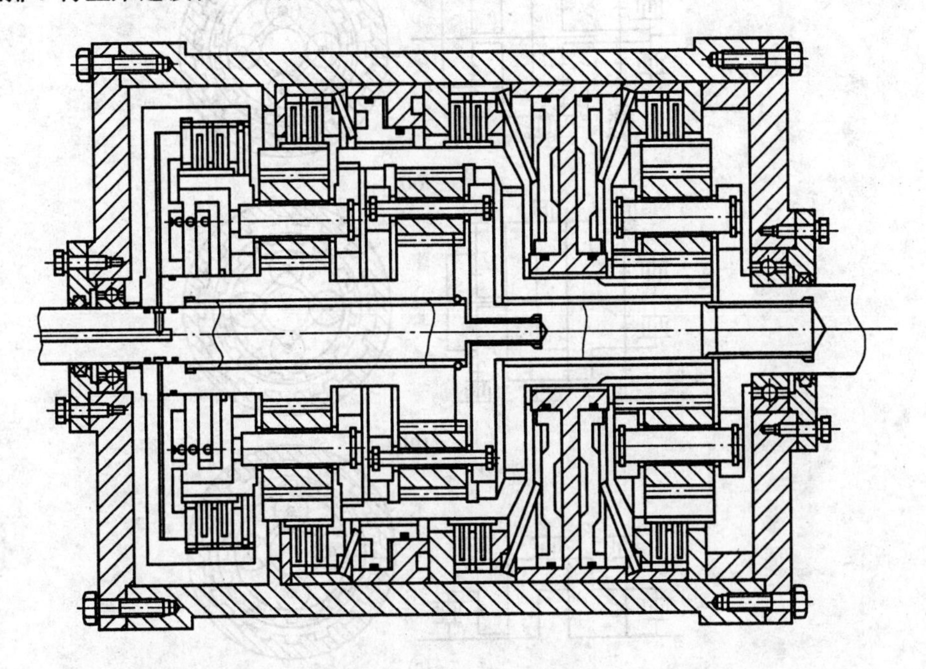

图7.32 行星变速器结构

行星变速器的表示方法主要有:(1)抽象表示法,如图7.34所示;(2)图标表示法,如图7.35所示,i表示输入端;o表示输出端;2、1、R分别表示行星排1、2、3的外中心轮。

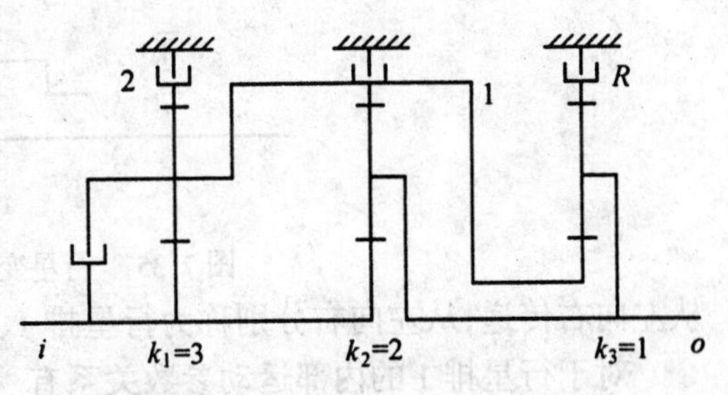

图7.33 行星变速器机构运动简图

7.3.2 简图设计

柴油机与液力变矩器匹配工作完成之后,以图7.31给出的匹配输出转矩特性曲线为基础,可以绘出匹配输出功率特性曲线,见图7.36。参照第6章介绍的挡位设计方法可以确定行星变速器的挡位数目,见图7.36。

图7.36为匹配输出曲线,由该图可见发动机的输出功率是随着转速而变化的,为了充分发挥发动机的效率,希望发动机始终工作在高功率区,即图中$0.75N_r$以上。此时,所对应范围为$n_a = 814$ r/min到$n_b = 1\,580$ r/min,其比值$q = n_b/n_a = 1\,580/814 \approx 1.941$,为适用于不同的行使速度,设计了三个传动比,即三个挡位。可以采用上面提到的三个行星排变速器来实现发动机对三种传动比的要求。下面介绍该三行星排变速器如何实现三种传动比。

将图7.33重新绘制为图7.37。我们称每个行星排的活动构件——两个中心轮和行星架为要件。在图7.37中将各个行星排的齿轮齿数标注在相应位置,行星架用H表示。运动

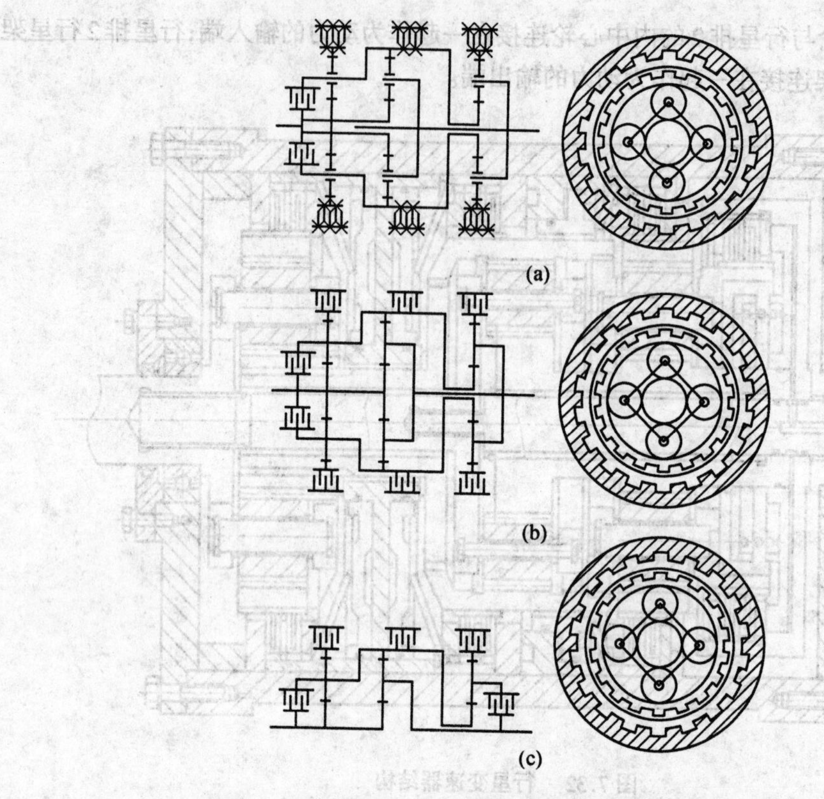

图 7.34　行星变速器的抽象表示法

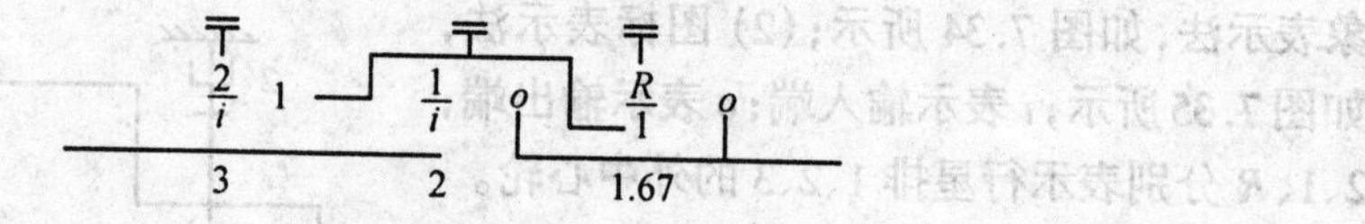

图 7.35　行星变速器的图标表示法

从左向右传递,从左向右分别称为行星排 1、行星排 2、行星排 3。

对于行星排 1 的内部运动参数关系有

$$i_{13}^{H} = (n_1 - n_{H1})/(n_3 - n_{H1}) = - Z_3/Z_1 \tag{7.8}$$

对于行星排 2 的内部运动参数关系有

$$i_{46}^{H} = (n_4 - n_{H2})/(n_6 - n_{H2}) = - Z_6/Z_4 \tag{7.9}$$

对于行星排 3 的内部运动参数关系有

$$i_{79}^{H} = (n_7 - n_{H3})/(n_9 - n_{H3}) = - Z_9/Z_7 \tag{7.10}$$

同时,记

$$k_1 = Z_3/Z_1、k_2 = Z_6/Z_4、k_3 = Z_9/Z_7 \tag{7.11}$$

由图 7.37 三个行星排的连接关系,得知

$$n_{H1} = n_6 = n_7、n_1 = n_4、n_{H2} = n_{H3} \tag{7.12}$$

由图 7.37 所标示的符号对外的接口运动参数与内部运动参数的关系为

$$n_3 = n_2、n_6 = n_1、n_9 = n_R、n_1 = n_i、n_{H3} = n_o \tag{7.13}$$

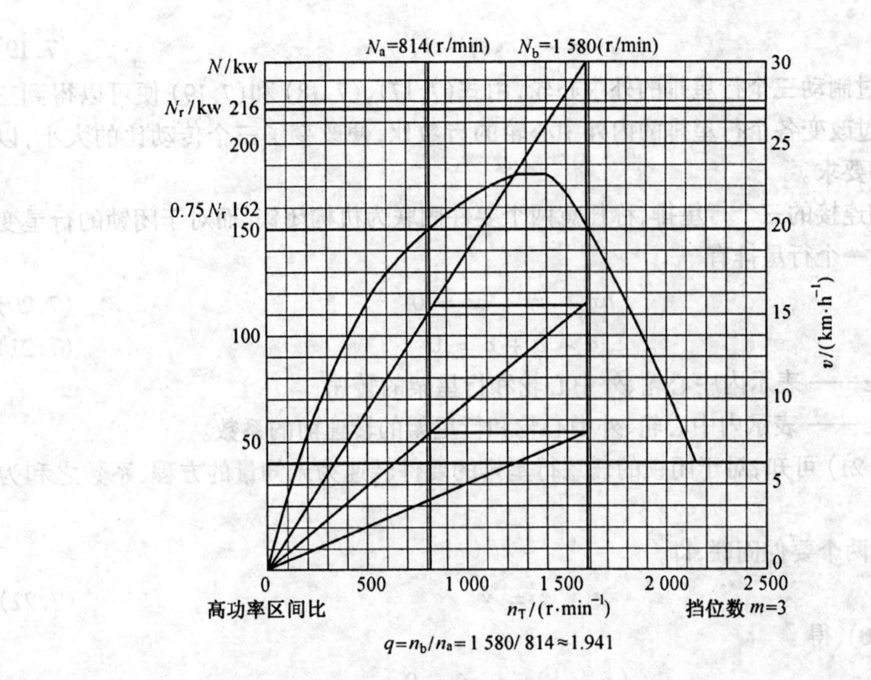

图 7.36 匹配输出

由式(7.8) ~ (7.13) 联立,得三个行星排的运动方程为

$$n_i + k_1 n_2 - (k_1 + 1) n_1 = 0 \quad (7.14)$$

$$n_i + k_2 n_1 - (k_2 + 1) n_o = 0 \quad (7.15)$$

$$n_1 + k_3 n_R - (k_3 + 1) n_o = 0 \quad (7.16)$$

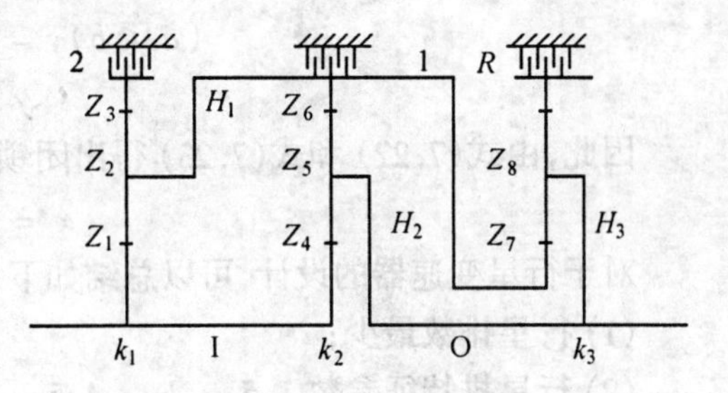

图 7.37 三排行星变速器机构运动简图

式中 n_i—— 输入轴转速;

n_2—— 行星排 1 外中心轮转速;

n_1—— 行星排 2 外中心轮转速;

n_o—— 输出轴转速;

n_R—— 行星排 3 外中心轮转速;

k_1—— 行星排 1 的外中心轮齿数与内中心轮齿数之比;

k_2—— 行星排 2 的外中心轮齿数与内中心轮齿数之比;

k_3—— 行星排 3 的外中心轮齿数与内中心轮齿数之比。

当三个行星排的外中心轮分别制动时,其传动比(输入轴转速与输出轴转速之比:n_i/n_o)分别为:

(1) 当行星排 2 的外中心轮制动时,即 $n_1 = 0$,由式(7.15) 得

$$i_1 = k_2 + 1 \quad (7.17)$$

(2) 当行星排 1 的外中心轮制动时,即 $n_2 = 0$,由式(7.14)、(7.15) 得

$$i_2 = (k_2 + 1)(k_1 + 1)/(k_2 + k_1 + 1) \quad (7.18)$$

(3) 当行星排 3 的外中心轮制动时,即 $n_R = 0$,由式(7.15)、(7.16) 得

$$i_R = -(k_3 k_2 - 1) \tag{7.19}$$

这样,通过制动三个行星排的外中心轮,由式(7.17)、(7.18)和(7.19)便可以得到三个传动比。通过改变各个行星排的内外中心轮的齿数比,便改变了三个传动比的大小,以适应发动机的要求。

对于互相连接的三个行星排,称任意两个要件固联为机构闭锁。而对于闭锁的行星变速机构的任意一个行星排有

$$ax + by + cz = 0 \tag{7.20}$$

$$a + b + c = 0 \tag{7.21}$$

式中　x、y、z——表示内中心轮、外中心轮和行星架的转速;

a、b、c——表示内中心轮、外中心轮和行星架的转速前的系数。

由式(7－21)可知,对于闭锁的任意行星排的要件转速为未知量的方程,系数之和为零。

假设任意两个要件固联,即

$$x = y \tag{7.22}$$

由式(7.20),得

$$(a + b)y + cz = 0$$

$$c = -(a + b)$$

$$(a + b)y - (a + b)z = 0$$

$$y = z \tag{7.23}$$

因此,由式(7.22)和式(7.23)得出闭锁的任意行星排的要件的转速相等,即

$$x = y = z \tag{7.24}$$

对于行星变速器的设计,可以总结如下六条设计要点:

(1) 行星排数最少;

(2) 行星排特征参数 $1.5 < k < 4.5$;

(3) 前进挡效率 $\eta_f > 0.925$;倒退挡效率 $\eta_b > 0.87$;

(4) 行星轮相对转速 $n_{xj} < 5\,000$ r/min;

(5) 制动片相对转速 n_φ(相对线速度 < 60 m/s);

(6) 构造简单。

下面用一个实例说明行星减速器的设计过程。

【例7.1】 假设某一发动机,所需要变速器的传动比,如表7.6所示,试设计该行星排变速器。

表7.6　动力传动所需变速器传动比

三挡传动比	i_3	1	1	减少一个行星排
二挡传动比	i_2	q	1.941	
一挡传动比	i_1	q_2	3.767	
倒挡传动比	i_R	$-q_2$	-3.767	通常 $\lvert i_R \rvert \geq i_1$

1.传动比方程

对于具有 m 个制动件的行星变速器必有 m 个形式，即

$$n_i - i_b n_o + C_b n_b = 0$$

因为系数之和为零，则有

$$C_b = i_b - 1$$

表7.6中三挡的传动比 $i_3 = 1$，也称为直接挡，通过闭锁实现，这样，剩下三个挡位需要设计，见表7.7。

表7.7　所设计的传动比

二挡传动比	i_2	q	1.941
一挡传动比	i_1	q_2	3.767
倒挡传动比	i_R	$-q_2$	-3.767

传动比方程组：

由公式 $n_i - in_o + (i-1)n_b = 0$ 及表7.7得三个行星排的满足的运动方程组

$$n_i - qn_o + (q-1)n_2 = 0$$

$$n_i - q^2 n_o + (q^2-1)n_1 = 0$$

$$n_i + q^2 n_o - (q^2+1)n_R = 0$$

同时，又考虑到以下三种情况：

(1) 对于无输入的情况，得到方程组

$$-q(q-1)n_o - (q-1)n_2 + (q^2-1)n_1 = 0$$

$$q(q+1)n_o - (q-1)n_2 - (q^2+1)n_R = 0$$

$$-2q^2 n_o + (q^2+1)n_R + (q^2-1)n_1 = 0$$

(2) 对于无输出的情况，得到方程组

$$(q-1)n_i + q(q-1)n_2 - (q^2-1)n_1 = 0$$

$$(q+1)n_i + q(q-1)n_2 - (q^2+1)n_R = 0$$

$$2n_i + (q^2-1)n_1 - (q^2+1)n_R = 0$$

(3) 对于既无输入又无输出的情况，得到制动件方程

$$(q^2-1)(q+1)n_1 - 2q(q-1)n_2 - (q^2+1)(q-1)n_R = 0$$

将上述十个方程列于表7.8的左边，并按标准模式 $n_t + kn_q - (k+1)n_j = 0$（式中下标：$t$ 表示太阳轮；q 表示齿圈；j 表示行星轮架）整理成右边的形式。

表7.8　设计的可能方程组及标准模式

可能方程组	按模式 $n_t + kn_q - (k+1)n_j = 0$ 改写
$n_i - qn_o + (q-1)n_2 = 0$	$n_i + (q-1)n_2 - qn_o = 0$
$n_i - q^2 n_o + (q^2-1)n_1 = 0$	$n_i + (q^2-1)n_1 - q^2 n_o = 0$
$n_i + q^2 n_o - (q^2+1)n_R = 0$	$n_i + q^2 n_o - (q^2+1)n_R = 0$

续表 7.8

可能方程组	按模式 $n_t + kn_q - (k+1)n_j = 0$ 改写
$-q(q-1)n_o - (q-1)n_2 + (q^2-1)n_1 = 0$ $q(q+1)n_o - (q-1)n_2 - (q^2+1)n_R = 0$ $-2q^2 n_o + (q^2+1)n_R + (q^2-1)n_1 = 0$	$n_2 + qn_o - (q+1)n_1 = 0$ $n_2 + (q^2+1)(q-1) - n_R - q(q+1)(q-1) - n_o = 0$ $n_1 + (q^2+1)(q^2-1) - n_R - 2q^2(q^2-1) - n_o = 0$
$(q-1)n_i + q(q-1)n_2 - (q^2-1)n_1 = 0$ $(q+1)n_i + q(q-1)n_2 - (q^2+1)n_R = 0$ $2n_i + (q^2-1)n_1 - (q_2+1)n_R = 0$	$n_i + qn_2 - (q+1)n_1 = 0$ $n_2 + (q+1)q - 1(q-1) - n_i - (q^2+1)q - 1(q-1) - n_R = 0$ $n_i + 0.5(q^2-1)n_1 - 0.5(q^2+1)n_R = 0$
$(q^2-1)(q+1)n_1 - 2q(q-1)n_2 -$ $(q^2+1)(q-1)n_R = 0$	$n_2 + 0.5(q^2+1)q - n_R -$ $0.5(q+1)2q - n_1 = 0$

将传动比带入表 7.8,得到表 7.9。

表 7.9 设计的可能方程组及标准模式

$n_t + kn_q - (k+1)n_j = 0$	k
$n_i + (q-1)n_2 - qn_o = 0$ $n_i + (q^2-1)n_1 - q^2 n_o = 0$ $n_i + q^2 n_o - (q^2+1)n_R = 0$	$(q-1) = 0.941$ $(q_2-1) = 2.767$ $q_2 = 3.767$
$n_2 + qn_o - (q+1)n_1 = 0$ $n_2 + (q^2+1)(q-1) - n_R - q(q+1)(q-1) - n_o = 0$ $n_1 + (q^2+1)(q^2-1) - n_R - 2q^2(q^2-1) - n_o = 0$	$q = 1.941$ $(q^2+1)(q-1) - 1 = 5.066$ $(q^2+1)(q^2-1) - 1 = 1.723$
$n_i + qn_2 - (q+1)n_1 = 0$ $n_2 + (q+1)q - (q-1) - ni - (q_2+1)q - (q-1) - n_R = 0$ $n_i + 0.5(q^2-1)n_1 - 0.5(q^2+1)n_R = 0$	$q = 1.941$ $(q+1)q - 1(q-1) - 1 = 1.610$ $0.5(q^2-1) = 1.384$
$n_2 + 0.5(q^2+1)q - n_R - 0.5(q+1)2q - n_1 = 0$	$0.5(q^2+1)q - 1 = 1.228$

根据要点(2)得可行方程组共5个,见表 7.10。

表 7.10 可行方程组

$n_t + kn_q - (k+1)n_j = 0$	k
$n_i + (q^2-1)n_1 - q^2 n_o = 0$ $n_i + q^2 n_o - (q^2+1)n_R = 0$	$(q^2-1) = 2.767$ $q^2 = 3.767$
$n_2 + qn_o - (q+1)n_1 = 0$ $n_1 + (q^2+1)(q^2-1) - n_R - 2q^2(q^2-1) - n_o = 0$	$q = 1.941$ $(q^2+1)(q^2-1) - 1 = 1.723$
$n_i + qn_2 - (q+1)n_1 = 0$	$q = 1.941$

2.写出各个可行行星排的图标表示

将有关系数 k 值代入表 7.10 的左边方程,并用图标表示行星排要件的关系,见表 7.11。

表 7.11 行星排图标

	可能行星排	行星排图标	k
1	$n_i + 2.767n_1 - 3.767n_o = 0$	$\frac{1}{i}o$	2.767
2	$n_i + 3.767n_o - 4.767n_R = 0$	$\frac{o}{i}R$	3.767
3	$n_i + 1.941n_2 - 2.941n_1 = 0$	$\frac{2}{i}1$	1.941
4	$n_2 + 1.941n_o - 2.941n_1 = 0$	$\frac{o}{2}1$	1.941
5	$n_1 + 1.723n_R - 2.723n_o = 0$	$\frac{R}{1}o$	1.67

对于三行星排,可从表 7.11 中的5个方程任取3个,即三个行星排的变速器的可能组合为

$$C_5^3 = 5!/[2! \times 3!] = 10$$

组合方案用图标表示,见表 7.12 所示。

表 7.12 行星排组合方案

$\frac{1}{i}o$	$\frac{o}{i}R$	$\frac{2}{i}1$	$\frac{1}{i}o$	$\frac{o}{i}R$	$\frac{o}{2}1$
$\frac{1}{i}o$	$\frac{o}{i}R$	$\frac{R}{1}o$	$\frac{1}{i}o$	$\frac{2}{i}1$	$\frac{o}{2}1$
$\frac{1}{i}o$	$\frac{2}{i}1$	$\frac{R}{1}o$	$\frac{1}{i}o$	$\frac{o}{2}1$	$\frac{R}{1}o$
$\frac{o}{i}R$	$\frac{2}{i}1$	$\frac{o}{2}1$	$\frac{o}{i}R$	$\frac{2}{i}1$	$\frac{R}{1}o$
$\frac{o}{i}R$	$\frac{o}{2}1$	$\frac{R}{1}o$	$\frac{2}{i}1$	$\frac{o}{2}1$	$\frac{R}{1}o$

三个行星排中三个要件:制动件、一个输入件和一个输出件都要齐全,该行星排才是可行的,见表 7.13,其中带?为不可行方案。

表 7.13 行星排可行组合

$\frac{1}{i}o$	$\frac{o}{i}R$	$\frac{2}{i}1$	$\frac{1}{i}o$	$\frac{o}{i}R$	$\frac{o}{2}1$
$\frac{1}{i}o$	$\frac{o}{i}R$	$\frac{R}{1}o2$?	$\frac{1}{i}o$	$\frac{2}{i}1$	$\frac{o}{2}1R$?
$\frac{1}{i}o$	$\frac{2}{i}1$	$\frac{R}{1}o$	$\frac{1}{i}o$	$\frac{o}{2}1$	$\frac{R}{1}o$
$\frac{o}{i}R$	$\frac{2}{i}1$	$\frac{o}{2}1$	$\frac{o}{i}R$	$\frac{2}{i}1$	$\frac{R}{1}o$
$\frac{o}{i}R$	$\frac{o}{2}1$	$\frac{R}{1}o$	$\frac{2}{i}1$	$\frac{o}{2}1$	$\frac{R}{1}o$

3. 通过连接筛选

表7.14表示了表7.13中的三个行星排的可行组合的行星排之间的所有连接关系。

表7.14 同名件连接过程

$\frac{1}{i}o$ $\frac{o}{i}R$ $\frac{2}{i}1$	$\frac{1}{i}o$ $\frac{o}{i}R$ $\frac{o}{2}1$
$\frac{2}{i}1$ $\frac{1}{i}o$ $\frac{o}{i}R$	$\frac{1}{i}o$ $\frac{o}{i}R$ $\frac{o}{2}1$
$\frac{2}{i}1$ $\frac{o}{i}R$ $\frac{1}{i}o$	$\frac{1}{i}o$ $\frac{o}{2}1$ $\frac{o}{i}R$
$\frac{1}{i}o$ $\frac{2}{i}1$ $\frac{o}{i}R$	$\frac{o}{i}R$ $\frac{1}{i}o$ $\frac{o}{2}1$
$\frac{1}{i}o$ $\frac{2}{i}1$ $\frac{R}{1}o$	$\frac{1}{i}o$ $\frac{o}{2}1$ $\frac{R}{1}o$
$\frac{1}{i}o$ $\frac{2}{i}1$ $\frac{R}{1}o$	$\frac{1}{i}o$ $\frac{o}{2}1$ $\frac{R}{1}o$
$\frac{1}{i}o$ $\frac{R}{1}o$ $\frac{2}{i}1$	$\frac{1}{i}o$ $\frac{R}{1}o$ $\frac{o}{2}1$
$\frac{2}{i}1$ $\frac{1}{i}o$ $\frac{R}{1}o$	$\frac{o}{2}1$ $\frac{1}{i}o$ $\frac{R}{1}o$
$\frac{o}{i}R$ $\frac{2}{i}1$ $\frac{o}{2}1$	$\frac{o}{i}R$ $\frac{2}{i}1$ $\frac{R}{1}o$
$\frac{o}{i}R$ $\frac{2}{i}1$ $\frac{o}{2}1$	$\frac{o}{i}R$ $\frac{2}{i}1$ $\frac{R}{1}o$
$\frac{2}{i}1$ $\frac{o}{2}1$ $\frac{o}{i}R$	$\frac{2}{i}1$ $\frac{R}{1}o$ $\frac{o}{i}R$
$\frac{o}{2}1$ $\frac{o}{i}R$ $\frac{2}{i}1$	$\frac{R}{1}o$ $\frac{o}{i}R$ $\frac{2}{i}1$

续表 7.14

$\frac{o}{i}R$　$\frac{o}{2}1$　$\frac{R}{1}o$	$\frac{2}{i}1$　$\frac{o}{2}1$　$\frac{R}{1}o$
$\frac{o}{i}R$　$\frac{o}{2}1$　$\frac{R}{1}o$	$\frac{2}{i}1$　$\frac{o}{2}1$　$\frac{R}{1}o$
$\frac{o}{2}1$　$\frac{R}{1}o$　$\frac{o}{i}R$	$\frac{o}{2}1$　$\frac{R}{1}o$　$\frac{2}{i}1$
$\frac{R}{1}o$　$\frac{o}{i}R$　$\frac{o}{2}1$	$\frac{R}{1}o$　$\frac{2}{i}1$　$\frac{o}{2}1$

在表7.14中，只有同名件可连接，同时连接线彼此不交叉，才为连接可行的，因此，通过连接筛选的可行方案，见表7.15。

表 7.15　同名件连接筛选结果

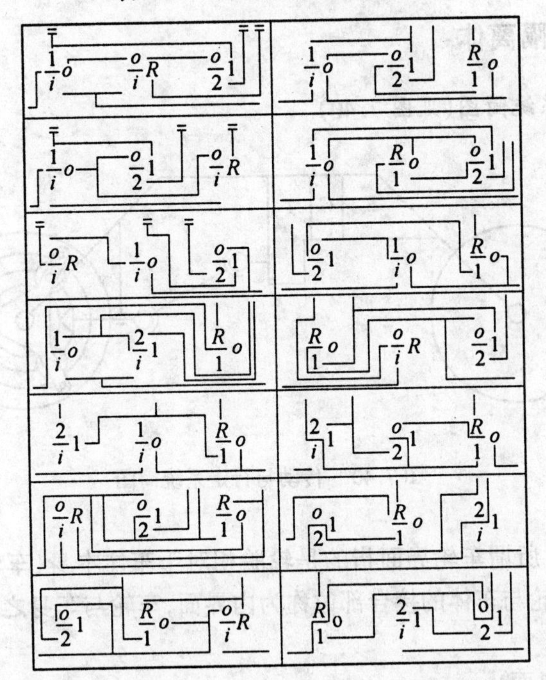

4. 最终方案确定

根据设计要点(6)构造要简单的要求，则有如图7.38中两个方案选中：单套轴组合方案。

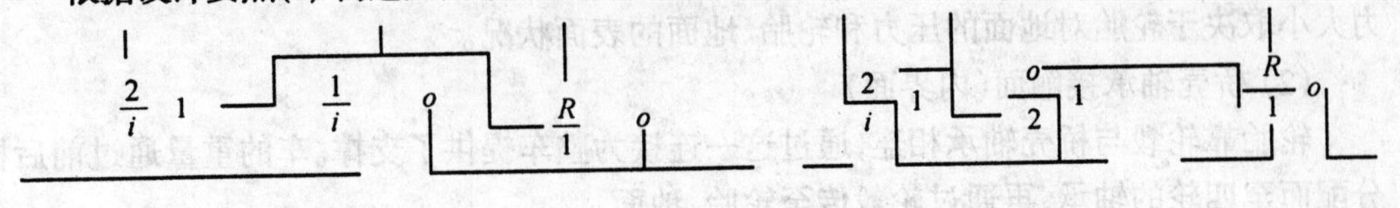

(a) 方案一　　(b) 方案二

图 7.38　满足设计要求的方案

1—1 挡制动件；2—2 挡制动件；R— 倒挡制动件)

将这两个方案绘制成机构运动简图,见图 7.39 所示。

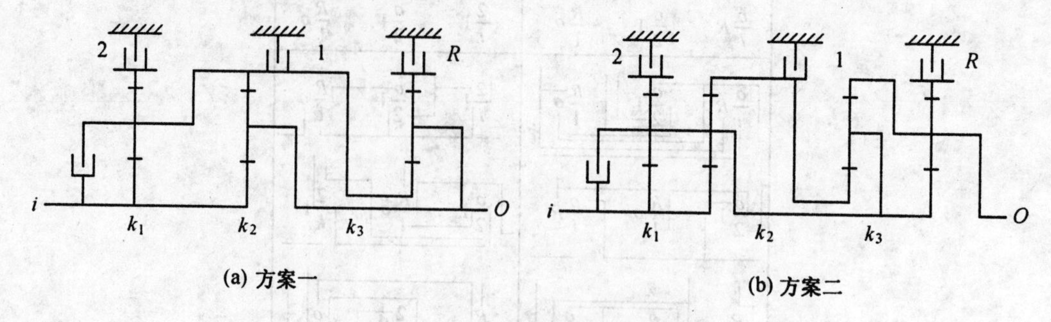

(a) 方案一

(b) 方案二

图 7.39 可行方案的机构运动简图

7.4 底盘力学分析

7.4.1 车轮隔离体

1. 传动与行走系统简图(见图 7.40)。

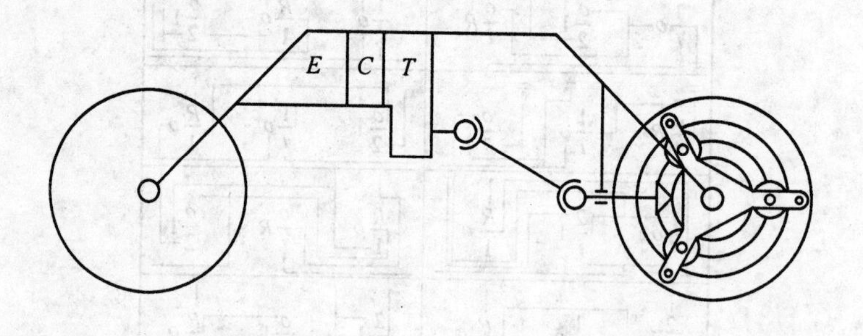

图 7.40 传动与行走系统简图

2. 车轮界面

如图 7.41 所示,所谓车轮界面指的是轮胎相对于车体本身、车轮相对于地面等外界接触的接合关系。车轮与车体的接合部位称为内界面,车轮与车身之外的接合关系称为外界面。

(1) 接地面(外界面)

底盘之所以能够行走,完全靠轮胎与地面提供的摩擦力作为反力。轮胎与地面的摩擦力大小取决于轮胎对地面的压力和轮胎、地面的表面状况。

(2) 桥壳轴承接触面(内界面)

轮胎靠轮毂与桥壳轴承相连,通过这一连接为整车提供了支撑。车的重量通过前后桥分配而至四轮的轴承,再通过轮毂传至轮胎、地面。

(3) 轮边减速行星轮架连接面(内界面)

轮边减速行星轮架提供了车轮的驱动力。轮辋与行星轮架相连,行星轮架是车体的一部分,故轮边减速行星轮架与轮辋的接合面为内结合界面。

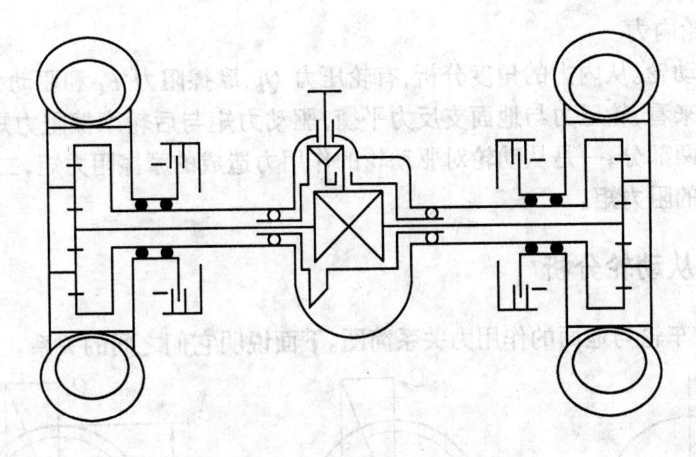

图 7.41 车轮接触界面展示

3. 车轮内力

图 7.42 为底盘受力简图，图 7.43 为车轮受力简图。

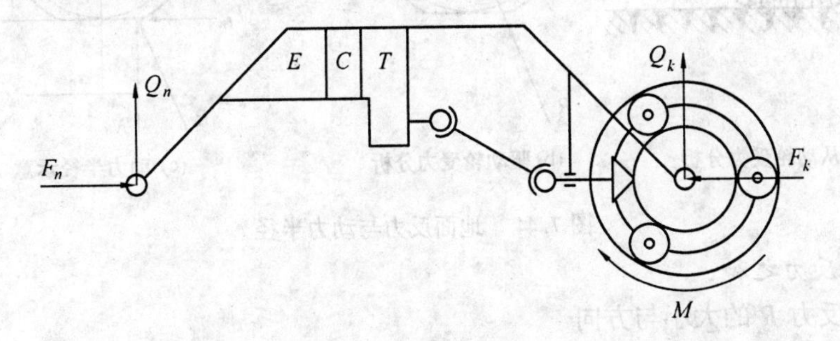

图 7.42 底盘受力状态

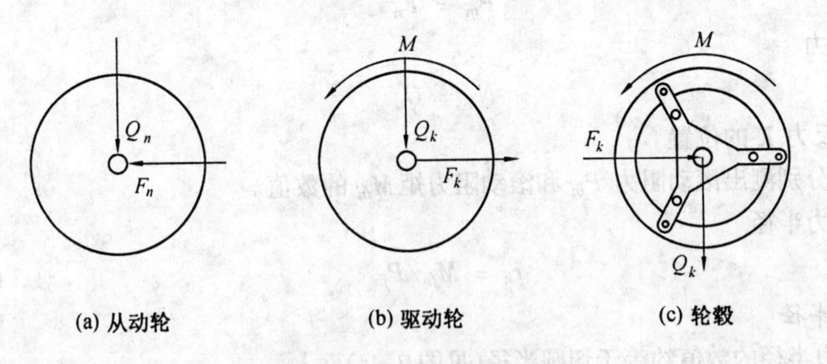

图 7.43 车轮受力分析

(1) 从动轮内力

一般前轮为从动轮。如果从内力的角度分析，有轮压力 Q_n 和摩擦阻力 F_n。摩擦阻力 F_n 实际上是以滚动摩擦阻力矩的形式体现的。如从车轮整体受力分析来看，轮压力与地面支反力平衡，摩擦阻力与驱动轮作用于从动轮的作用力相平衡。当驱动轮作用于从动轮上的力大于摩擦阻力时，从动轮则加速运动，相等时则匀速运动。

(2) 驱动轮内力

后轮为驱动轮。从内力的角度分析，有轮压力 Q_k、摩擦阻力 F_k 和驱动力矩 M。从后轮整体受力分析来看，轮压力与地面支反力平衡，驱动力矩与后轮摩擦阻力矩相平衡。摩擦阻力矩又分为两部分，一是从动轮对驱动轮的作用力造成的摩擦阻力矩，二是驱动轮与地面的摩擦形成的阻力矩。

7.4.2 从动轮分析

图 7.44 为车轮与地面的作用力关系简图。下面说明它们之间的关系。

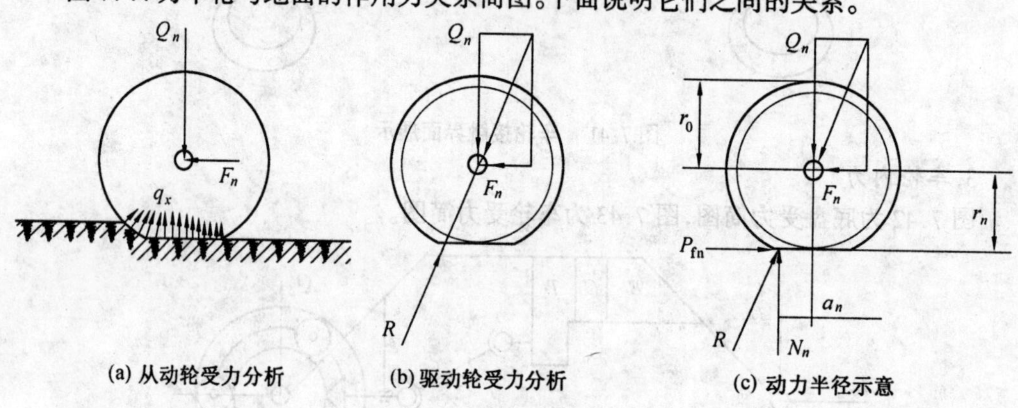

图 7.44　地面反力与动力半径

1. 地面反力之和

(1) 合反力 R 的大小与方向

复杂力系 q_x 的合力 R 与 Q_n 和 F_n 的合力平衡，其水平分力(又称滚动阻力)

$$P_{fn} = F_n \tag{7.25}$$

垂直分力

$$N_n = Q_n \tag{7.26}$$

(2) 合反力 R 的位置

由实验分别测出滚动阻力 P_{fn} 和滚动阻力矩 M_{fn} 的数值。

定义动力半径

$$r_n = M_{fn}/P_{fn} \tag{7.27}$$

2. 动力半径

(1) 动力半径的数值约等于切圆半径(见图 7.44)

(2) 动力半径的实用计算方法为

$$r_n = r_0 - \Delta B \tag{7.28}$$

式中　B—— 轮胎宽度；

r_0—— 自由半径；

Δ—— 系数。

普通轮胎产品标记为 $B - d$，其中 B 为轮胎宽度，d 为轮辋直径，单位是英寸；自由半

径估算公式为

$$r_0 \approx (1.05B + 0.5d) \times 25.4 \tag{7.29}$$

系数 Δ 的取值见表 7.16。

表 7.16　系数 Δ 值

充气压力 /MPa	Δ 值	
	松软陆面	密实陆面
0.15 ~ 0.45	0.08 ~ 0.10	0.12 ~ 0.15
0.5 ~ 0.7	0.10 ~ 0.12	

3. 滚动阻力系数

(1) 滚动阻力系数的理论意义

对从动轮轴心取转矩平衡可得

$$P_{fn}r_n = a_nN_n = a_nQ_n$$
$$P_{fn} = Q_na_n/r_n = f_nQ_n \tag{7.30}$$

称 $f_n = a_n/r_n$ 为滚动阻力系数。

(2) 滚动阻力系数实测公式

$$f_n = P_{fn}/Q_n \tag{7.31}$$

7.4.3　驱动轮分析

1. 驱动力

(1) 合反力。驱动轮所受合力见图 7.45。复杂力系 q_x 的合力为 R_k，综合作用结果分解为作用于轮轴心的 R_k 和力矩 M_k。

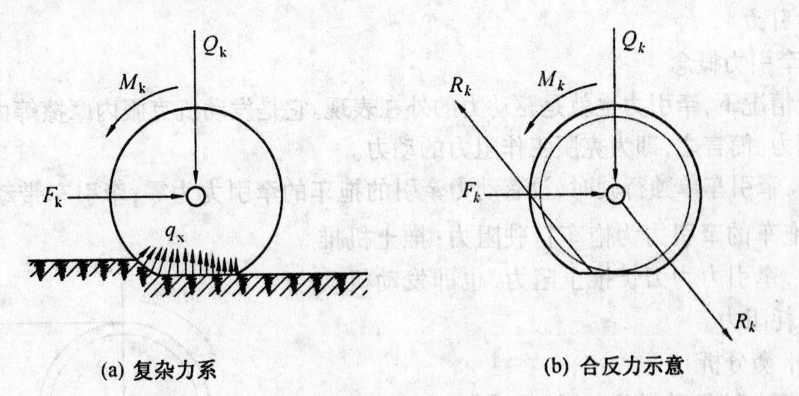

(a) 复杂力系　　(b) 合反力示意

图 7.45　合反力

(2) 合反力分解。将驱动轮所受的合力分解，如图 7.46 所示，再将作用于轮轴中心的 R_k 进行正交分解，则为 F_k 和 N_k。

(3) 动力半径 r_k 的数值约等于切圆半径(见图 7.46)。

(4) 动力半径实用计算方法

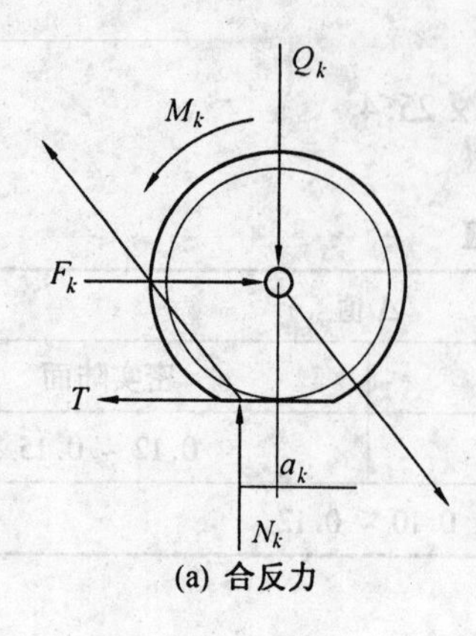

(a) 合反力

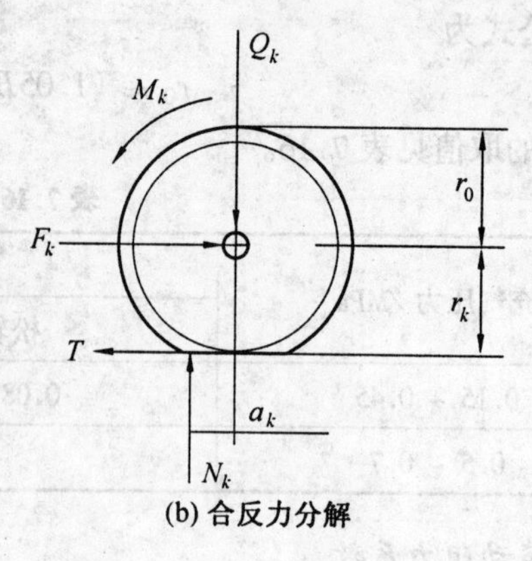

(b) 合反力分解

图7.46 合反力分解

$$r_k = r_0 - \Delta B \tag{7.32}$$

(5) 定义，称 P_k 为驱动力。

$$P_k = M_k / r_k \tag{7.33}$$

(6) 驱动力计算公式

$$P_k = \eta_{\sum} i_{\sum} M_C / r_k \tag{7.34}$$

式中 M_c—— 传动系统输入功率；

$\eta_{\sum}$—— 传动系统总效率。

$$\eta_{\sum} = \eta_Z^{n1} \eta_X^{n2} \eta_S^{n3} \tag{7.35}$$

式中 η_Z—— 直齿轮的效率，$\eta_Z = 0.98$；

η_X—— 斜齿轮的效率，$\eta_X = 0.97$；

η_S—— 伞齿轮的效率，$\eta_S = 0.96$。

2. 牵引力

(1) 牵引力概念

一般情况下，牵引力也就是驱动力的外在表现。它是发动机克服内摩擦等内阻力后的对外作用力。简言之，即为克服工作阻力的动力。

例如，牵引车单独行驶时，没有动力牵引的拖车的牵引力为零；牵引车带动拖车匀速行驶时，拖车的牵引力为拖车行驶阻力；推土机推土作业时，牵引力为刀铲推土阻力，也即发动机动力减去内耗阻力。

(2) 平衡分析

当车辆匀速行驶时，驱动轮的受力状态是平衡的。轮压等于地面对车轮的垂直支反力，牵引力等于水平方向的摩擦阻力，驱动力矩等于总的摩擦阻力矩。摩擦阻力矩包括滑动摩擦阻力矩和滚动阻力矩两部分。

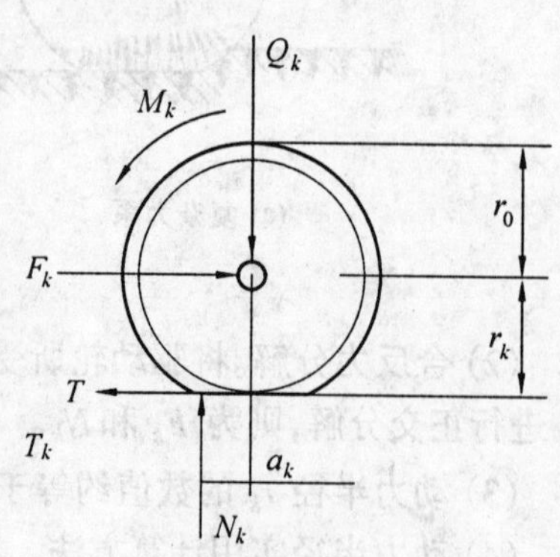

图7.47 受力状态与牵引力

在图7.47所示车辆匀速行驶的平衡状态下可得

$$T_k = F_k \tag{7.36}$$

$$N_k = Q_k \tag{7.37}$$

$$M_k = T_k r_k + N_k a_k \tag{7.38}$$

(3) 称分力 T_k 为驱动轮牵引力。

(4) 驱动轮牵引力计算

$$M_k / r_k = T_k + N_k a_k / r_k = T_k + Q_k a_k / r_k = T_k + f_k Q_k = P_k$$

$$T_k = P_k - f_k Q_k$$

$$T_k = P_k - P_{fk} \tag{7.39}$$

7.4.4 底盘力学简图

从动轮、驱动轮以及整车受力简图如图7.48和图7.49所示。

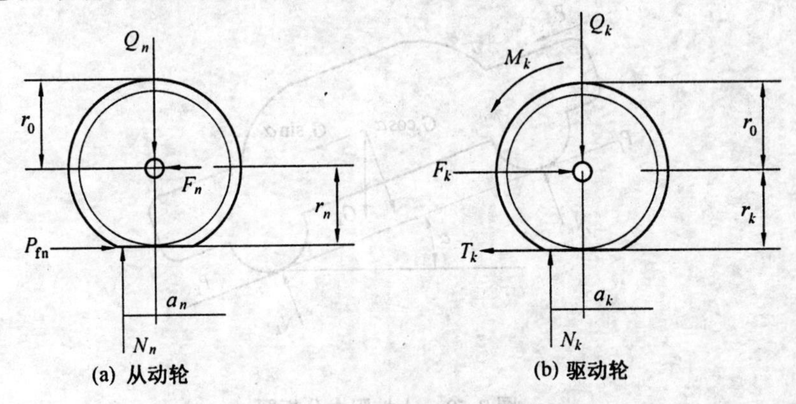

图7.48 从动轮、驱动轮受力简图

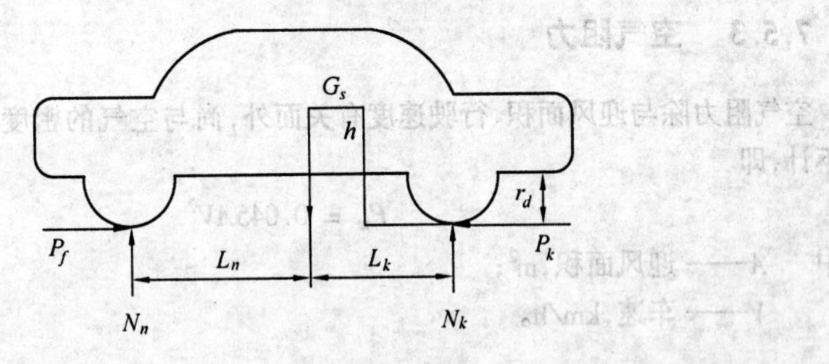

图7.49 整车受力简图

7.5 行驶阻力

7.5.1 滚动阻力

滚动阻力的大小与正压力和滚动摩擦系数有关，具体为

$$P_f = fG_S\cos\alpha \tag{7.40}$$

f 为滚动阻力系数，实用数据由实验得到，见表7.17。

表7.17 滚动阻力系数 f

陆面	混凝土	冻结冰雪	砾石路	密实土路	松散土路	泥泞地、沙地
f值	0.018	0.023	0.029	0.045	0.070	0.09～0.18

7.5.2 上坡阻力

上坡阻力指的是总重量在平行路面方向的分力，它是阻碍车辆行驶的，由图7.50可得

$$P_s = G_S\sin\alpha \tag{7.41}$$

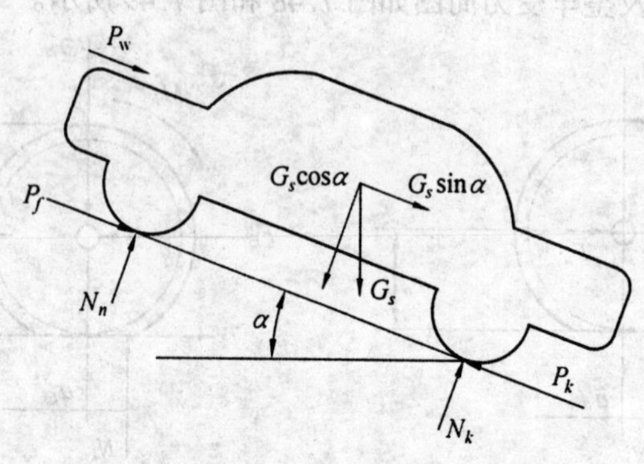

图7.50 上坡阻力分析图

7.5.3 空气阻力

空气阻力除与迎风面积、行驶速度有关而外，尚与空气的密度有关，但一般情况下忽略不计，即

$$P_w = 0.045AV^2 \tag{7.42}$$

式中 A—— 迎风面积，m^2；

V—— 车速，km/h。

7.6 行驶性能

7.6.1 行驶性能图

1.行驶性能图

图7.51为行驶性能图，横坐标是行驶速度，纵坐标是驱动力和行驶阻力。从图中可以看出，行驶阻力与坡度有关，也与行驶速度有关。坡度、速度越大行驶阻力越大。还可以看

出，在某一挡位、某一坡度的情况下的最高形式速度，或者某挡位下的爬坡度。

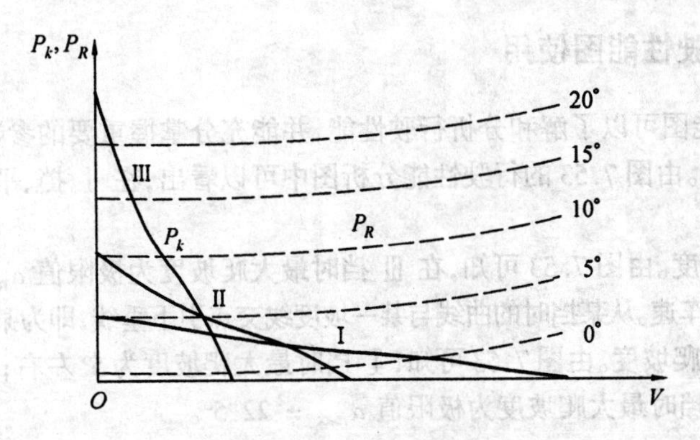

图7.51　行驶性能图

2.行驶阻力

图7.51中 P_R 为行驶阻力，其为滚动阻力、上坡阻力、空气阻力之和，即

$$P_R = P_f + P_s + P \tag{7.43}$$

$$P_R = fG_S\cos\alpha + G_S\sin\alpha + 0.045AV^2 \tag{7.44}$$

$$P_R = (f\cos\alpha + \sin\alpha)G_S + 0.045AV^2 \tag{7.45}$$

7.6.2　行驶性能图绘制

下面简介行驶性能图(图7.52)的绘制步骤。

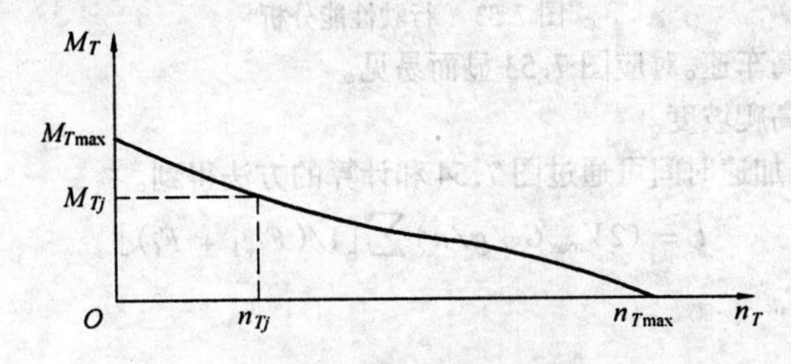

图7.52　行驶性能图的绘制

步骤：

(1) 在 n_T 轴上确定 n_{Tj}

(2) 利用 M_T 曲线由 n_{Tj} 确定 M_{Tj}

(3) 由 n_{Tj} 确定 $V_j \longrightarrow V_j = 0.377 n_{Tj} r_k / i_{\sum i}$

(4) 由 M_{Tj} 确定 $P_{kj} \longrightarrow P_{kj} = \eta_{\sum} i_{\sum} i M_{Tj} / r_k$

(5) 描点 $[V_j, P_{kj}]$

(6) 连出 P_k 曲线

(7) 由 V_j 确定 $P_R \longrightarrow P_{Rj} = (f\cos\alpha + \sin\alpha)G_S + 0.045AV_j^2$

(8) 描点 $[V_j, P_R]$

(9) 连出 P_R 曲线。

7.6.3 行驶性能图使用

利用行驶性能图可以了解和分析行驶性能,并能充分掌握重要的参数。例如:

(1) 最高车速。由图 7.53 的行驶性能分析图中可以看出,在 Ⅰ 挡、平坦路面时最高车速度为 V_{max}。

(2) 最大爬坡度。由图 7.53 可知,在 Ⅲ 挡时最大爬坡度为极限值 $\alpha_{max} = 22.5°$。

(3) 某挡最高车速。从某挡时的曲线与某一坡度线交点引下垂线,即为某挡最高车速。

(4) 某挡最大爬坡度。由图 7.53 可知,Ⅰ 挡时最大爬坡度为 5° 左右;Ⅱ 挡时最大爬坡度为 10° 左右;Ⅲ 挡时最大爬坡度为极限值 $\alpha_{max} = 22.5°$。

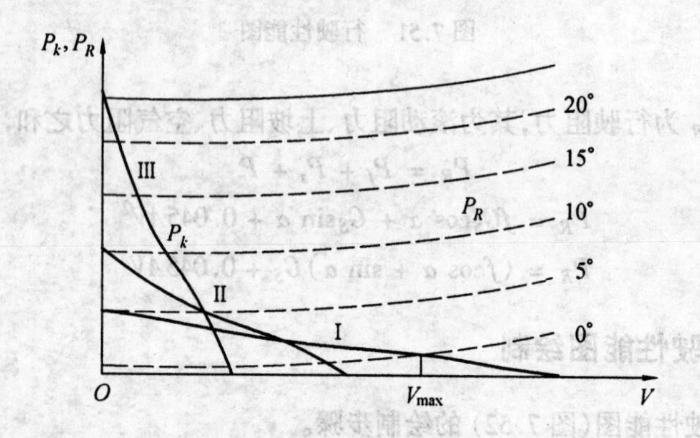

图 7.53 行驶性能分析

(5) 某坡度最高车速。对应图 7.53 显而易见。

(6) 某车速最高爬坡度。

(7) 加速时间。加速时间可通过图 7.54 和计算的方法得到。

$$t = (2V_{max}G_S/g/n)\sum[1/(F_{i+1} + F_i)] \tag{7.46}$$

其中,$F_i = P_{ki} - P_{Ri}$

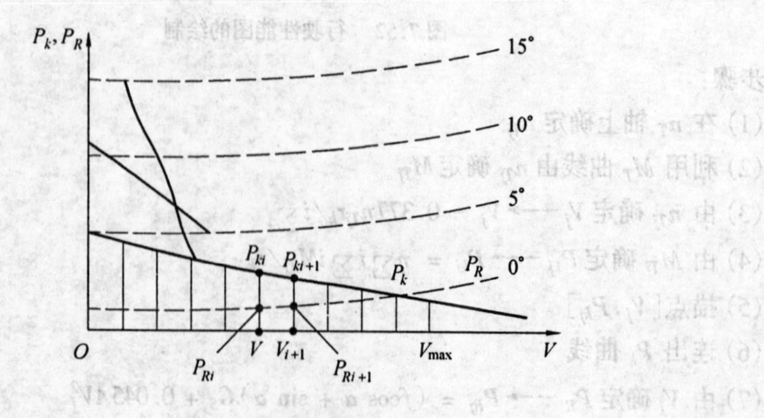

图 7.54 加速时间计算

第8章 工程机械总体设计

8.1 引言

工程机械产品设计的基本目的是满足土木工程施工机械化方面的种种需求。基本设计工作通常是从需求分析开始,到递交全部设计图纸和设计文件为止。全部设计工作可以分成总体方案设计和落实设计两个基本阶段。总体方案设计主要包括总体功能原理方案设计,分体方案设计和总体布置方案设计等三项基本设计工作。其中,总体目标原理方案由总体目标功能,总体功能原理和总体组成原理三个基本要素组成;分体方案设计包括工作机构方案设计,金属结构方案设计,以及其他子系统的方案设计;总体布置方案设计主要是初步确定目标系统的基本形体及其与外系统的接口关系,以及各分体之间的相对位置与连接关系。落实设计的基本工作是要落实选定的总体方案,其中包括大量的技术论证、设计计算、图面设计、编写设计文件等具体工作。

工程机械通常是错综复杂的机械系统,其设计工作本身也是错综复杂的系统工程,具体承担设计工作任务的通常是一个团队,其中多数成员各自承担属于自己的分体设计任务。那些不属于分体设计的工作,如总体功能原理方案设计,总体布置方案设计,以及设计工作的进度与协调等工作则要由承担总体设计任务的人员去完成。相对于分体设计的总体设计概念是广义的概念。除此之外,对于总体设计的任务和基本内容还没有形成统一的说法。在没有特别说明的情况下,本章中总体设计一词特指总体方案设计。

当前设计工作已进入竞争时代,设计任务从计划安排、上级指派向竞标方向过渡。在没有得到设计任务之前就什么设计工作都不做,通常会坐失良机;在没有得到设计任务之前就完成全部设计图纸和设计文件,也许会成功,也许损失很大。权衡利弊,在没有得到设计任务之前把设计工作做到完成总体方案为止较为适当。

8.2 总体方案设计

工程机械总体方案的设计工作是个比较复杂的系统工程,其复杂性之一表现在设计工作涉及范围广泛。设计者不仅要考虑目标系统本身的局部和全局,还需要考虑目标系统和设计工作(系统),以及其他环境系统的协调问题。涉及的环境系统通常包括:技术环境(如标准,配套,水平,材料,加工,运输等);市场环境(如用户,甲方,乙方,自身,质量,成本,数量等);人文环境(如人机学,安全,环保,专利,法规,审美等);工作环境(如时间,地点,要求,设备,信息,人才等),见图8.1及表8.1。

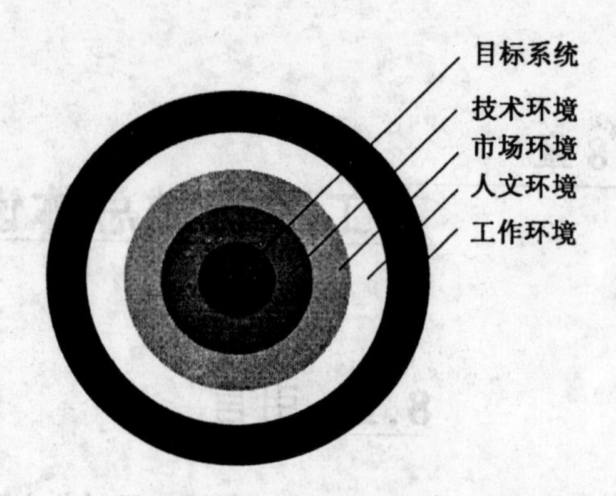

图 8.1 总体方案设计需要考虑的环境系统

表 8.1 总体方案设计环境系统的要素举例

序号	环境系统	要素举例
1	技术环境	标准规范,配套设备,工业水平,材料供应,加工能力,运输条件
2	市场环境	用户需求,甲方要求,乙方条件,自身条件,质量要求,成本控制,数量要求
3	人文环境	人机关系,安全规范,环保要求,专利法规,大众审美
4	工作环境	时间资源,设备资源,信息资源,人才资源

总体方案的设计水平不仅体现在考虑问题的全面性上,深厚的知识积累,丰富的经验,现代技术的采用,以及现代设计理念与现代设计方法的合理运用等,都是提高总体方案设计水平的要素,见图 8.2。然而,作为总体方案设计工作的基础,首先需要了解的是总体方案的基本内容和总体方案设计的基本过程。

图 8.2 提高总体方案设计水平的要素举例

8.2.1 总体方案的基本内容

1.总体图

从信息交流的角度出发,认识和了解一个产品,需要掌握与该产品有关的各种信息,例如,该产品的形状、大小、材质、重量、色彩、功能、原理、性能、价格、包装、安装、使用、售后服务等。如果该产品在世界上还不存在,则所有的信息只能用图纸和文字来表达。介绍未来产品(或目标产品)的重要手段是展示该产品的总体布置方案设计图,本章称其为总体图。

总体布置方案设计图主要是纪录并介绍目标系统的基本形体及其与外系统的接口关系,以及各分体之间的相对位置与连接关系。总体图通常包括以下基本内容:

(1)目标系统的基本形状与典型工作状态;

(2)目标系统形体的轮廓界限尺寸;

(3)目标系统的对外接口情况(例如,固定设备接地或其他连接支承情况,移动设备的通过性能,以及工作头接口情况等);

(4)目标系统内部各分体之间的接口情况,以及各种定位关系;

(5)特殊技术要求;

(6)标题栏和明细栏;

(7)制图标准要求的其他要素。

2.总体功能原理介绍

在诸多的产品信息当中,最能够反映目标产品本质的核心信息是未来系统的功能。设计工程机械产品的基本目的是为了满足土木工程施工机械化方面的种种需求,直接满足用户需求的是产品的功能,而不是产品的形状、大小、材质、重量等其他特性。功能是否满足需求,决定产品是否可以被用户接受。功能是产品选择的第一要素。

另一方面,功能要由技术系统来实现,未来系统的运动特性或工作原理是否正确,关系到目标产品的功能是否能够正确和可靠地实现。此外,目标系统本身能否变成现实,还要看组成原理是否正确,这关系到总体方案的可行性。

仅用总体图作为工具来介绍目标系统的基本功能原理通常难以达到最佳的效果,应当配置适当的原理图和说明文件。例如:

(1)目标系统原理框图

目标系统原理框图通常包括以下要素:

1)目标系统所包含的所有的功能模块;

2)各功能模块的形态;

3)各功能模块之间的连接顺序与方式;

(2)目标系统原理简图

目标系统原理简图通常包括的内容有:

1)各功能模块的原理简图;

2)各简图模块之间的相对位置,连接顺序与方式;

(3)必要的文字说明。

3.总体技术承诺

这里,总体技术承诺是指准备写在技术合同和总体技术任务书中的各种量化的和非量化的技术指标,主要包括性能和经济性方面的各种要求。例如,目标系统的工作容量、工作范围、工作速度、自重、性价比、环保指标等。这些指标通常是同类产品或同类设计进行比较和筛选的重要依据。

4.总体驱动方案

驱动系统是工程机械的重要组成部分,动力源的选配通常是关注的焦点,涉及未来产品的品质、可靠性、机动性、性价比、环保性能等。传动方案影响产品的工作性能,工作效率和经济性,也是反映设计水平的关键部分。总体驱动方案是否成功,对总体方案的可行性有重要影响。

5.工作机构方案

工作机构方案主要包括工作机构的功能原理与组成原理、工作性能、设计功率和外部轮廓尺寸等基本内容。带有自行底盘的目标系统的总体方案中,应当包括底盘驱动方案、挡位设计方案、整机行驶性能或牵引性能分析,以及行走系统方案等基本内容。工作机构方案的好与坏通常反映出总体方案的认真、细致、全面、周到程度。

6.操纵与安全方案

操纵与安全方案关系到未来系统的使用性能和安全性能。机械设备的功能原理与使用价值是通过每一个具体的操作来实现的,操控系统的可靠性对整机的可靠性有重要影响。复杂的使用操作方法,需要技术培训和熟练的司机,为此使用成本将会提高。

土木工程产品的庞大性和土木工程施工的流动性大、作业条件特殊、生产周期漫长等特点,以及工程机械本身的庞大性、流动性、复杂性等因素都是造成事故频发的原因。工程机械的使用事故其后果往往相当严重。安全方案的全面性与合理性事关重大。

8.2.2 总体方案设计的基本过程

对于经验丰富、功底深厚的资深设计工作者,采用什么样的设计过程也许并不重要。即使是同一位设计工作者,在完成不同的设计任务时,经历的设计过程通常也是不一样的。通常,设计工作的基本目的不是为了体验或寻找完美的设计过程,而是为了拿出一个尽可能完美的设计方案。

然而,对于初学者来说,总是希望有一个相对稳定的设计过程可以遵循。另一方面,设计过程对设计结果的影响,已经引起许多专家学者的关注。目前,对于总体方案设计过程的描述还没有形成统一的说法。图 8.3 给出的总体方案设计基本过程模型仅供初学者参考。

针对上面 8.2.1 节中提出的总体方案的基本内容,初学者可参考下面推荐的先后顺序来安排设计工作的进度。

第一步　总体功能原理设计
第二步　总体技术任务拟定
第三步　总体驱动方案设计
第四步　工作机构方案设计
第五步　操纵与安全方案设计
第六步　总体布置与金属结构方案设计
第七步　总体计算
第八步　总体图绘制

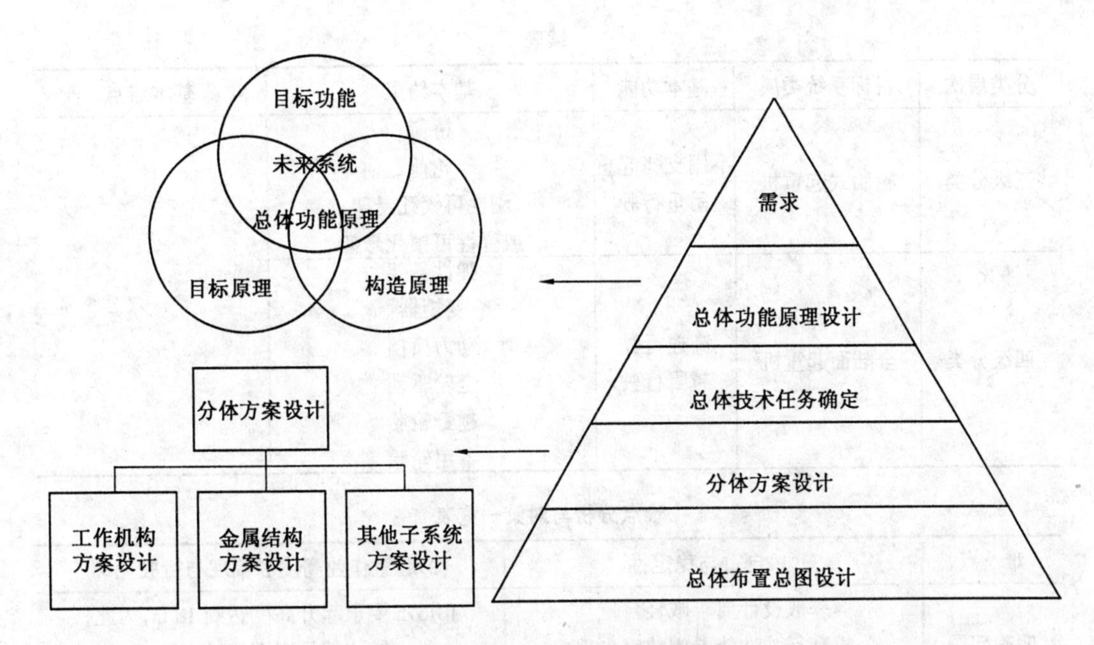

图8.3 总体方案设计基本过程模型

应当指出,上面推荐的先后顺序在实际设计过程中常常会因为一些具体情况而发生变化。例如,工作机构方案设计中遇到难以逾越的障碍时,有可能改变总体功能原理设计方案;总体布置出现问题时,有可能改变工作机构的设计方案;总体计算结果不理想时,有可能改变总体布置与金属结构设计方案,甚至改变总体技术任务。

下面的举例主要目的是让初学者了解工程机械总体方案设计各个阶段的一些基本工作内容。其中用到的许多具体的设计工作方法或设计计算方法不一定就是唯一的或最理想的方法,仅供参考。

【例8.1】 20 t全陆面起重机总体方案设计。

第一步 总体功能原理设计

①设计题目分析

设计题目分析与分析结果一览表

分类层次	目标系统类属	基本功能	基本约束	基本难点
一级分类	起重机	起升 变幅 回转	起重性能	(1)自重与稳定性 (2)起重作业高度和幅度与行驶轮廓长度的矛盾 (3)弹性可锁死悬架
二级分类	流动式起重机	底盘 支腿	行驶性能 行驶轮廓尺寸 刚性可锁死悬架 或弹性可锁死悬架	

续表

分类层次	目标系统类属	基本功能	基本约束	基本难点
三级分类	轮胎式起重机	不用支腿起重 吊重行驶	桥荷 轮荷 刚性可锁死悬架 或弹性可锁死悬架	
四级分类	全陆面起重机	高速行驶 越野行驶	弹性悬架 变矩器 动力换挡 全轮驱动 越野轮胎 备用轮胎	

难点分析与对策一览表

难　点	(1)自重与稳定性	(2)起重作业高度和幅度与行驶轮廓
明确问题	一般设计要求减轻自重 提高行驶性能希望减轻自重 减轻自重不利于起重作业的稳定性	JB1375 要求起升高度达到 18 m,为此, 结构件长度需超过 20 m 按规定,车辆行驶长度不超过 12 m
寻找线索	JB1375 推荐自重为 25 t, 单桥荷可达 13 t 若前后桥荷相等,不用增加第三桥	拆装式结构 折叠式结构 伸缩式结构
对　策	自重不减,前后桥荷相等	伸缩式结构

②功能模块分析

功能模块划分与可能形态阵行向量缩减一览表(摘选)

行号	功能模块	行向量元素	取舍	说　明
1	伸缩	伸缩	V	
2	起升	伸缩 + 摆臂	×	优点:不用绳轮和绳筒 缺点:近处不好挂钩,要求带载伸缩
		绳轮 + 绳筒	V	
3	回转	柱式	×	高度尺寸大,没有标准化
		盘式	V	
4	变幅	伸缩	V	限值带载伸缩
		摆臂(挠)	×	加大伸缩载荷
		摆臂(刚)	V	臂架受力不好
5	底盘	履带式	×	高速公路禁行
		汽车式	×	越野性能有限
		自制	V	

续表

行号	功能模块	行向量元素	取舍	说　明
6	支腿	蛙式	×	跨距有限
		X式	×	适应性差
		H式	V	
		折叠式	×	布置空间有限
		辐射式	×	布置空间有限

③总体功能原理方案

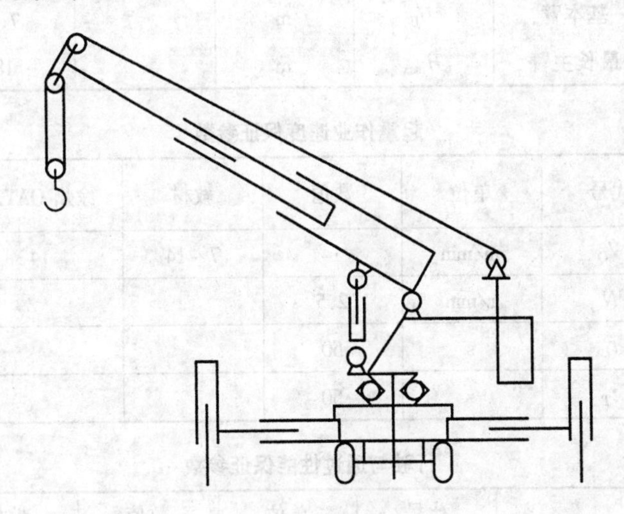

总体功能原理简图

第二步　总体技术任务拟定

①非量化指标

本机的功能与构造非量化指标一览表(摘选)

	分功能与构造满足条件	补充条件
起升	升,降,停,空中制动,调速	防止载荷拖动
回转	左右360°回转,平稳就位,可靠定位,行驶锁死	
变幅	升,降,停	防止载荷拖动
伸缩	伸,缩,停,1/6带载伸缩	防止载荷拖动
支腿	适应性强,易于调平	严防非操纵动作
底盘	弹性可锁死悬架,变矩器,动力换挡,全轮驱动,越野轮胎,动力转向,风冷柴油机	装备胎
安全	力矩限制器,载荷限制器,过卷限制器,过放限制器	
其他	备选副起升机构,备选副吊臂	

②量化指标

此外,在贯彻国家标准的同时,应当实现以下参数。

起重作业能力保证参数

		代号	单位	数值	JB1375	
起重量≥	用支腿	Q	t		20	
	不用支腿	Q_W	t		5.5	
起重力矩≥	基本臂	M	t·m		60	
	最长主臂	M_H	t·m	38		
起升高度≥	基本臂	H_0	m		7.5	
	最长主臂	H_{max}	m		18	

起重作业速度保证参数

	代号	单位	数值	教材	徐州 QAY25	GROVE RT58
起升速度≥	V_Q	m/min	14	7~14	14	23.34
回转速度≥	N	r/min	2.5			
变幅时间≥	t_L	s	50			
伸臂时间≥	t_T	s	50			

行驶与通过性能保证参数

		代号	单位	数值	教材	
行驶速度≥	最高车速	V_{max}	km/h	60		
	最低稳定车速	V_{min}	km/h	5		
行驶自重≤		G_S	t	20		
总长≤		L	m	12		
总宽≤		B	m	2.6		
总高≤		H	m	3.6		
最小离地间隙≥		h_{min}	mm	260		
接近角≥		α_t	(°)	20		
离去角≥		β_f	(°)	20		
纵向通过半径≤		ρ	m	5		
爬坡度≥		α_p	(°)	25		

工作级别保证参数

		GB3811				
整机	A_3					
金属结构	C_2					
起升机构	M_3					
回转机构	M_4					
变幅机构	M_3					
伸缩机构	M_2					

第三步 总体驱动方案设计

1.功率估算

算法一

按经验公式计算。

(1)起重功率

$$N_L \approx 1.1Q(0.25V + K_{SW}/1.36)$$

起重量/t	3~5	8	12	16	25	40	50	100
K_{SW}	1.1	1.0	0.8	0.7	0.6	0.5	0.45	0.4

$$N_L/\text{kW} \approx 1.1 \times 20 \times (0.25 \times 14 + 0.65/1.36) \approx 88$$

(2)行驶功率(kW)

$$N_V \approx (K_V V_a Q + V_a^3/10\,000)/1.36$$

起重量/t	8	12	16	25	40	65	100
K_V	0.28	0.22	0.18	0.12	0.09	0.07	0.055

$$N_V/\text{kW} \approx (0.1534 \times 60 \times 20 + 60^3/10\,000)/1.36 \approx 151$$

算法二

先计算工作头所需的功率,再由各级效率回算到动力源。

(1)计算行驶功率

1)行驶阻力

$$P_R = (f\cos\alpha + \sin\alpha)G_S + 0.045\ AV^2$$

$$P_R/\text{N} = (0.018\ \cos 0 + \sin 0)25 \times 9.8 \times 10^3 + 0.045 \times 2.6 \times 3.6 \times 60^2$$

$$P_R = 5\,926.32\ \text{N}$$

2)工作头功率

$$N_{头}/\text{kW} = P_R V/3\,600 = 5\,926.32 \times 60/3\,600$$

$$N_{头} = 98.772\ \text{kW}$$

3)行驶功率

$$N_V = N_{头}/\eta_\Sigma$$

其中
$$\eta_\Sigma = 0.99 \times 0.983 \times 0.952 \times 0.96 \times 0.975 = 0.7871$$

则
$$N_V/\mathrm{kW} = 98.772/0.7871 = 125.5$$

(2)计算起升功率

1)工作头功率

$$N_{头}/\mathrm{kW} = QV/6 = 20 \times 14/6$$

$$N_{头} = 46.7\ \mathrm{kW}$$

2)系统效率

$$\eta_\Sigma = 0.98 \times 0.93 \times 0.99 \times 0.952 \times 0.98 \times 0.93 = 0.58$$

3)起重功率 $N_L/\mathrm{kW} = 1.25 \times 1.08 \times N_{头}/\eta_\Sigma = 1.25 \times 1.08 \times 46.7/0.58$

$$N_L = 108.7\ \mathrm{kW}$$

	经验公式	功率流法	比　值	有 效 值
起重功率 N_L/kW	88	108.7	1.24	110
行驶功率 N_V/kW	151	125.5	0.83	130

2.发动机配置与司机室布置方案

起升所需功率 110 kW 与行驶所需功率 130 kW 相差不多,故最后确定起重机选用一台发动机,功率约 130 kW 左右。

基于上述计算,本设计采用一台发动机布置在下车。

上车和下车各设一个司机室,起重作业用上车司机室,行驶用下车司机室。

3.发动机选型

选用道依茨公司 BF6L914C 型发动机,其外观尺寸及性能参数如下。

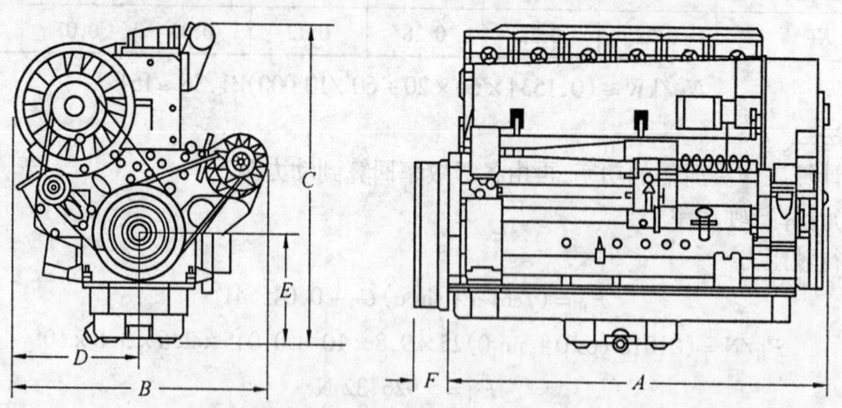

	符号	A	B	C	D	E	F
BF6L914C	mm	1174	720	987.5	352.5	328	88
	in	46.2	28.3	38.9	13.9	12.9	3.5

BF6L914C 技术参数

技术参数	单　位	参数值
气缸数		6
孔丨活塞	mm/in	102/132丨4.01/5.19
排量	L丨in^3	6.5丨395
压缩比		18
最高转速	r/min	2500
活塞平均速率	m/s丨in/s	11丨16
功率	k_w丨hp net	1410丨189.0
	k_w丨hp gross	148.5丨199.1
速度	r/min	2500
平均有效压力	bar丨lbf/in^2	10.46丨1515
速度	r/min	2500
平均有效压力	bar	10.46丨1515
速度	r/min	2500
平均有效压力	bar	9.71丨140.6
最大扭矩	N·m丨lbf·ft	700丨516.2
速度	r/min	1600
最小空载速度	r/min	650
特殊燃料消耗	g/kwh丨lb/hp·h	210丨0.340
DIN70020 重量 零件 7A	k_g丨lb	510丨1124.3

4.总体驱动方案

(1)可选择驱动方案

1)内燃机——机械驱动

2)内燃机——电力驱动

3)内燃机——液压驱动

4)内燃机——液力——机械驱动

(2)确定驱动方案

1)起重作业驱动方案

内燃机——液压驱动

2)底盘驱动方案

内燃机——液力——机械驱动

(3)总体驱动原理

1)总体驱动框图

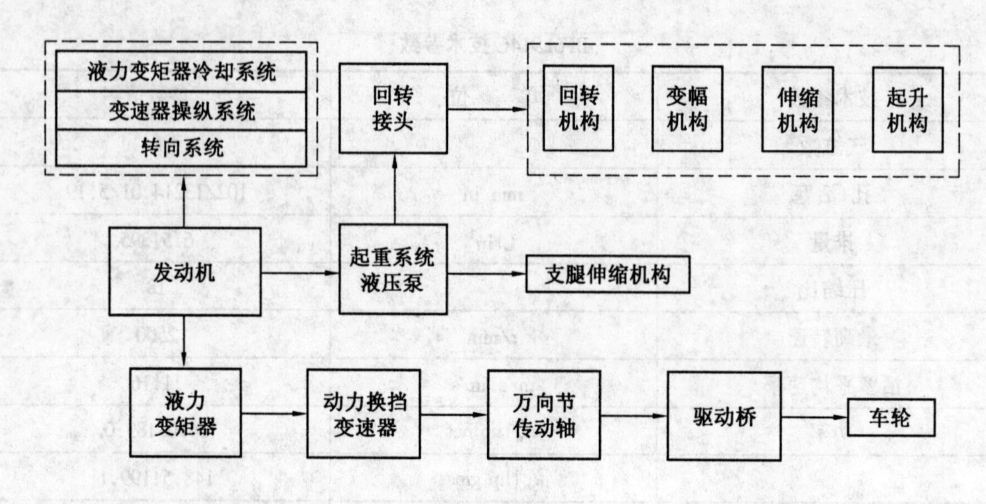

总体驱动框图

2)总体驱动原理描述

该驱动方案的动力传递分起重作业、底盘驱动和底盘操纵系统三部分。底盘部分的动力传递路线在底盘方案中有阐述。上车的动力由发动机传到起重作业系统的液压泵，从液压泵输出的高压油一路经过回转接头传到上车的回转、变幅、伸缩、起升等工作机构，另一路为支腿伸缩机构提供动力。发动机动力输出的第三个分支为液力变矩器冷却系统，变速器操纵系统，以及转向系统提供动力。

5.底盘驱动方案

(1)底盘驱动原理

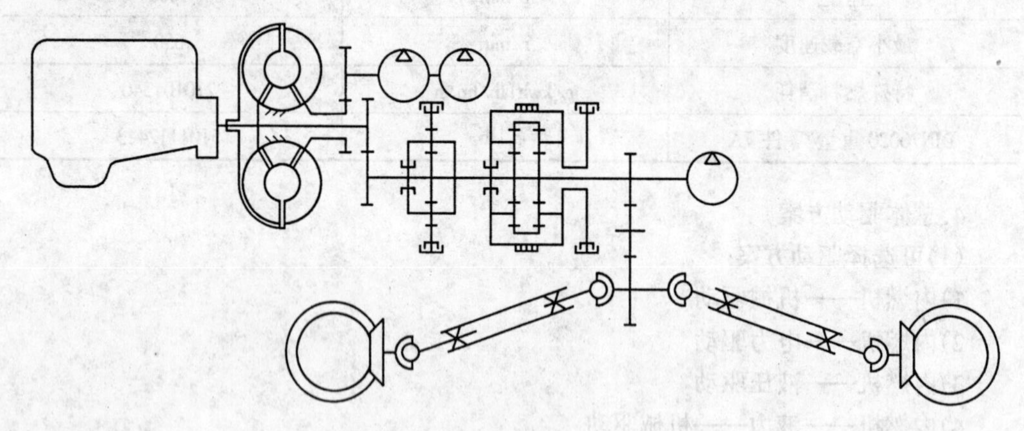

底盘驱动原理简图

(2)液力变矩器选择

1)初选液力变矩器为 YJ375 型

YJ375 型液力变矩器外貌

2)YJ375 型液力变矩器的产品信息

YJ375 液力变矩器是单级单相向心涡轮液力变矩器,具有结构先进、工作可靠、易与主机合理匹配、使用维护简单等特点。除具有一般液力变矩器的结构特点外,还带有三个输出轴,可同时带动三个不同型号的液压泵或其他附件,以满足不同主机的要求。除为国产 ZL40 系列、ZL50 系列、ZL60 系列装载机配套外,经做部分结构改进后,还可用于起重机等其他工程机械。

YJ375 型液力变矩器的主要技术参数

项　目	YJ375	单　位
零速工况公称力矩 M_{Bg0}	165.1	N·m
高效工况公称力矩 $M_{Bg\eta}$	155.2	N·m
零速工况变矩系数 k_0	3.166	
最高效率 η_{max}	0.866	
高效区范围 q	2.20	
质量	220	kg
外形尺寸	466.5 × 610 × 647	mm

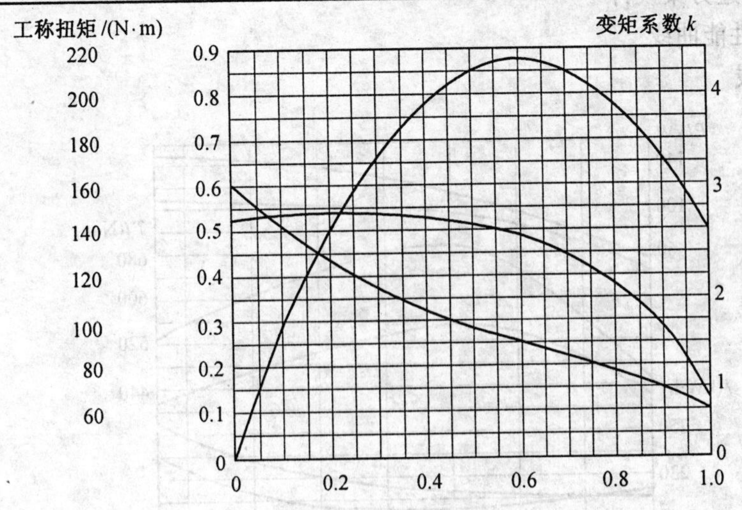

YJ375 型液力变矩器特性曲线

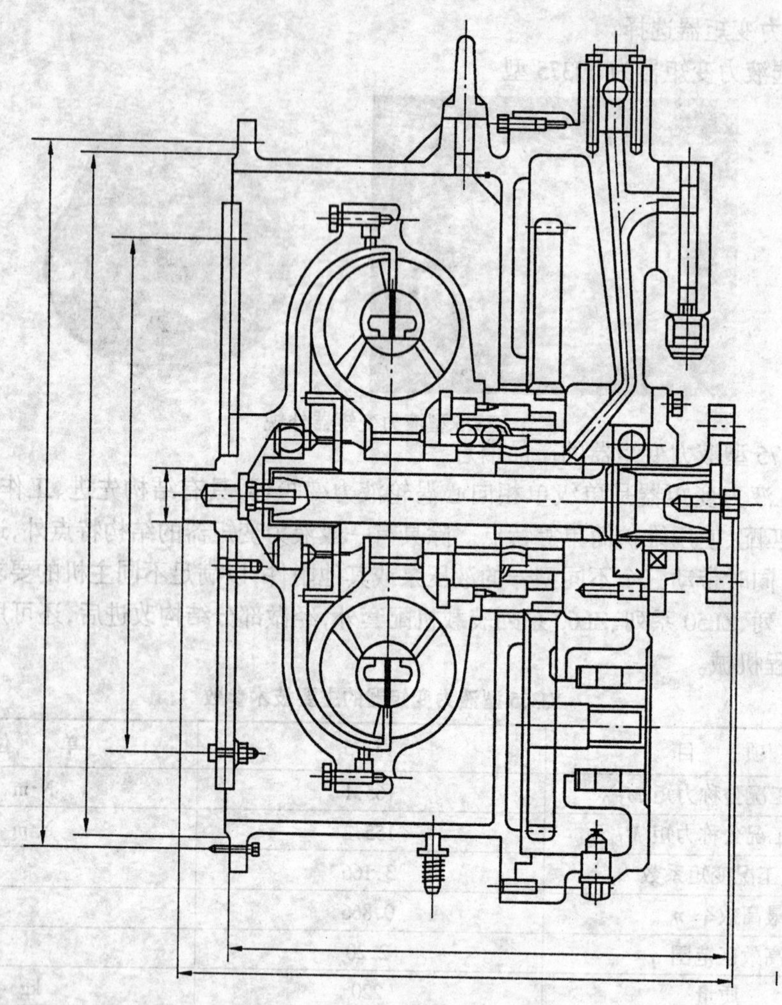

YJ375 型液力变矩器内部构造与接口

(3)底盘变速方案设计

1)发动机性能曲线

i.原始曲线

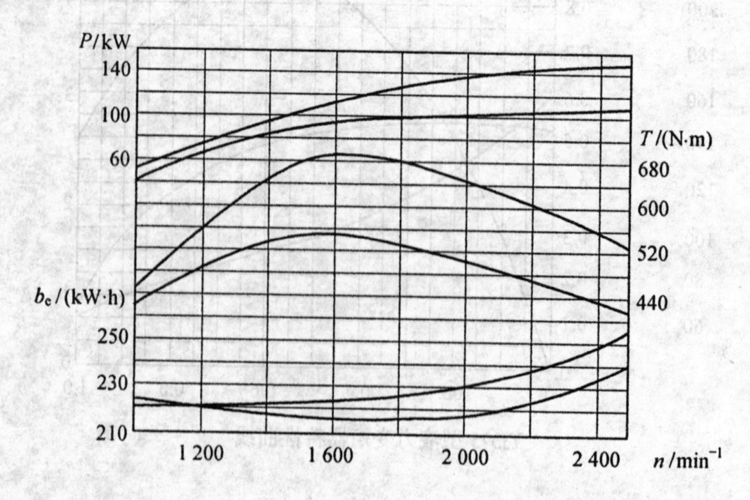

ii.原始曲线读值

No.	$n_e/(\mathrm{r\cdot min})^{-1}$	$M_e/(\mathrm{N\cdot m})$	No.	$n_e/(\mathrm{r\cdot min})^{-1}$	$M_e/(\mathrm{N\cdot m})$
1	1000	462	9	1 800	684
2	1100	516	10	1 900	671
3	1200	565	11	2 000	652
4	1300	612	12	2 100	635
5	1400	655	13	2 200	611
6	1500	684	14	2 300	589
7	1600	700	15	2 400	560
8	1700	694	16	2 500	541

iii.最终采用曲线

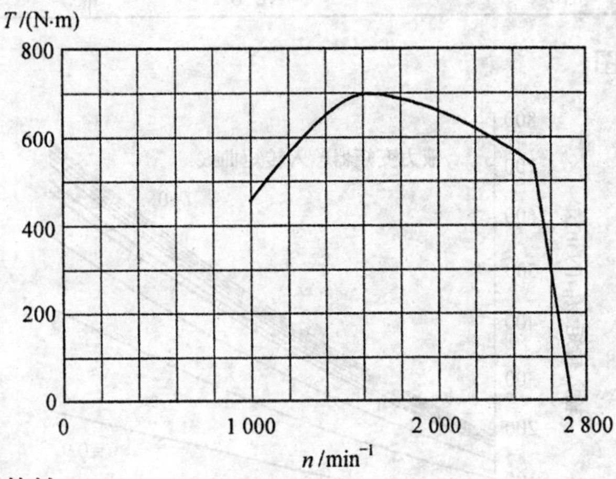

2)液力变矩器特性

i	K	$M_{B1000}/(\mathrm{N\cdot m})$	i	K	$M_{B1000}/(\mathrm{N\cdot m})$
0.0	2.969	169.0	0.6	1.413	164.9
0.1	2.622	177.2	0.7	1.242	141.2
0.2	2.319	183.9	0.8	1.086	106.8
0.3	2.052	187.5	0.9	0.944	60.2
0.4	1.815	186.6	1.0	0.814	0.0
0.5	1.603	179.6			

3)计算并绘制液力变矩器输入转矩曲线

$$M_{Bj}=M_{Bj1000}(n_B 10^{-3})^2$$

i.转矩曲线计算值

i	M_{Bj}/(N·m)		
	1 000 r/min	2 000 r/min	2 800 r/min
0.0	169.0	676.0	1324.9
0.1	177.2	708.8	1389.2
0.2	183.9	735.6	1441.8
0.3	187.5	750.0	1470.0
0.4	186.6	746.4	1462.9
0.5	179.6	718.4	1408.1
0.6	164.9	659.6	1292.8
0.7	141.2	564.8	1107.0
0.8	106.8	427.2	837.3
0.9	60.2	240.8	471.9
1.0	0.0	0.0	0.0

ii.转矩曲线描图

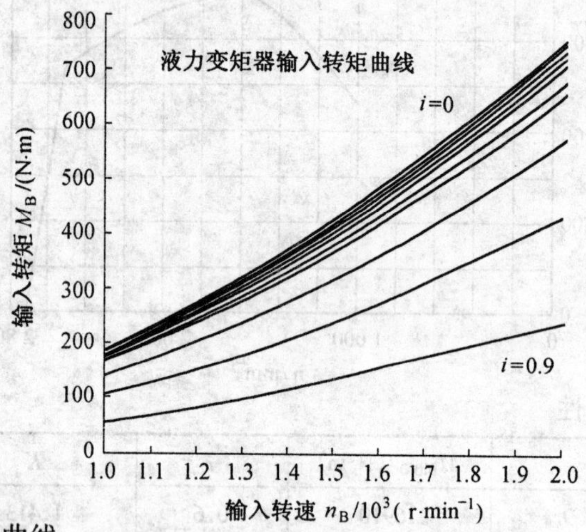

4)绘制匹配输入曲线

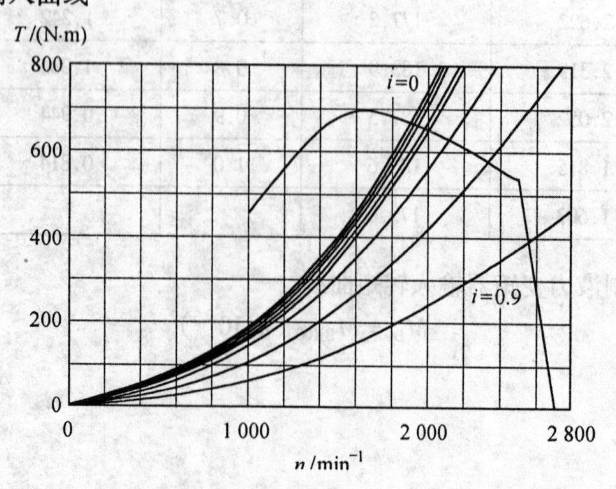

在匹配输入曲线上,根据柴油机输入特性曲线与液力变矩器输入特性曲线的交点,可得到11个点,如下表所示。

序号	速比 i	转速 n_C	变矩系数 k	转矩 M_C
1	0	1972	2.969	657
2	0.1	1938	2.622	663
3	0.2	1912	2.319	669
4	0.3	1898	2.052	671
5	0.4	1902	1.815	670
6	0.5	1928	1.603	665
7	0.6	1990	1.413	653
8	0.7	2110	1.242	632
9	0.8	2324	1.086	582
10	0.9	2552	0.944	396
11	1.0	2800	0.814	0

5)绘制匹配输出曲线

序号	输出转速 $n_T = in_C$	输出转矩 $M_T = kM_C$
1	0	1950.6
2	193.8	1738.4
3	382.4	1551.4
4	569.4	1376.9
5	760.8	1216.1
6	964	1066.0
7	1194	922.7
8	1477	784.9
9	1859.2	632.1
10	2296.8	373.8
11	2800	0

根据上表,可绘制匹配输出曲线如下图。

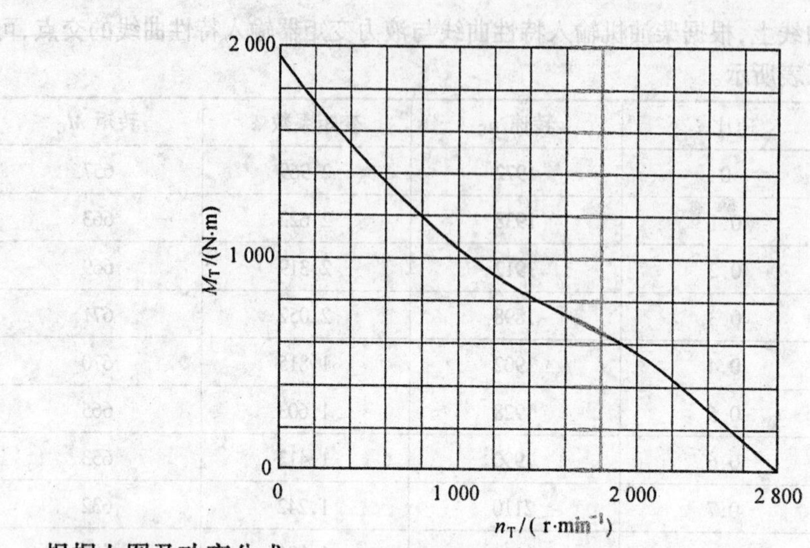

根据上图及功率公式

$$N_T = M_T n_T / 9\ 550$$

可得匹配系统的输出功率数值(见下表)。

序号	输出转速 n_T	输出转矩 M_T	输出功率 N_T
1	0	1 950.6	0
2	193.8	1 738.4	35.278
3	382.4	1 551.4	62.121
4	569.4	1 376.9	82.095
5	760.8	1 216.1	96.881
6	964	1 066.0	107.605
7	1194	922.7	115.362
8	1477	784.9	121.392
9	1859.2	632.1	123.058
10	2296.8	373.8	89.899
11	2800	0	0

由表中数据绘制匹配输出功率图如下图所示。

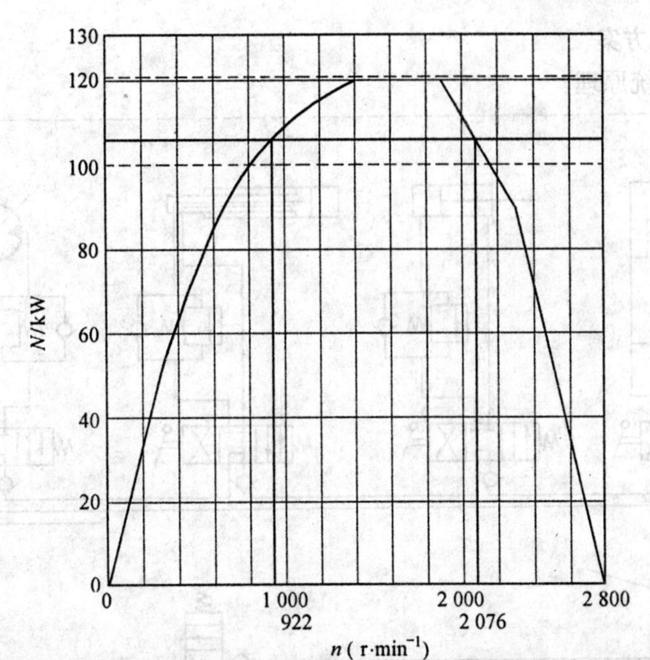

6) 高效区间选择为最高输出功率的75% 以上,由上图选择可得转速

$$n_{ta} = 922\ \mathrm{r/min}, n_{tb} = 2\,076\ \mathrm{r/min}$$

计算高效区间比为 $q_o = n_{tb}/n_{ta} = 2\,076/922 = 2.25$

7) 挡位数确定

最低和最高车速分别为 $V_{min} = 5\ \mathrm{km/h}; V_{max} = 60\ \mathrm{km/h}$

计算总挡位数为 $m = 1 + \dfrac{\ln(V_{max}/V_{min})}{\ln\left(\dfrac{n_{ta}}{n_{ta}}\right)} = 1 + \dfrac{\ln\dfrac{60}{5}}{\ln\dfrac{2\,076}{922}} = 4.06$

取挡位数 $m = 4$

8) 高速挡总传动比

动力半径为

$$r_k/\mathrm{mm} = r_0 - \Delta B = (1.05B + 0.5d) \times 25.4 - \Delta B = (1.05 \times 16 + 0.5 \times 25) \times 25.4 - 0.1 \times 16 \times 25.4 = 703.58$$

计算高速挡总传动比

$$i_{\sum m} = \frac{0.377 n_{tb} r_k}{V_{max}} = \frac{0.377 \times 2\,076 \times 0.703\,58}{60} = 9.18$$

9) 低速挡总传动比

$$i_{\sum 1} = \frac{0.377 n_{ta} r_k}{V_{min}} = \frac{0.377 \times 922 \times 703.58}{1\,000 \times 5} = 48.91$$

10) 其他各挡位总传动比

以高速挡总传动比为基础,逐一计算出其他各挡位的总传动比

$$i_{\sum m-1} = q i_{\sum m} \cdots i_{\sum i-1} = q i_{\sum i}$$

则可以得到各挡的总传动比

$$i_{\sum 1} = 104.57; i_{\sum 2} = 46.47; i_{\sum 3} = 20.66; i_{\sum 4} = 9.18$$

6.液压系统方案

(1) 液压系统原理

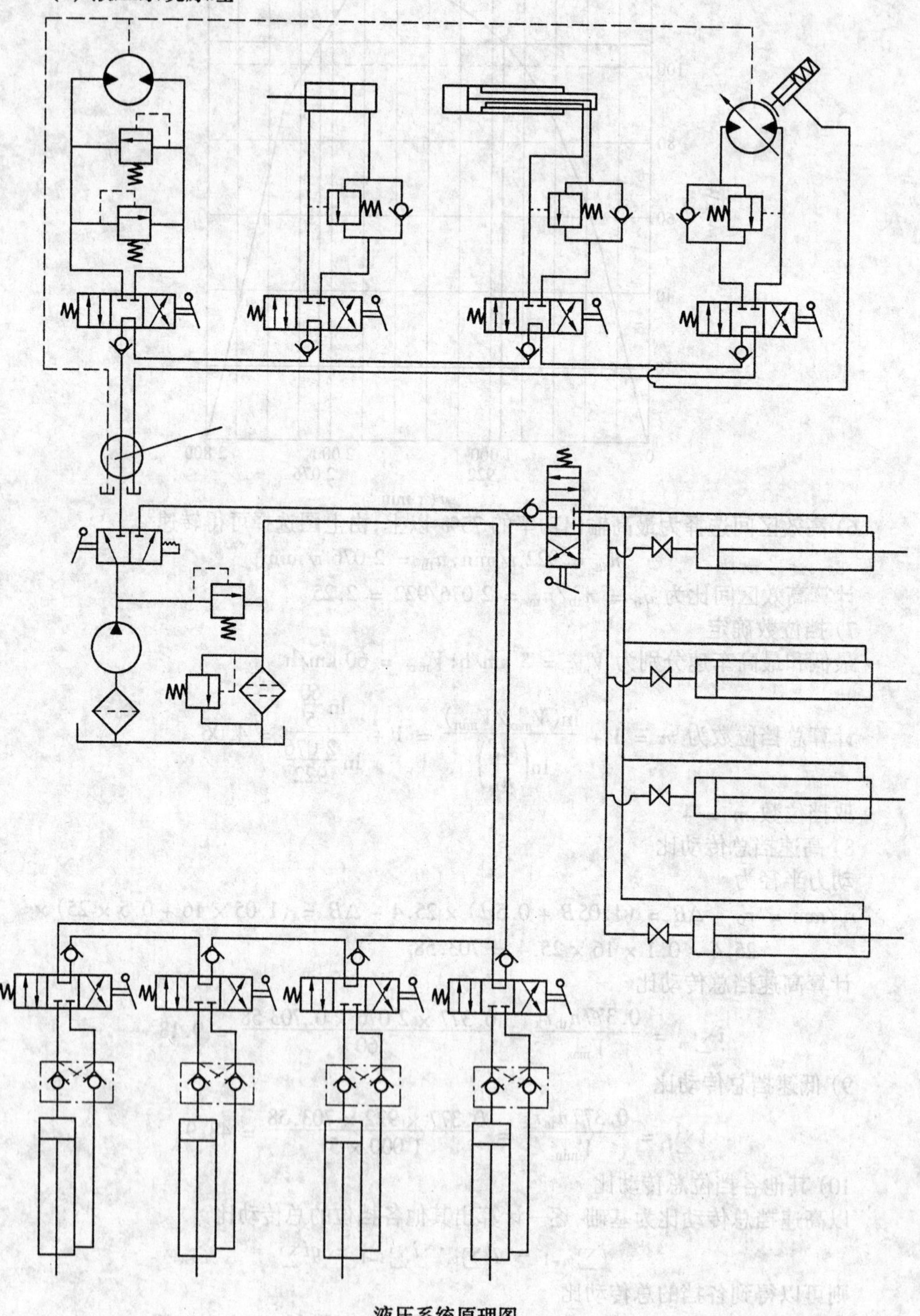

液压系统原理图

(2) 液压系统压力损失

液压系统压力损失统计表(摘选)

换向阀压力损失						
换向阀压力损失	流向	$P\rightarrow O$	$P\rightarrow A$	$P\rightarrow B$	$A\rightarrow O$	$B\rightarrow O$
	符号	P_O	P_A	P_B	P_{AO}	P_{BO}
	压差 /MPa	0.6	0.4	0.27	0.42	0.45

注:P 为压力油入口;O 为接油箱口;A、B 为工作油口。

(3) 油泵及其驱动方案

油泵及其驱动接口参数

参数名与符号	参数值	单位
A2F 泵规格	125	
泵排量 q_b	125	ml/r
分动速比 i_F	1.39	
满载泵转矩 M_b	534.3	N · m
满载发动机转矩 M_{em}	400.9	N · m
满载发动机转速 n_{em}	2551	r/min
满载泵转速 n_{bm}	1837.38	r/min
满载泵流量 Q_{bm}	223.11	l/min
抗超载系数 γ	1.746	
自重 W_b	63	kg

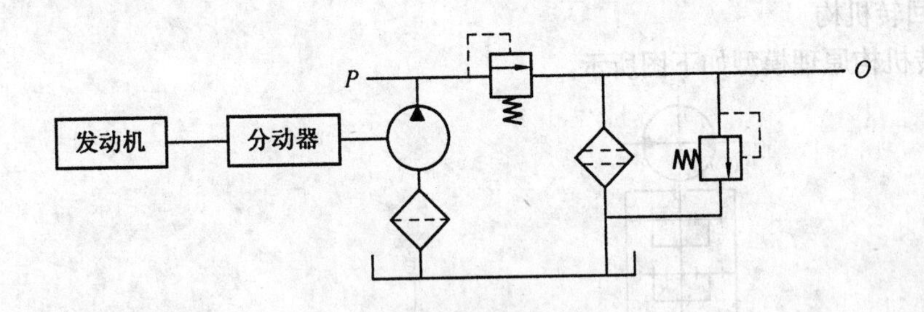

油泵驱动原理图

第四步　工作机构方案设计

① 起升机构

起升机构原理简图如下图所示。

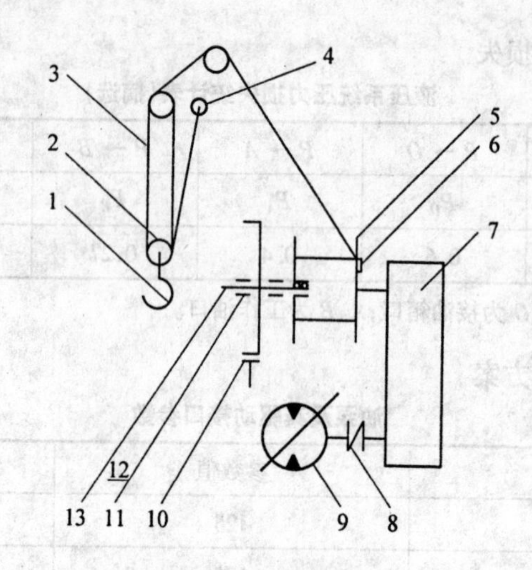

起升机构各部件名称

序号	名称	序号	名称	序号	名称	序号	名称
1	吊钩	5	卷筒	9	油马达	13	半轴
2	滑轮	6	压绳器	10	制动器		
3	钢丝绳	7	减速器	11	轴承		
4	接头	8	联轴器	12	轴承座		

起升机构的制动器与卷筒分开，中间用单向逆止器连接。这样起升制动平稳性得到改善，也提高了安全性能。起升马达采用变量马达，通过变量马达调速，解决了空钩下降的速度问题。

② 回转机构

回转机构原理模型如下图所示。

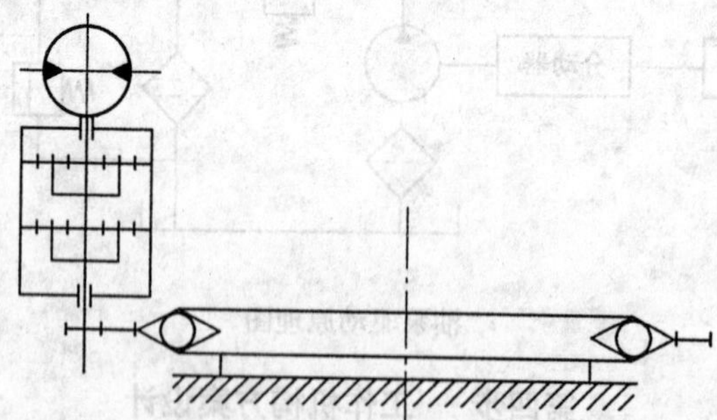

回转机构的动力由液压马达通过行星减速器驱动，这样的设计有结构紧凑，驱动力大的优点。

③ 臂架伸缩机构

臂架伸缩原理简图如下图所示。

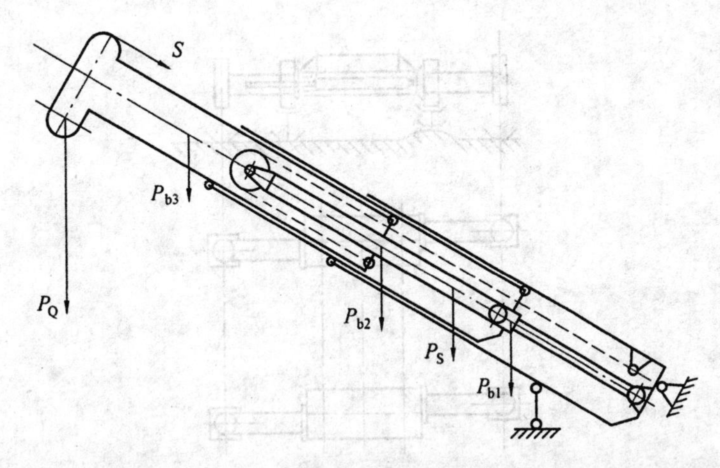

此机构采用一个单级液压缸和一套钢丝绳滑轮系统，进行同步伸缩。图中基本臂与活塞杆由销轴铰接，缸体与二节臂也由销轴铰接。钢丝绳绕过滑轮，一头由销轴与一节臂相连，另一头由销轴与三节臂相连，当缸体带动二节臂伸出时，滑轮到后绞点的距离增加，滑轮与基本臂之间的绳变长，因为钢丝绳的总长度不变，所以滑轮与三节臂底部之间的绳长变短，从而钢丝绳拉动三节臂实现同步伸缩。缩回时，其动作原理与伸出时完全一样。臂架伸缩时间为 27 s。

④ 变幅机构

变幅机构原理简图如下图所示。

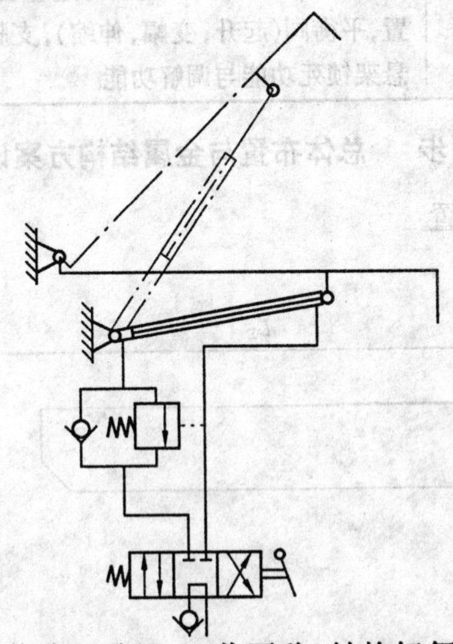

变幅机构采用单缸前倾式液压油缸，工作平稳，结构轻便并易于布置，而且，吊臂悬臂梁部分长度较短，改善了吊臂的受力状况。

⑤ 支腿机构

支腿方案原理图如下图所示。

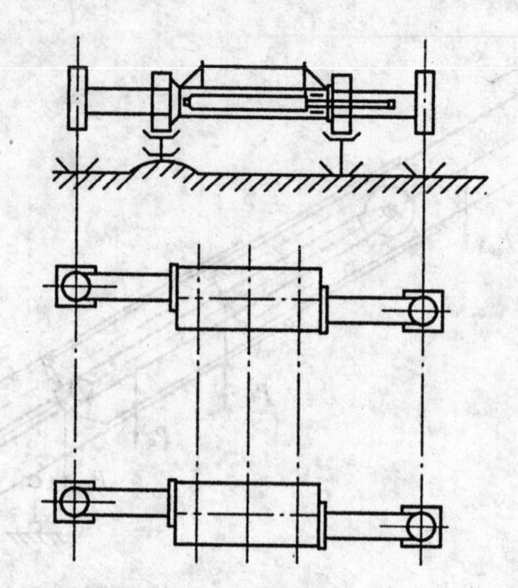

采用H支腿，每个支腿有两个液压缸，一个水平，一个垂直支撑液压缸。优点是外伸距离大，环境适应性好，易于调平。

⑥ 底盘方案补充

第五步　操纵与安全方案设计

操纵方式	起重作业(液压系统)	采用先导式液动比例控制系统
	行驶作业(底盘)	无主离合器，单杆双向变速(动力换挡)，方向盘(动力)转向，踏板式行车制动，手柄式驻车制动
安全装置与措施		全自动力矩限制器，过载与过卷自动保护装置，起升高度限位装置，平衡阀(起升，变幅，伸缩)，支腿液压锁，转台水平监测，弹性悬架锁死功能与调解功能

第六步　总体布置与金属结构方案设计

1. 上车长度方向总体布置

(1) 臂架长度尺寸

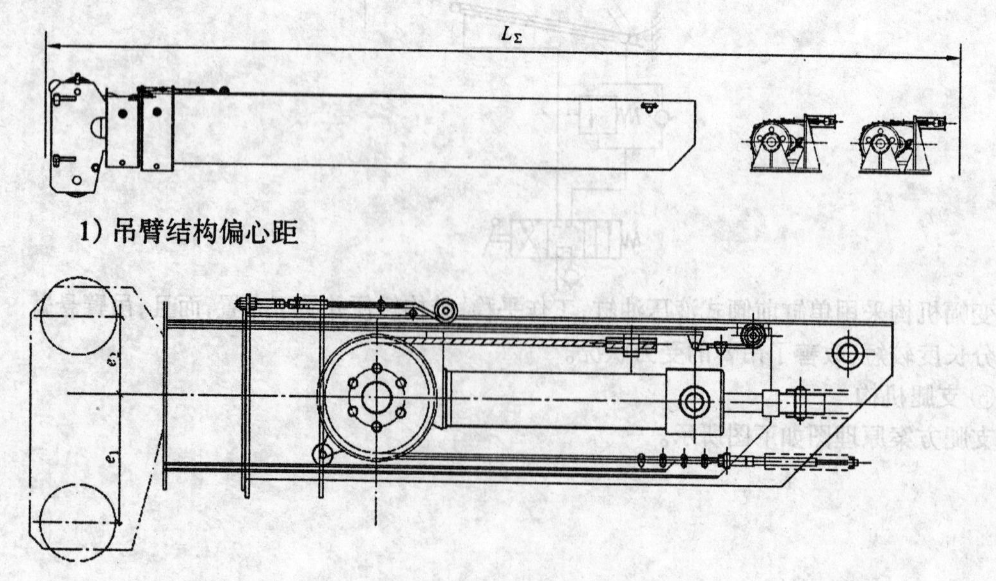

1) 吊臂结构偏心距

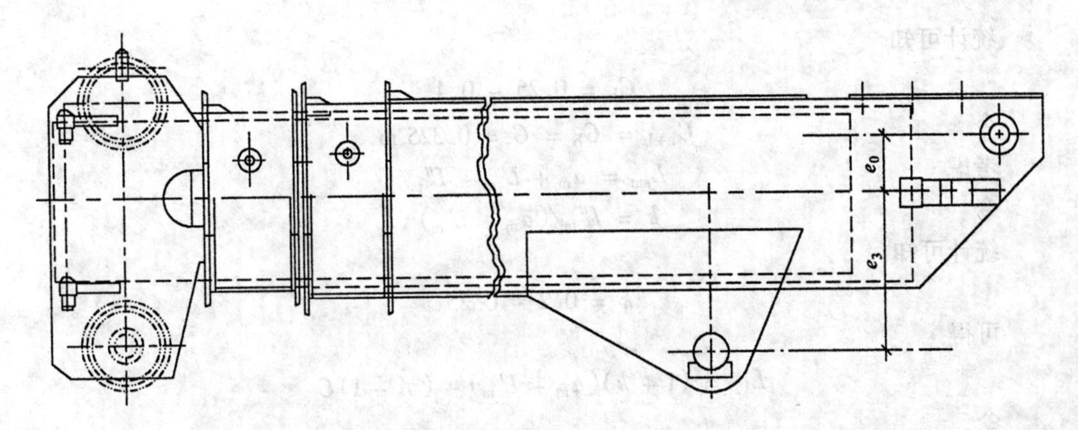

根轴偏心距 e_0;定滑轮轴偏心距 e_1;导向滑轮偏心距 e_2;油缸上轴偏心距 e_3

2) 基本臂工作长度

$$L_0 = L_1 = 0.1 + 0.1 \times \mathrm{INT}\{10 \times \mathrm{MAX}[L_{1H}, L_{1T}]\}$$

式中　L_{1H}——起升高度要求的基本臂工作长度,应当满足

$$L_{1H} \geqslant [H_1 + b - h + (e_0 + e_1)\cos\theta_{max}]/\sin\theta_{max}$$

L_{1T}——伸缩构造要求的基本臂工作长度。

$$L_{1T} = L_{sm} + \sum C_b$$

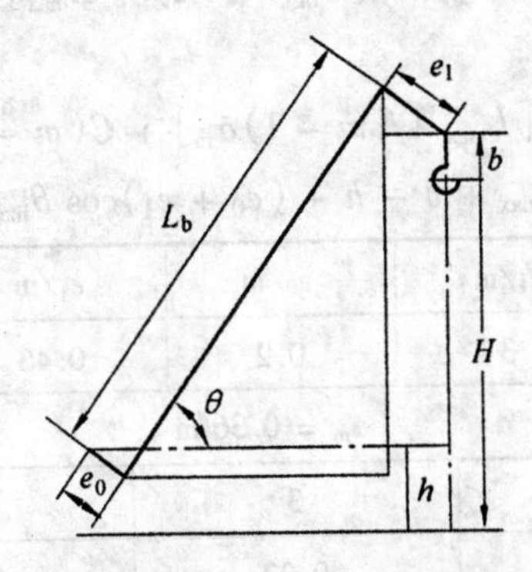

H_1/m	b/m	h/m	e_0/m	e_1/m	θ_{max}	L_{1H}/m
7.5	1.5	3	0.2	0.46	75°	6.4

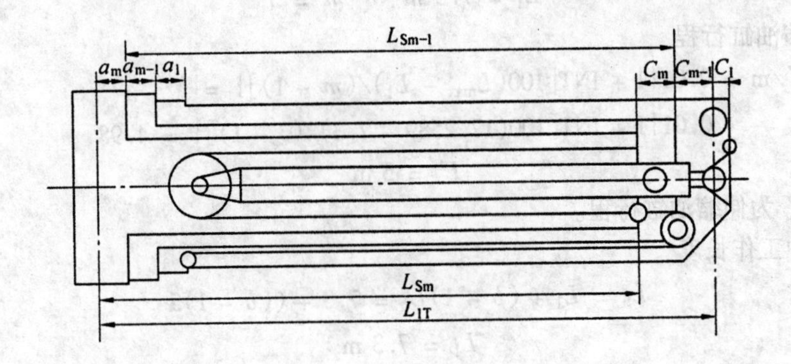

统计可知

$$C_b = 0.25 \sim 0.4$$

令

$$C_{b+1} = C_b = C = 0.325 \text{ m}$$

考虑

$$L_{sm} = a_m + L'_m + L''_m$$

令

$$k = L''_m/(a_m + L'_m)$$

统计可知

$$k = 0.2 \sim 0.25$$

可得

$$L_{1T} = (1 + k)(a_m + L'_m) + (m - 1)C$$

令

$$L'_{b+1} = L'_b = L' = (L_{max} - L_{1T})/(m - 1)$$

可得

$$L_{1T} = (1 + k)[a_m + (L_{max} - L_{1T})/(m - 1)] + (m - 1)C$$

$$L_{1T} = (1 + k)[a_m + L_{max}/(m - 1)] - (1 + k)L_{1T}/(m - 1) + (m - 1)C$$

$$L_{1T} + (1 + k)L_{1T}/(m - 1) = (1 + k)[a_m + L_{max}/(m - 1)] + (m - 1)C$$

$$(m - 1)L_{1T} + (1 + k)L_{1T} = (1 + k)[a_m(m - 1) + L_{max}] + (m - 1)^2C$$

$$(m + k)L_{1T} = (1 + k)[a_m(m - 1) + L_{max}] + (m - 1)^2C$$

L_{1T}应当满足

$$L_{1T} \geqslant \{(1 + k)[L_{max} + (m - 1)a_m] + C(m - 1)^2\}/(m + k)$$

$$L_{max} \geqslant [H_{max} + b - h + (e_0 + e_1)\cos\theta_{max}]/\sin\theta_{max}$$

H_{max}/m	b/m	h/m	e_0/m	e_1/m	θ_{max}	L_{max}/m
18	1.5	3	0.2	0.46	75°	17.26

$$a_m = 0.36 \text{ m}$$

m	2	3	4	5
k	0.2	0.22	0.24	0.25
L_{1T}	9.8	7.3	6.1	5.5

$$L_1 = 7.3\ m \qquad m = 3$$

3) 伸缩油缸行程

$$L'/\text{m} = 0.01\{1 + \text{INT}[100(L_{max} - L_1)/(m - 1)]\} =$$
$$0.01\{1 + \text{INT}[100(17.2589 - 7.3)/(3 - 1)]\} = 4.98$$

$$L' = 5 \text{ m}$$

式中——L'为伸缩油缸行程。

4) 各种工作长度

$$L_b = L_1 + (b - 1)L' = 7.3 + ((b - 1)5$$

$$L_1 = 7.3 \text{ m}$$

$$L_2 = 12.3\ \text{m}$$

$$L_3 = 17.3\ \text{m}$$

5) 各臂节结构长度

$$L_{sm} = 0.01\{1 + \text{INT}[100(1 + k)(L' + a_m)]\}$$

$$L_{s3}/\text{m} = 0.01\{1 + \text{INT}[100(1 + 0.22)(5 + 0.36)]\}$$

$$L_{s3} = 6.54\ \text{m}$$

$$L_{sb} - 1 = L_{sb} - a_b + C_b$$

$$L_{s2}/\text{m} = L_{s3} - a_3 + C_3 = 6.54 - 0.36 + 0.325$$

$$L_{s2} = 6.51\ \text{m}$$

$$L_{s1}/\text{m} = L_{s2} - a_2 + C_2 = 6.51 - 0.36 + 0.325$$

$$L_{s1} = 6.48\ \text{m}$$

(2) 尾部布置

1) 臂架卷扬空距

2) 主副卷扬排列

3) 配重

2. 下车长度方向总体布置

(1) 下车有司机室

1) 吊钩;2) 司机室;3) 发动机;4) 变矩器;5) 回转支承。

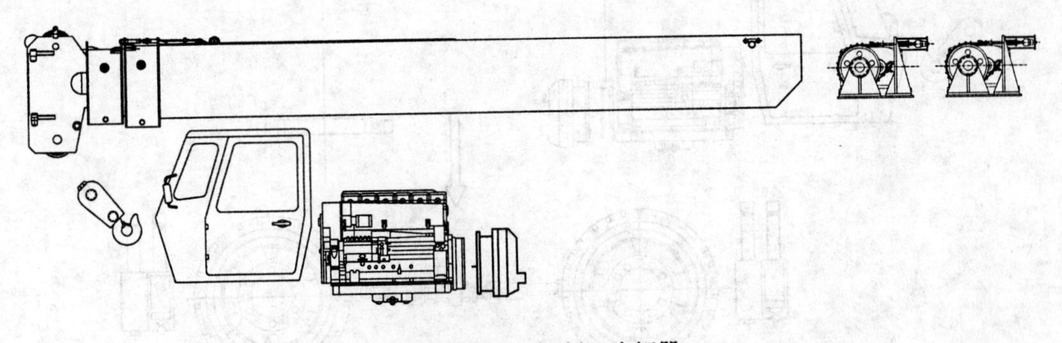

吊钩,司机室,发动机,变矩器

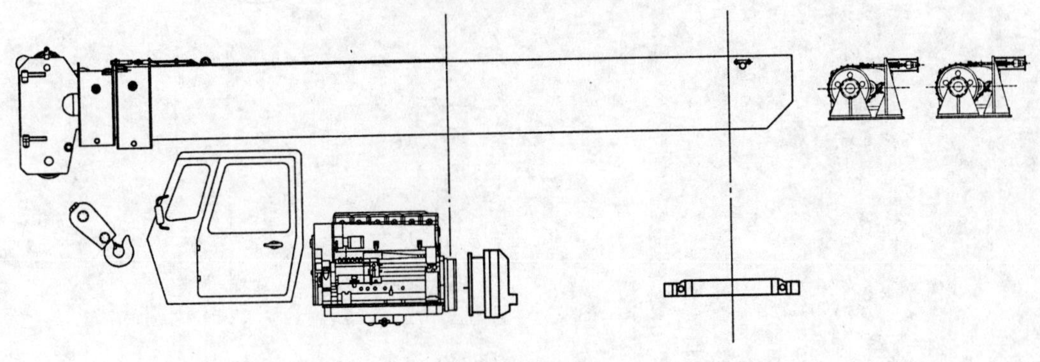

回转支承布置

(2) 下车无司机室

1) 发动机;2) 变矩器;3) 回转支承。

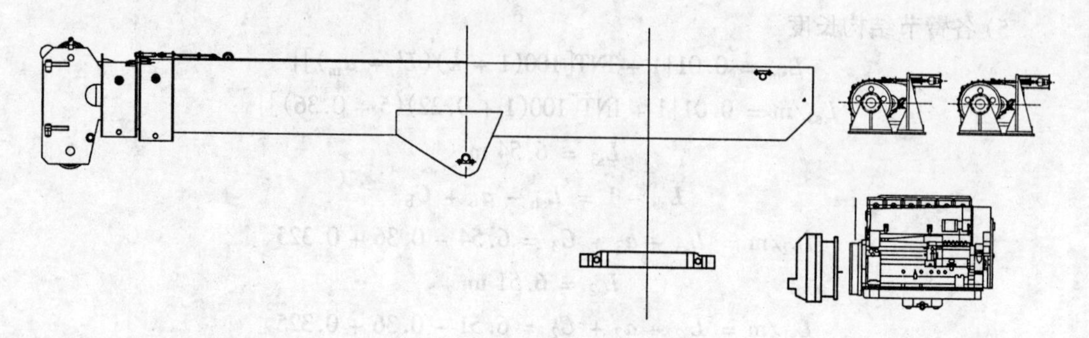

发动机,变矩器,回转支承布置

(3) 其他约束

桥荷,接近(离去)角,夹物空距。

1) 下车有司机室

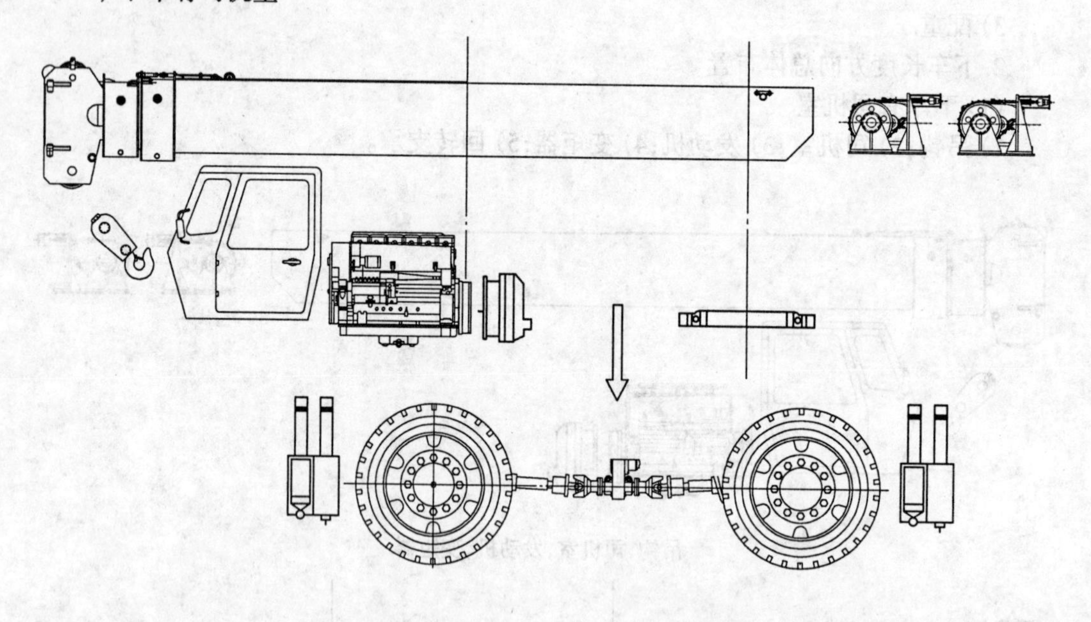

2) 下车无司机室

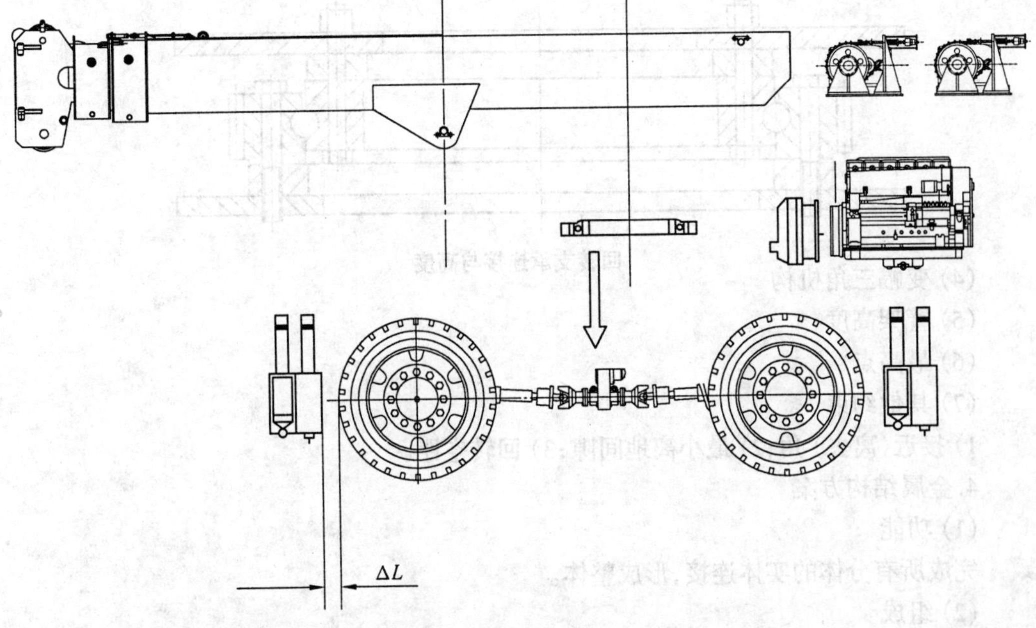

$$\Delta L = 50 \sim 150\ \text{mm}$$

3. 高度方向总体布置

(1) 总高 $H_{\sum}$ 尽可能小

$$H_{\sum} \leqslant 4\ \text{m}$$

(2) 桥壳到车架与车架高度

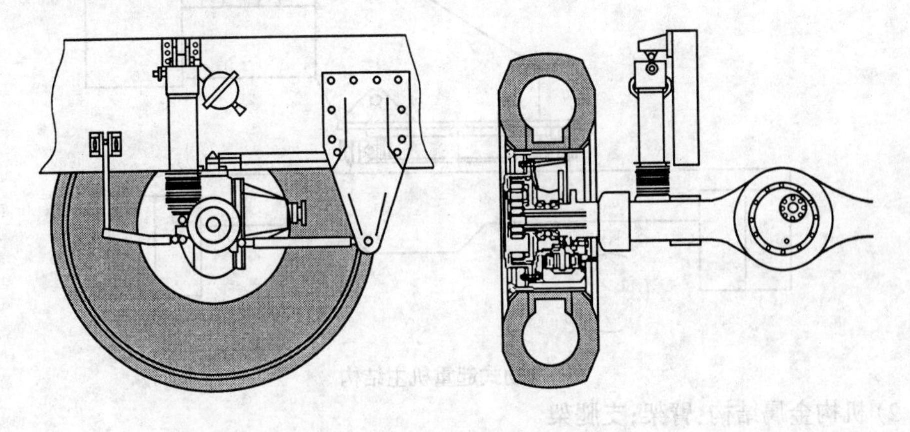

桥壳到车架，车架高度

(3) 回转支承连接与高度

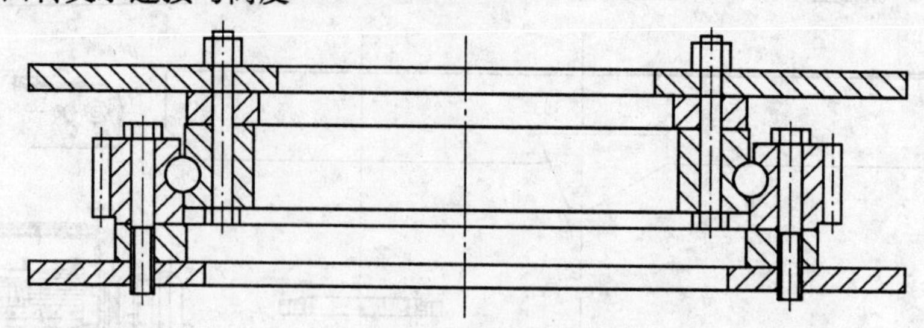

回转支承连接与高度

(4) 变幅三角机构

(5) 臂架高度

(6) 最高点

(7) 其他约束

1) 接近(离去)角;2) 最小离地间隙;3) 回转空距。

4. 金属结构方案

(1) 功能

完成所有分体的实体连接,形成整体。

(2) 组成

1) 主结构

流动式起重机主结构 = 转台 + 回转支承 + 车架

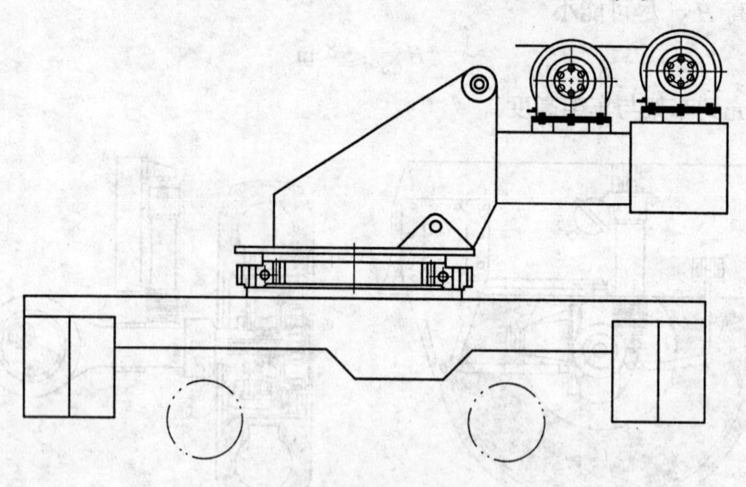

流动式起重机主结构

2) 机构金属结构:臂架;支腿架

3) 上车主结构:转台

4) 下车主结构:车架

(3) 设计要点

1) 规范(柱,梁,梁柱,框架,桁架,箱形,型钢板材);2) 简明(等截面,直接,力流明确);3) 美观。

5. 综合布置方案

(1) 下车有司机室

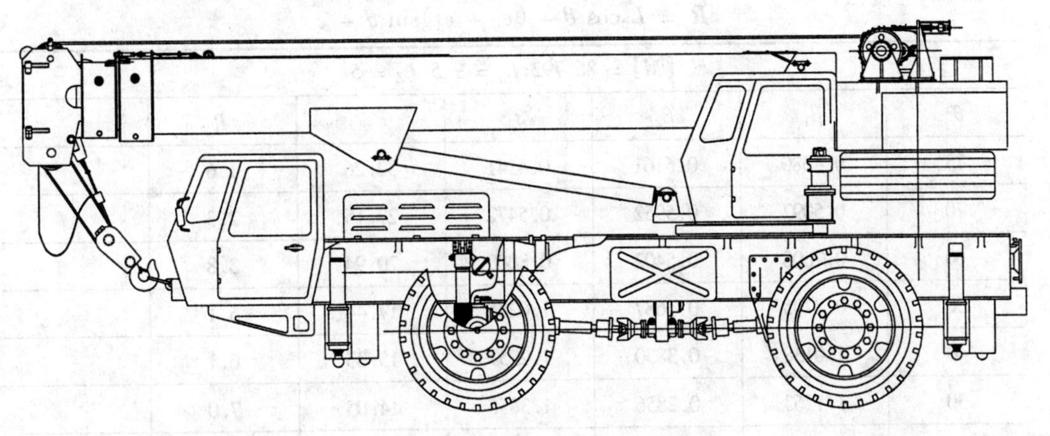

(2) 下车无司机室

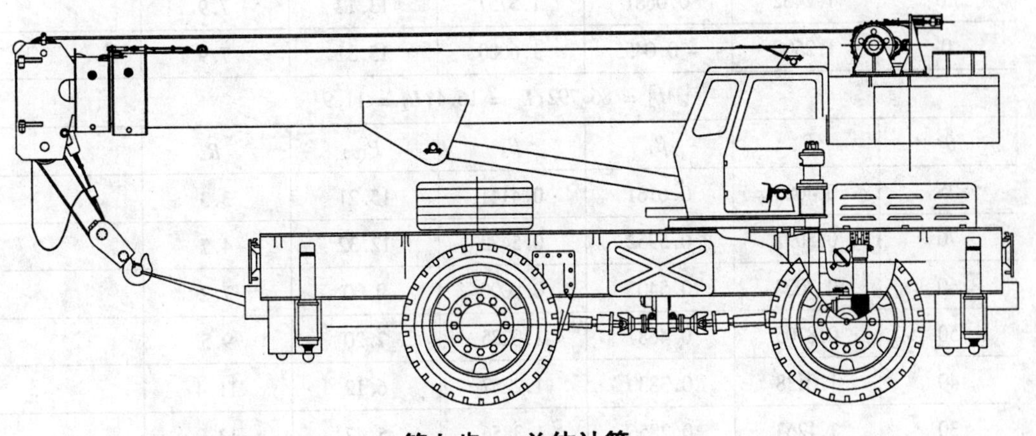

第七步　总体计算

1. 总体性能计算

(1) 起重性能计算

1) 强度起重性能计算

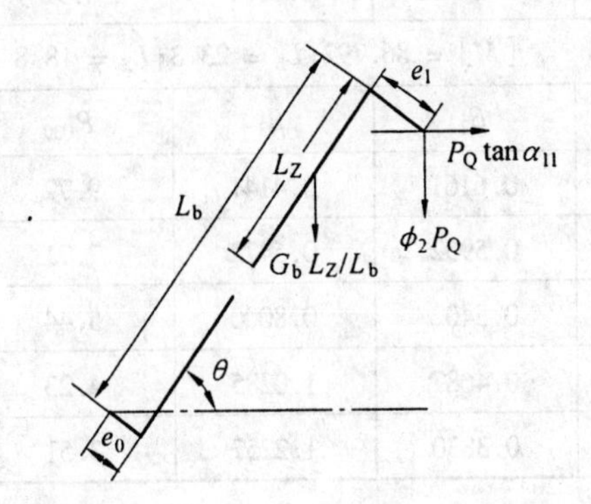

$$P_Q = \{[M] - \beta_3 L_Z^2 / L_b\} / (\beta_1 L_Z + \beta_2)$$

$$\beta_1 = \varphi_2 \cos\theta + \sin\theta \tan\alpha_{\mathrm{II}};\ \beta_2 = e_1(\varphi_2 \sin\theta - \cos\theta \tan\alpha_{\mathrm{II}});\ \beta_3 = G_b \cos\theta / 2$$

$$R = L_b \cos\theta + (e_0 + e_1)\sin\theta - e$$

$[M] = 86.792; L_b = 9.5; L_Z = 5$

$\theta°$	β_1	β_2	β_3	$P_{Q1\theta}$	R
75	0.4080	0.6161	0.4141	32.26	1.6
70	0.5097	0.5952	0.5472	27.15	2.3
60	0.7008	0.5402	0.8000	20.94	3.8
50	0.8705	0.4687	1.0285	17.44	5.1
40	1.0138	0.3830	1.2257	15.33	6.1
30	1.1263	0.2856	1.3856	14.05	7.0
20	1.2045	0.1796	1.5035	13.36	7.6
10	1.2462	0.0681	1.5757	13.12	7.9
0	1.2500	-0.0455	1.6000	13.31	7.9

$[M] = 86.792; L_b = 16.4; L_Z = 11.9$

$\theta°$	β_1	β_2	β_3	$P_{Q2\theta}$	R
75	0.4080	0.6161	0.4141	15.21	3.3
70	0.5097	0.5952	0.5472	12.32	4.7
60	0.7008	0.5402	0.8000	9.00	7.2
50	0.8705	0.4687	1.0285	7.20	9.5
40	1.0138	0.3830	1.2257	6.12	11.4
30	1.1263	0.2856	1.3856	5.47	13.0
20	1.2045	0.1796	1.5035	5.09	14.1
10	1.2462	0.0681	1.5757	4.91	14.7
0	1.2500	-0.0455	1.6000	4.92	14.8

$[M] = 86.792; L_b = 23.3; L_Z = 18.8$

$\theta°$	β_1	β_2	β_3	$P_{Q3\theta}$	R
75	0.4080	0.6161	0.4141	9.72	5.1
70	0.5097	0.5952	0.5472	7.71	7.1
60	0.7008	0.5402	0.8000	5.44	10.7
50	0.8705	0.4687	1.0285	4.23	13.9
40	1.0138	0.3830	1.2257	3.51	16.7

续表

30	1.1263	0.2856	1.3856	3.06	18.9	
20	1.2045	0.1796	1.5035	2.80	20.5	
10	1.2462	0.0681	1.5757	2.68	21.5	
0	1.2500	−0.0455	1.6000	2.67	21.7	

2) 稳定性起重性能计算

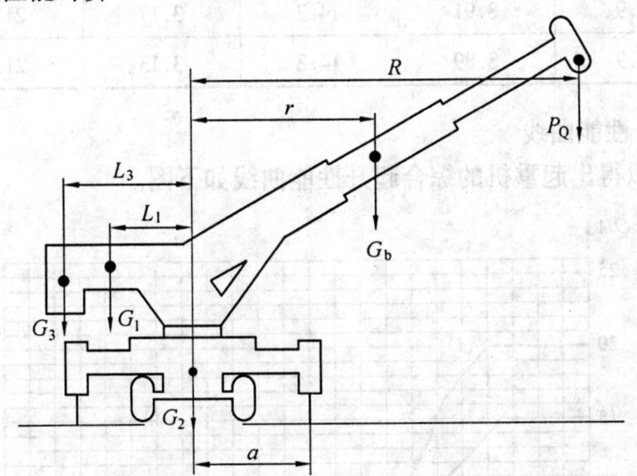

$$P_Q = 0.75(G_3L_3 + G_1L_1 + aG_S - G_br)/(R - a)$$

$$P_Q = (60 - 3r)/(R - 2.73)$$

$$r = L_B\cos\theta + e_0\sin\theta$$

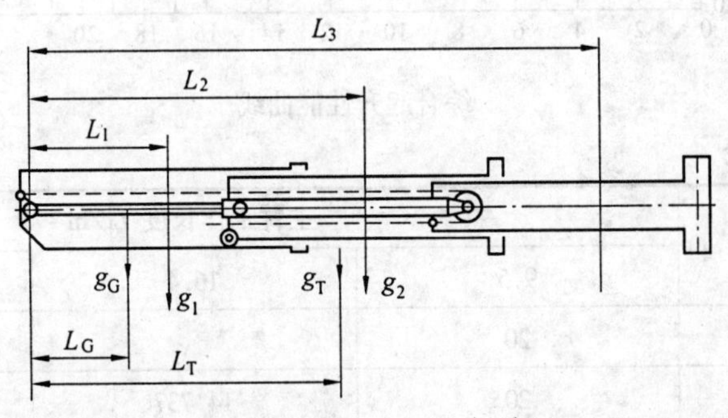

$$L_B = (g_1L_1 + g_2L_2 + g_3L_3 + g_GL_G + g_TL_T)/(g_1 + g_2 + g_3 + g_G + g_T)$$

L_b	9.5	16.4	23.3
L_B	4.681	7.409	10.137

$$\theta = \arccos\{(R + 1.6)/[L_b^2 + 0.533]^{1/2}\} + \arctan[0.73/L_b]$$

θ°	R/m	$P_{Q1\theta}$/t	R/m	$P_{Q2\theta}$/t	R/m	$P_{Q3\theta}$/t
75	1.6	−49.34	3.3	94.09	5.1	21.74
70	2.3	−126.97	4.7	26.29	7.1	11.21

续表

60	3.8	49.00	7.2	10.81	10.7	5.55
50	5.1	21.30	9.5	6.68	13.9	3.58
40	6.1	14.49	11.4	4.91	16.7	2.60
30	7.0	11.13	13.0	3.94	18.9	2.06
20	7.6	9.57	14.1	3.42	20.5	1.76
10	7.9	8.91	14.7	3.17	21.5	1.59
0	7.9	8.89	14.8	3.13	21.7	1.56

3) 综合起升性能曲线

经计算,可以得出起重机的综合起升性能曲线如下图。

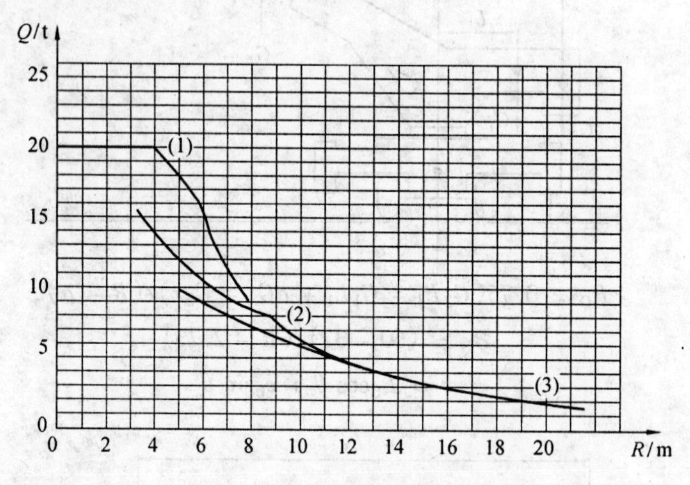

综合起升性能曲线

4) 起重性能表

工作幅度 R/m	主臂工作长度 L_b/m		
	9.5	16.4	23.3
3.0	20		
3.5	20	14.737	
4	20	13.641	
4.5	18.941	12.678	
5	17.676	11.814	
6	15.017	10.360	8.719
7	11.118	9.205	7.794
8		8.287	7.116

续表

工作幅度 R/m	主臂工作长度 L_b/m		
	9.5	16.4	23.3
9		7.325	6.359
10		6.131	5.793
12		4.505	4.583
14		3.467	3.536
16			2.808
18			2.261
20			1.850

(2) 行驶性能计算

1) 行驶阻力

$$P_{Rj} = (f + \sin\alpha) G_S + 0.045 A V_j^2$$

式中　A—— 迎风面积，m^2；

$$A/m^2 = 2.6 \times 3.6 = 9.36$$

V_j—— 车速，km/h。

$$V_j = 0.377 n_{Tj} r_k / i_{\sum i}$$

f—— 滚动阻力系数，实用数据由实验得到，见下表

滚动阻力系数表

路面	混凝土	冻结冰雪	砾石路	密实土路	松散土路	泥泞地、沙地
f 值	0.018	0.023	0.029	0.045	0.070	0.09 ~ 0.18

根据情况，f 值取 0.018。

序号	n_{tj}	$V_{j四挡}$	$P_{rj}(0°)$	$P_{rj}(5°)$	$P_{rj}(10°)$	$P_{rj}(15°)$	$P_{rj}(20°)$
1	0	0	3600	21000	38400	55400	72000
2	200	5.7788597	3614.0661	21014.066	38414.066	55414.066	72014.066
3	400	11.557719	3656.2643	21056.264	38456.264	55456.264	72056.264
4	600	17.336579	3726.5946	21126.595	38526.595	55526.595	72126.595
5	800	23.115439	3825.0571	21225.057	38625.057	55625.057	72225.057
6	1000	28.894298	3951.6517	21351.652	38751.652	55751.652	72351.652
7	1200	34.673158	4106.3784	21506.378	38906.378	55906.378	72506.378
8	1400	40.452018	4289.2373	21689.237	39089.237	56089.237	72689.237
9	1600	46.230878	4500.2282	21900.228	39300.228	56300.228	72900.228

续表

序号	n_{tj}	$V_{j四挡}$	$P_{rj}(0°)$	$P_{rj}(5°)$	$P_{rj}(10°)$	$P_{rj}(15°)$	$P_{rj}(20°)$
10	1800	52.009737	4739.3514	22139.351	39539.351	56539.351	73139.351
11	2000	57.788597	5006.6066	22406.607	39806.607	56806.607	73406.607
12	2200	63.567457	5301.994	22701.994	40101.994	57101.994	73701.994
13	2400	69.346316	5625.5136	23025.514	40425.514	57425.514	74025.514
14	2600	75.125176	5977.1652	23377.165	40777.165	57777.165	74377.165
15	2800	80.904036	6356.949	23756.949	41156.949	58156.949	74756.949

2）驱动力计算

$$P_{kj} = \eta \sum_{ij} M_{Tj}/r_k$$

3）速度计算

$$V_j = 0.377 n_{Tj} r_k / i \sum_j$$

序号	n_{tj}	V_4	P_{k4}	V_3	P_{k3}
1	0	0	21600.88263	0	40189.87748
2	200	5.7788597	19174.93735	3.1059679	35676.24509
3	400	11.557719	16992.69433	6.2119358	31616.03695
4	600	17.336579	14954.4572	9.3179037	27823.76133
5	800	23.115439	13126.69021	12.423872	24423.07939
6	1000	28.894298	11542.62549	15.52984	21475.82171
7	1200	34.673158	10180.10827	18.635807	18940.7679
8	1400	40.452018	9061.293328	21.741775	16859.13835
9	1600	46.230878	8152.94852	24.847743	15169.10248
10	1800	52.009737	7288.913215	27.953711	13561.50738
11	2000	57.788597	6214.407772	31.059679	11562.3186
12	2200	63.567457	4862.967935	34.165647	9047.874982
13	2400	69.346316	3334.290088	37.271615	6203.668268
14	2600	75.125176	1694.838483	40.377583	3153.359618
15	2800	80.904036	0	43.483551	0

序号	n_{tj}	V_2	P_{k2}	V_1	P_{k1}
1	0	0	74803.05651	0	139205.6881
2	200	1.6687616	66402.09786	0.8967196	123571.8185
3	400	3.3375232	58845.07112	1.7934392	109508.4746
4	600	5.0062849	51786.73143	2.6901588	96373.16865
5	800	6.6750465	45457.24203	3.5868784	84594.22582
6	1000	8.3438081	39971.68456	4.483598	74385.80869
7	1200	10.01257	35253.33791	5.3803176	65605.14222
8	1400	11.681331	31378.92319	6.2770373	58395.00145
9	1600	13.350093	28233.35877	7.1737569	52541.2238
10	1800	15.018855	25241.2365	8.0704765	46972.99628
11	2000	16.687616	21520.26395	8.9671961	40048.40564
12	2200	18.356378	16840.27785	9.8639157	31339.12669
13	2400	20.025139	11546.52308	10.760635	21487.64723
14	2600	21.693901	5869.162895	11.657355	10922.29245

4) 行驶性能曲线图

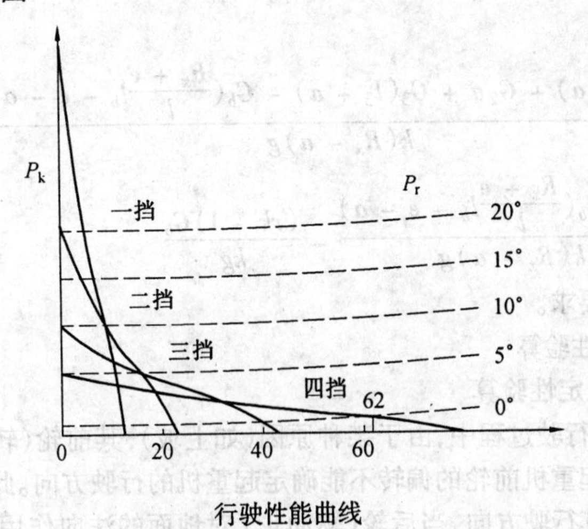

行驶性能曲线

5) 结论

算出性能曲线后，看出性能曲线是很令人满意的，最高速度已经达到了要求的 60 km/h，并且爬坡度也大大超出了期望值，可以达到 35° 以上。

由图纸可测得通过性参数。通过性参数在行车中的意义见下图。

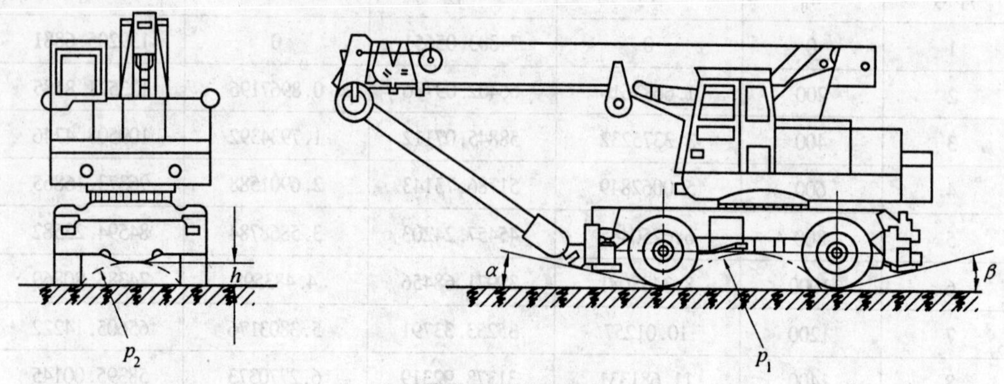

整车通过性参数表

最小离地间隙 h /mm	接近角 α /(°)	离去角 β /(°)	纵向通过半径 ρ_1 /m	横向通过半径 ρ_2 /m	转弯半径 R /m
395	20	20	2	2.08	4.96

2. 总体安全验算

(1) 起重作业安全验算

1) 起重作业强度安全验算

2) 起重作业整体稳定性安全验算

稳定性公式为

$$Q_x = \frac{G_1(l_1 + a) + G_2 a + G_3(l_3 + a) - G_b(\frac{R_x + e}{l} l_b - e - a)}{k(R_x - a)g} - \frac{(rk - 1)G_b}{kg} = \frac{M_{sg} - G_b(\frac{R_x + e}{l} l_b - e - a)}{k(R_x - a)g} - \frac{(rk - 1)G_b}{kg}$$

经验算,满足要求。

(2) 行驶稳定性验算

1) 纵向行驶稳定性验算

起重机在纵向行驶过程中,由于某种原因(如上坡),其前轮(转向轮)对地面的法向作用力为零时,则起重机前轮的偏转不能确定起重机的行驶方向。此时可以认为车已经失去稳定,无法控制其行驶方向,当后轮(驱动轮)对地面的法向作用力所引起的牵引力为零时(被下滑力抵消),车辆失去行驶能力,也破坏了行驶的稳定性。可能失去操作稳定的坡度是

$$\alpha_0/(°) = \arctan \frac{L_2}{h_g} = \arctan \frac{2\ 200}{2\ 000} = 47.7$$

另外,当车辆下滑力接近驱动轮上的附着力时,车辆就不能上坡,驱动轮开始打滑,当全轮驱动时,有

$$\alpha_\varphi = \arctan \varphi$$

式中 φ—— 附着系数,可取 $\varphi = 0.7 \sim 0.8$。

为了行使安全起见,设计车辆时,即使不上坡,也不要失去转向控制,所以可得全桥驱动车辆的行驶稳定条件

$$\frac{L_2}{h_g} > \varphi$$

则
$$\frac{L_2}{h_g} = \frac{2\ 200}{2\ 000} = 1.1 > \varphi = 0.7 \sim 0.8$$

故满足纵向行驶稳定性。

2) 横向行驶稳定性条件

起重机在弯道上或直边上转向行驶时,常受侧向力,诸如离心力,横向风力等,起重机在侧向力作用下,有时克服了车轮的附着力,从而产生侧滑移,或将车辆横向倾翻。倾翻的极限条件为

$$\tan\beta_0 = \frac{\frac{v^2}{gR}h_g - \frac{B}{2}}{h_g + \frac{v^2}{gR} \times \frac{B}{2}}$$

即横向坡度角不得小于 β_0,若在水平路面上,当转弯半径为 R 时,车辆转向所准许的最大速度为

$$v_{\beta\max} = \sqrt{\frac{gRB}{2h_g}}$$

如果车辆发生了侧滑移的情况,此时侧向力大于或者等于侧向附着力,其极限条件为

$$\tan\beta_\varphi = \frac{\frac{v^2}{gR} - \varphi}{1 + \frac{v^2}{gR} \times \varphi}$$

在水平路面上,当转弯半径为 R 时,车辆不至于侧滑所准许的最大速度为

$$v_{\varphi,\max} = \sqrt{R\varphi g}$$

为了行驶安全起见,应使侧向滑移发生在倾翻前,即

$$v_{\varphi,\max} < v_{\beta,\max}$$

故应使

$$\frac{B}{h_g} > \varphi$$

即

$$\frac{B}{h_g} = 0.725 > \varphi = 0.7$$

故满足横向行驶稳定性。

(3) 支腿压力验算

轮胎式起重机支腿压力是指在起重机吊重时所承受的最大法向反作用力,根据此支反力可设计支腿结构和支腿油缸。正常状态下,支腿的受载分为四点支承和三点支承[1]。三点支承时单一油缸所受的力是最大的,因此,此处计算油缸直径时以三点支承来计算

(支腿的受力简图如下图)。

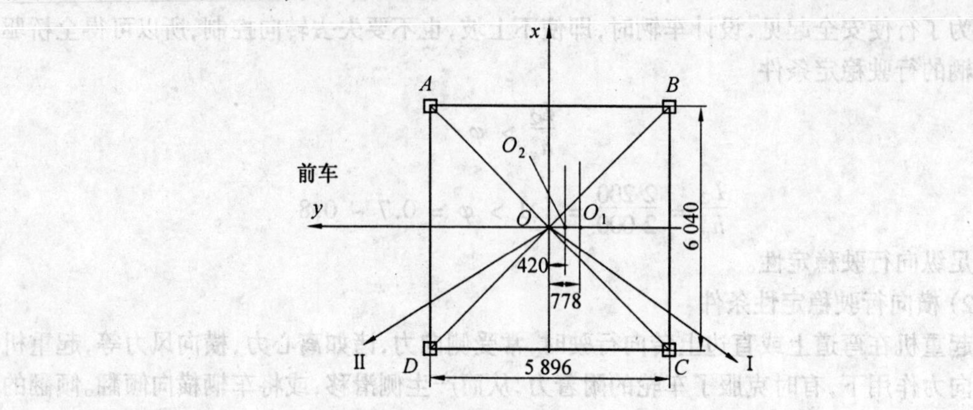

支腿的受力简图

计算三点支承的支腿压力时,分两种工况,即图中所示的 I、II 两种,此两种工况的最大受力支腿分别为 C、D 两腿。因下车重心和整车重心在支承平面中心点的同一侧,知道工况 I 时,C 腿受力最大为整车最大受力的支腿。由受力分析,此时有

$$N_C = \frac{1}{2}\left[G_0\frac{e_0}{b} + G_2\frac{e_2}{b} + \frac{M\cos\varphi}{b} + \frac{M\sin\varphi}{a}\right]$$

当

$$\frac{\mathrm{d}N_C}{\mathrm{d}\varphi} = 0$$

时,可有 N_C 为最大时对应的 φ 值,即

$$\varphi_0/(^\circ) = \arctan\frac{b}{a} = \arctan\frac{5\ 896}{6\ 040} = 44.3$$

将上值代入公式

$$\begin{aligned} N_C/\mathrm{kN} = &1/2[296\ 000 \times 773/2\ 948 + 96\ 000 \times 420/2\ 948 + 703\ 000 \times \\ &\cos 44.3/2.948 + 703\ 000 \times \sin 44.3/3.02] = \\ &1/2[77\ 614.65 + 13\ 677.07 + 170\ 668.93 + 162\ 578.13] = \\ &212\ 269.4 = 212.27 \end{aligned}$$

此即吊重 20 t 时支腿在最危险工况时的最大压力。

第八步　总体图绘制

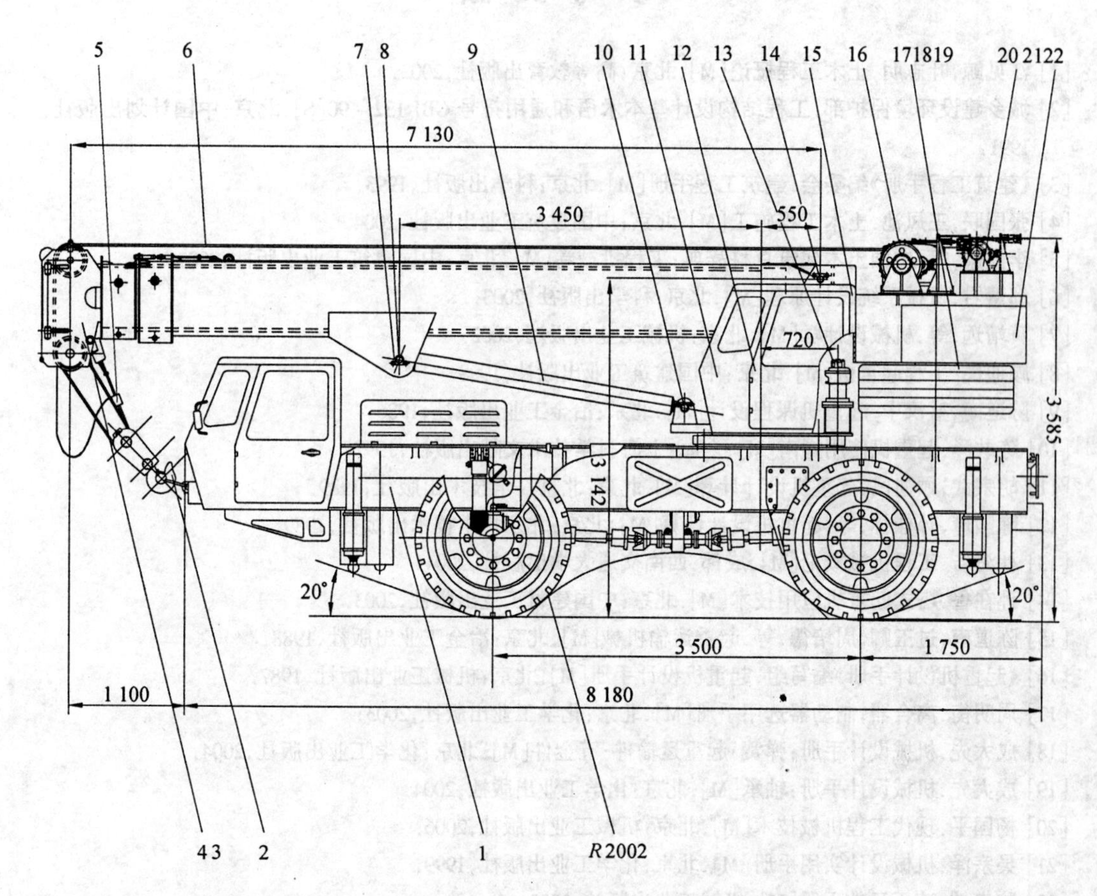

1—底盘总成；2—吊钩组；3—臂架；4—伸缩机构；5—安全系统；6—钢丝绳；7—挡轴板；8—轴 1；9—变幅油缸；10—轴 2；11—上车驾驶室；12—电气系统；13—回转机构；14—轴 3；15—转台；16—主卷扬；17—备胎；18—备胎安装件；19—备胎架；20—副卷扬；21—配重；22—配重件

参 考 文 献

[1] 江见鲸,叶志明.土木工程概论[M].北京:高等教育出版社,2003.

[2] 城乡建设环境保护部.工程结构设计基本术语和通用符号 GBJ 132 - 90[S].北京:中国计划出版社,1991.

[3]《建筑工程手册》编委会.建筑工程手册[M].北京:科学出版社,1993.

[4] 张国联,王凤池.土木工程施工[M].北京:中国建筑工业出版社,2004.

[5] 李国豪,等.中国土木建筑百科辞典:工程机械卷[M].北京:中国建筑工业出版社,2001.

[6] 邹慧君.机械系统设计原理[M].北京:科学出版社,2003.

[7] 黄靖远,等.机械设计学[M].北京:机械工业出版社,2002.

[8] 顾迪民.工程起重机[M].北京:中国建筑工业出版社,1998.

[9] 陈道南,盛汉中.起重机课程设计[M].北京:冶金工业出版社,1986.

[10] 陈敢泽.起重机使用指南[M].上海:上海科学技术文献出版社,1997.

[11] 胡宗武,顾迪民.起重机设计计算[M].北京:北京科学技术出版社,1989.

[12] 陈国璋,孙桂林,等.起重机设计计算[M].北京:北京科学技术出版社,1989.

[13] 杜海若.工程机械概论[M].成都:西南交通大学出版社,2004.

[14] 孙在鲁.塔式起重机应用技术[M].北京:中国建材工业出版社,2003.

[15] 陈道南,过玉卿,周培德,等.起重运输机械[M].北京:冶金工业出版社,1988.

[16]《起重机设计手册》编写组.起重机设计手册[M].北京:机械工业出版社,1987.

[17] 周明衡.离合器,制动器选用手册[M].北京:化学工业出版社,2003.

[18] 成大先.机械设计手册:弹簧·起重运输件·五金件[M].北京:化学工业出版社,2004.

[19] 成大先.机械设计手册:轴承[M].北京:化学工业出版社,2004.

[20] 杨国平.现代工程机械技术[M].北京:机械工业出版社,2006.

[21] 吴宗泽.机械设计实用手册[M].北京:化学工业出版社,1999.

[22] 黎启柏.液压元件手册[M].机械工业出版社,2002.

[23] 路甬祥.液压气动技术手册[M].北京:冶金工业出版社,机械工业出版社,1999.

[24] GB/T 3811 - 1983 起重机设计规范[S].国家标准局.1983 发布.1984 实施.

[25] 朱龙根.机械系统设计[M].北京:机械工业出版社,2001.